目錄 CONTENTS

石蒜科 153

菊科 158

苦苣苔科　　304

如何使用本書

學名
以拉丁文組成，常以二名法表示。由屬名及種名構成；屬名與種名需斜體或不斜體以加註底線的方式表示，以界定物種在植物分類上的定位及階層。

中文名稱
以台灣地區常用的中文俗名。

別名
亞洲地區包含中國及日本等地慣稱的中文俗名。

物種基本資訊
包含學名典故、生長棲地簡介以及繁殖方式等訊息。

生長型
物種栽培環境條件說明。相關居家管理要點建議，包含澆水、換盆、介質更新等作業說明。

冬型種

蘆薈科

鷹爪草屬（壽類）

Haworthia bayeri
克雷克大

異　名	*Haworthia correcta*
別　名	貝葉壽
繁　殖	葉插、分株

產自南非。沿用自中國俗名，音譯自種名 *bayeri* 而來；種名為紀念 M.B. Bayer 先生。但台灣多沿用日名而來，克雷克大音譯自異學名之種名 *correcta* 而來。（近似種 *Haworthia emelyae*，早期克雷克大被歸納在 *Haworthia emelyae* 之下。）不易增生側芽，使用葉插或去除莖頂的方式，促進側芽發生後，再以分株繁殖。

↑克雷克克最美麗的地方在於其葉片上有不規則條紋，有些看似電路板有些又像是文字。葉窗上的質地變化也多，有透明感十足的，也有像是毛玻璃的質地；品種間具有差異。

形態特徵

莖不明顯。葉片淺綠色至墨綠色或淺綠色，以螺旋狀叢生於莖節上，每株約有 15～20 片三角形葉。株徑 8～10 公分左右；有些品種會更大型。葉序及葉面平展，葉末端具有半透明窗結構，具有不規則條紋或網紋。葉尖較圓、葉緣及三角形葉脊處有不明顯的緣刺。花期集中於冬、春季，花序長約 30 公分，不分枝。

生長型

生長較緩慢且不易增生側芽，使用透氣性及排水性佳的介質以外，至少每 2 年應更新介質一次，秋、冬季為適期。冬、春季生長期間可施用緩效肥促進生長。對光線適應性佳，但半日照至遮蔭處皆可栽培。

↑克雷克大的栽培品種很多，但葉面上的條紋及平展的葉面是其最大特徵。

120

圖標說明
簡易區分及說明物種生長季節，以利日常管理照護；冬型種－表示以冬、春季為主要生長季節；夏型種－表示以夏季為主要生長季節。

冬型種

Haworthia emelyae var. *comptoniana*

康平壽

異　名	*Haworthia comptoniana*
繁　殖	葉插、分株

原產自南非，僅小區域分布，在原生地並不常見，喜好生長在富含石英的地區，常見生長在岩石縫隙、枯草叢或灌叢下方。

沿用日名康平壽，音譯自變種名而來。在較新的分類中認為康平壽應是白銀 *Haworthia emelyae* 的變種。原生地康平壽的壽命不長，約 15～20 年之間。葉片扦插或以去除莖頂方式，促進側芽生長後，再行分株方式繁殖。偶見花梗芽，待芽體成熟後，切取下後繁殖。

蘆薈科

鷹爪草屬（壽類）

↑康平壽的葉窗大，具有白色斑點及網絡狀條紋。葉形飽滿具有向上微翹的尾尖。

形態特徵

　　莖不明顯，單株葉片約 15～20 片左右。深綠色、廣三角形的葉片以螺旋狀方式叢生，葉序飽滿且葉序平展，株徑可達 12 公分以上。雖與白銀親緣相近，但白銀的株徑較小，葉色以紅褐及紫紅為主。康平壽的葉窗大，質地光滑、透亮，具有白色斑點及細網絡狀的紋路。葉末端具長形尾尖、會向上翹。

生長型

　　栽培管理方式與克雷克大相同。

←以康平壽為親本，雜育的後代株形及葉窗會明顯變大，保留康平壽葉窗透亮及特殊的網絡狀條紋特徵。

121

異名
不同分類系統或其他仍有爭議的品種學名，未能全球共同使用，因此同時並列出異學名以供參考，便於相關背景資料查詢。

側欄
提供科別與屬別說明，以便快速查詢物種。

形態特徵
物種外部形態的描述及細部生長特徵說明。

圖說
簡明該物種圖像特徵或栽培等相關資訊。

推薦序

　　和群健相識大約是十年前協會和台大農場合辦多肉植物展，當時就對他負責和熱心的態度留下深刻印象。之後有機會參與他所導覽和介紹多肉植物的演講活動，對於他風趣、幽默又親和的介紹風格更是折服！舉辦活動時，只要是他的講座一定是秒殺級的大爆滿。群健自身有很豐富的種植經驗，除了單品種植的好外，他的多肉植物組合盆栽也是一絕，連盆器都可以自製！另外他在蘆薈科的育種方面也很有成績。在他出版了兩本有關植物繁殖的書後，總算出版了這本多肉植物的專書。

　　看到初稿時讓我很驚訝的是他願意花相當大的篇幅介紹什麼是多肉植物，也解釋了多肉植物的分類與學名的運用，更適時的加入屬、種拉丁原文的字義解釋，讓讀者對於植物有更深一層的認識。因為學者持續的研究，所以植物分類一直都在變化中，群健很用心地列出相關的異名供讀者參考，並解釋學名的變遷。比對異名是一件相當耗時的工作，但對讀者後續的延伸閱讀卻有很大的助益。內容不特別介紹昂貴或少見的品種，而是以較易購得的植物為主軸；還特別收編較少被介紹的秋海棠和鳳梨科多肉植物，每種植物都有詳盡的介紹，不是三言兩語或一張圖片就簡單帶過。以上幾點都是其他書籍很少能作到的，這都讓人感受到群健在內容編排上的用心。

　　種植多肉植物這麼多年，對於最近幾年因為社群網站和一些部落客的介紹，多肉植物在市場上宛如明星植物般越來越受喜愛的現象非常高興，不僅多了許多花友可以聊天，花市或網路上也多了許多賣家，大家也有了更多樣的選購對象與品種。在這一股風潮下，也陸續有介紹多肉植物的書籍出版。多肉植物因為較一般植物耐乾旱，一向有懶人植物的稱號，但品種多且雜，又分布在不同的氣候環境，所以在種植上也要顧及品種間的差異性。群健不僅從他專業的觀點向讀者介紹什麼是多肉植物，也利用自身豐富的種植經驗解說如何種好多肉植物，相信這本書可以讓讀者對於多肉植物有更深的認識，種植方面也更能得心順手。

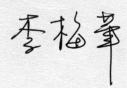

作者序

　　自小就喜愛植物，總是在鄉間慢步時，低頭察看那些不知名的野花野草，看著枝椏與葉片上的脈絡去向，相當有趣。對於多肉植物的認識，現在回想起來，應是結緣在孩提呀呀學語的那當兒吧！

　　黑白照片裡記憶我和阿姨栽植了那盆比我還高的瓊花，年紀再大些時候，更憶及父親栽植的螃蟹蘭（蟹爪仙人掌）和門前那株大苦楝樹上，蔓生著三角柱仙人掌（當時也稱為瓊花）。每當三角柱仙人掌花開時節來臨，父親和母親總是在夜裡，用竹桿子綁上彎彎的鐮刀，取下那初綻放的花朵，待隔日與瘦肉燉煮，成就出一道風味淡雅的退火涼方，給總是動不動就上火、流鼻血的我食用，以緩解這奇怪的毛病。

　　猶記童年時，在東部鄉下小鎮，每到周末總有一位婦人在市場麵店轉角邊上擺著紙箱，裡頭盛裝著紅紅、黃黃嫁接過的仙人掌，1 株 30 元，2 株 50 元，有次我省下口袋裡部分的早餐錢，購買人生中的第一株仙人掌來種植，看著它時心中覺得相當新奇有趣；我也曾在大舅父家頂樓的空心磚牆上，放上一葉又一葉的風車草葉片，不知不覺中，這一葉葉的葉片竟形成滿牆的美麗。長大後求學，選擇園藝科系，一路由高職、二專、大學念到研究所，或許這一切的因緣，都是從種了多肉植物後所興起的源頭吧！

　　與多肉植物的再次結緣，乃因大學時的好友 BJ 陳，從他口中我認識了二葉樹，一種名為「奇想天外」的多肉植物，一生只有二片葉子，是一種長在非洲納比米亞沙漠中的植物，除此之外，還有眉刷毛萬年青、兜和烏羽玉等。而大蒼角殿更記錄了我們的友誼，每當春來，在翠綠色狀如洋蔥的球莖上，總會長出之字狀綠色藤蔓，展現生機。出了社會之後，在職場上也辦過不少場推廣多肉植物的賞花會，還一度擔任「台灣仙人掌與多肉植物協會」的理事，為推廣栽種多肉植物而努力著，近年來多肉植物成為療癒系植物，還登上主流新聞媒體介紹，不禁心中感動萬千。

　　感謝晨星出版社給 Kenji 一個機會，出書分享多年來栽種多肉植物及在肉海中沉淪的心情。仙人掌與多肉植物將近 50 個科，15,000 多種，挑選出近 400 種來記述，的確不太容易，可說是左右為難，最終也只能在有限版面中，完成使命，把至少自己栽種過、好養的、較另類的多肉植物，淺介的為大家介紹一番。在此要感謝台大農藝系黃文達老師引介晨星出版社許裕苗小姐，才能讓我實踐為多肉植物做記錄的夢想。

　　寫書期間，謝謝花友們的支持，以及從南到北遍及台灣各地的仙友們與肉友們，才能將書中提到的科系品種記錄的較為周全些，謹以此書與您們共享這小小的喜悅，最後還是要說，多肉植物有如旱地裡的苦行僧，只要耐得住、禁得起烈日與乾旱考驗，都有生存下去的機會，挑戰一如從前，沒有少過，只有向陽的道理，才能開出燦爛的花季，祝福大家。

梁群健

多肉植物的定義

多肉植物（Succulents）又名多漿植物、多汁植物或肉質植物，這群形態特殊的植物，它們的根、莖、葉特化成為儲水器官，以適應因季節性、年雨量稀少的乾旱環境，如海濱、高山、荒漠等環境。植物生態學亦以耐旱植物或旱生植物（Xerophytes）來稱呼它們。嚴謹的看待這些耐旱植物，並不能完全稱呼它們為多肉植物。為適應特殊的乾旱環境，除了根、莖、葉特化成為儲水組織外，維持植物生長的光合作用反應，也有別於一般的植物。

荒漠日夜溫差大，在日間溫度高、濕度低，為避免水分散失，關閉氣孔減少水分的散失；當夜間溫度變低，相對濕度較高時，再將氣孔開啟，吸入二氧化碳儲存成有機酸。翌日再以有機酸進行光合作用反應，形成植物生長所需養分。這樣特殊的光合作用反應最早發現在景天科的植物上，特稱為景天酸代謝（Crassulacean acid metabolism；CAM）。

多肉植物種類涵蓋了草本、木本及一、二年生的耐旱植物，但還需要符合以下幾個要件：

一、生長在特殊的環境

生長於荒漠乾燥地域，如高山、海岸等。降雨較少處及季風強烈造成環境乾燥，或因為土壤不易保留的岩礫地或低溫凍結，造成生理性乾燥之區域。

二、特化的部分植物構造

根、莖、葉的一部分或全部特化成儲水組織。

三、特殊的生理反應

除進行 CAM 型代謝的光合作用反應外，還具備休眠的特性，以適應特殊的環境氣候。藉由特殊的休眠行為越過不良環境或季節，休眠期的多肉植物會伴隨著落葉、生長遲緩或幾乎停滯的狀態。

因此，台灣海岸的馬鞍藤、濱刺麥等也能適應乾旱的特殊生長環境，並具有耐旱及耐鹽的特性，只能以旱生或耐鹽植物稱呼它們。但同樣生長海岸環境的番杏及岩壁上的佛甲草，因特化的葉片組織與特殊的光合作用反應，才能稱為多肉植物。

四、休眠型

依原生地降雨情形及氣候環境，多肉植物的休眠，可簡易區分成冬型種、夏型種兩大類。

但其實部分的多肉植物喜好在春、秋季氣候冷涼且溫度較為穩定的季節生長，在夏季高溫或冬季低溫時反而進入休眠。

冬型種 Winter growing succulents	夏型種 Summer growing succulents
為夏季休眠的種類，即冬季生長的多肉植物。廣泛概稱在秋、冬季之間及冬、春季之間生長的多肉植物類型。	為冬季休眠的種類，即夏季生長的多肉植物。廣泛概稱在春、夏季之間及夏、秋季之間生長的多肉植物類型。
景天科、蘆薈科、菊科、椒草科、番杏科、酢醬草科、蕁麻科、部分夾竹桃科、部分馬齒莧科、部分龍舌蘭科等。	仙人掌科、大戟科、龍舌蘭科、夾竹桃科、龍樹科、桑科、木棉科、風信子科、石蒜科、苦苣苔科、馬齒莧科、部分景天科、部分蘆薈科等。

1 小米星 *Crassula* 'Tom tumb'，景天科植物是夏季休眠的代表。
2 明星 *Mammillaria schiedeana*，仙人掌科是冬季休眠的代表。

多肉植物的種類

　　廣義的多肉植物，包含 50 科近 330 屬，共計約 15,000 種左右。依不同特化的組織，可分為根莖型多肉植物、莖多肉植物及葉多肉植物等三大類。

一、根莖型多肉植物 (Root succulents；Caudex succulents)

　　常見以下胚軸肥大，特化成為水分及養分的儲存器官。代表科別有木棉科、風信子科、夾竹桃科、旋花科、薯蕷科、葫蘆科、漆樹科、石蒜科、苦苣苔科等。

1 葫蘆科笑布袋 *Ibervillea sonorae*
2 西番蓮科刺腺蔓 *Adenia glauca*，又稱徐福之酒甕。
3 薯蕷科南非龜甲龍 *Dioscorea elephantipes*
4 夾竹桃科惠比須笑 *Pachypodium brevicauie*

二、莖多肉植物 (Stem succulents)

即以莖肥大特化成水分、養分的儲存器官。代表科別有仙人掌科、夾竹桃科、大戟科、龍樹科、菊科等。

1 仙人掌科白烏帽子 *Opuntia microdasys* v.*albispina*
2 大戟科魁偉玉 *Euphorbia horrida*
3 夾竹桃科縞馬 *Huernia zebrina* 原為蘿藦科，後併入夾竹桃科。
4 龍樹科魔針地獄 *Alluaudia montagnacii*

三、葉多肉植物 (Leaf succulents)

即以葉片肥大特化成儲存水分、養分的器官。代表科別有龍舌蘭科、番杏科、景天科、蘆薈科、胡椒科、菊科、馬齒莧科、鴨跖草科等。

1 龍舌蘭科王妃雷神黃中斑 *Agave potatorum* 'Shoji-Raijin' Variegata
2 番杏科石頭玉 *Lithops* sp.
3 景天科的桃太郎 *Echeveria* 'Momotarou'
4 蘆薈科鷹爪草屬軟葉系 KJ's 冰玫瑰 *Haworthia* 'KJ's Ice rose'

多肉植物的名字

栽培多肉植物，常有一物多名的情形，台灣的多肉植物栽培為小眾市場，近年栽培人數略有增加，但起步較歐美、日本等國晚，台灣常用的中名多半沿用日本俗名而來。又因栽培業者或玩家會因為銷售或個人喜好，再給予不同的名字，如景天科翡翠木（*Crassula ovata*），英名 Jade plant，台灣俗名為發財樹；中國俗名稱玉樹或燕子掌等名。一物多名的狀況，造成植物識別及栽培管理上不必要的困擾，如何看的懂多肉植物的名字，有利於建立及搜尋所需要的背景資料，如原生地的環境，生長習性及其他世界各國栽培管理的方式與原則等，都有助於栽種時的參考，更能直接與世界其他國家栽培者進行交流。

植物學名表示中，最常用的為三名法。即植物學名（*屬名 種名* 命名者）的屬名與種名需斜體，或不斜體以加註底線的方式表示；命名者則不斜體。引用植物學名時，命名者可縮寫；或為印刷及便於閱讀時，可省略不標註，例如：鵝鑾鼻燈籠草（三名法：*Kalanchoe garambiensis* Kudo； 二 名 法：*Kalanchoe garambiensis*）屬名第一個字需大寫，種名則小寫。屬名與種名多源自拉丁名、希臘名或拉丁文字化的用詞。

■屬名（generic name）

表示本種植物重要的特徵、產地或人名，如台灣杉 *Taiwania cryptomerioides* Hayata 是台灣最高大的喬木，成株高達 90 公尺。台灣杉屬是全球杉科植物中唯一一屬以台灣命名的屬別，說明其產地。

■種名（trivial name；specific epithet）

常表示本種植物的形態特徵、生態環境、原產地、用途或為紀念某特定具有功績的人等。如台灣二葉松 *Pinus taiwanensis*；楓香 *Liquidambar formosana*， 種 名 以 taiwanesis 及 formosana 等說明台灣為其產地。

多肉植物種類眾多，常以二名法表示後，再標註上亞種（subspecies；ssp.）、變種（varietas；var.）、 型（forma；f.）、園藝種名（cultivarietas；cv.） 或 雜 交 種（hybrid；hyb.）等，表示其在種以下的分類層次及類群，目的在區別或便於未來的鑑別與認定。

以景天科的扇雀 *Kalanchoe rhombopilosa* 為 例； 碧 靈 芝

Kalanchoe rhombopilosa var. *argentea*；
綠扇雀 *Kalanchoe rhombipilosa* var.
viridifolia。如未有學名標示的前提
下，只以中名表示，容易誤認為是

三種不同的植物，但在學名表示下，
可以知道這三種植物原為一家親。
這三種植物歸納在扇雀的族群，碧
靈芝與綠扇雀為扇雀的變種。

扇雀
Kalanchoe rhombopilosa
var. *rhombopilosa*

碧靈芝
Kalanchoe rhombopilosa
var. *argentea*

綠扇雀
Kalanchoe rhombipilosa
var. *viridifolia*

月兔耳、月兔耳錦及黑兔耳，
就學名上來看，可知這三種植物在
分類上均歸納在月兔耳種群中，但
在外部形態上具不同的特徵，因此

以型或稱品型（forma；f.）的方式
表示。此外月兔耳經過人為選拔，
另有栽培種及雜交種等不同的品種。

月兔耳
Kalanchoe tomentosa

月兔耳錦
Kalanchoe tomentosa f.
variegata

黑兔耳
Kalanchoe tomentosa f.
nigromarginatas

閃光月兔耳 *Kalanchoe tomentosa* 'Laui' 學名上標示為月兔耳的栽培種。本種葉片上長毛的特徵鮮明，與月兔耳的外部形態已有明顯差異，則以變種或直接列為「栽培種」的方式標註。月之光在學名上則以雜交種表示。

閃光月兔耳
Kalanchoe tomentosa 'Laui'

月之光
Kalanchoe tomentosa 'Moon Light' ×
Kalanchoe dinklagei

一、栽培種學名表示法

黃金月兔耳是人為栽培選拔的栽培種，其表示方法，以 *Kalanchoe tomentosa* cv. Golden Girl 表示，栽培種名不斜體，或二名法後以單引號加註「栽培種名」的方法表示，如 *Kalanchoe tomentosa* 'Golden Girl'。

黃金月兔耳
Kalanchoe tomentosa 'Golden Girl'

■錦斑變異 'Variegata'

　　源自拉丁文 variego，為不同顏色的意思。盆花或觀賞植物則以斑葉或金葉等方式稱呼，在多肉植物中以錦斑表示。形容植物體具綠色以外的葉色變化，可能是因為失去葉綠素或含不同色素的組織，與含葉綠素的組織互相嵌合而成的變異。有些錦斑在生長期間，表現較為鮮明，在觀賞及栽培上饒富趣味。

　　拉丁文具有陰性、陽性及中性的表示方法。陰性以 -a 結尾；陽性以 -s 結尾；中性則以 -um 結尾。有時以 'Variegatus' 或 'Variegatum' 表示。多肉植物與仙人掌具特殊錦斑的個體，常以變種 varietas 或品型 forma 的方式標註。若經長期人工栽培固定下來的錦斑變異也會以栽培種的方式表示。例如初綠錦 *Agave attenuate* 'Variegata'。

1 黑王子錦 *Echeveria* 'Black Prince' f. *variegata*
2 熊童子錦黃斑 *Cotyledon tomentosa* var.*variegata*
3 初綠錦 *Agave attenuata* 'Variegata'
4 緋牡丹錦 *Gymnocalycium mihanovichii* 'Variegata'

■綴化變異 'Cristata'

　　指莖頂的生長點由一個點狀向上生長的特性，變成橫向線狀或帶狀生長的現象。以 'Cristatus' 或 'Cristatum' 表示。源自拉丁文 cristatus，字意為雞冠狀突起的意思。仙人掌若出現綴化變異時，英文俗名常以 Brain cactus 來統稱這類型的變異。金剛纂錦綴化 *Euphorbia neriifolia* 'Cristata Variegata' 同時存在兩種變異時，栽培種名以 'Cristata Variegata' 表示。

1 黑象牙丸綴化 *Coryphantha elephantidens* 'Cristata'
2 金手指綴化 *Mammillaria elongata* var. 'Cristata'
3 帝錦綴化 *Euphorbia lactea* f. *cristata variegata*
4 金剛纂錦綴化 *Euphorbia neriifolia* 'Cristata Variegata'

■石化變異 'Monstrose'

　　石化的變異，為生長點立體狀的變異，即原一個生長點的植株，變異成多個生長點的方式，稱為石化。石化變異常與綴化變異同時發生。以 'Monstrosus' 或 'Monstrosum' 表示。

　　源自於拉丁文 monstrous，字意有巨大的、畸形與怪異的意思。如美乳柱為龍神木的石化品種，英名以 Blue Candle Monstrose 稱 之， 學 名 以 *Myrtillocactus geometrizans* f. *monstrose* 表示，另有栽培種名 'Fukurokuryuzinboku' 稱呼。神仙堡錦學名為 *Cereus tetragonus* var. *variegata* f. *monstrose cristate*，因園藝化栽培的結果，以栽培種 Cereus 'Fairy Castle' Variegata 表示，本種同時存在綴化與石化的品種。明日香姬為石化的品種學名，以 *Mammillaria gracilis* f. *monstruosa* 表示；或以栽培種 *Mammillaria* 'Arizona Snowcap' 表示。

1 美乳柱 *Myrtillocactus geometrizans* f. *monstrosus*
2 殘雪之峰 *Monvillea spegazzinii* f. *cristata monstrosus*
3 神仙堡錦 *Cereus tetragonus variegata* f. *monstrose cristata*
4 明日香姬 *Mammillaria gracilis* f. *monstruosa*

二、雜交種學名表示法

在學名中會以符號「×」來表示雜交。

■種間雜交

如月之光為景天科、伽藍菜科的種間雜交品種，學名表示方法以母本（種子親）× 父本（花粉親）的方式表示，如 *Kalanchoe tomentosa* × *Kalanchoe dinklagei* 如為同屬時可省略父本屬名，以 *Kalanchoe tomentosa* × *dinklagei* 表示。

■屬間雜交

以景天科朧月屬的屬間雜交為例，朧月屬、擬石蓮屬及景天屬的親緣關係較為接近，這三屬間的植物可進行跨屬的遠緣雜交。與擬石蓮屬屬間雜交學名則以 × *Graptoveria* 表示，（由朧月屬 ***Grapto****petalum* 與擬石蓮屬 *Eche**veria*** 的屬名組成）。若與景天屬進行屬間雜交的屬名則以 × *Graprosedum*（由朧月屬 ***Grapto****petalum* 與景天屬 ***Sedum*** 的屬名組成）。

三、異學名 Synonym

多肉植物與仙人掌在學名仍有一物多名的情況，主要是因為不同的分類方式及系統仍有爭議，未能在全球共同使用，目前最大的多肉組織協會為 International Organisation for Succulent Plant Study（暫譯為多肉植物國際研究組織），簡稱 IOS，以 及 The International Cactaceae Systematics Group（暫譯為國際仙人掌系統學組織），簡稱為 ICSG。異學名指的是 1998 年 IOS 所分類命名學名以外的學名，或是不同組織依分類方式而有不同認定的學名，因此在各類多肉植物或仙人掌的圖鑑、書籍，常見同時並列出異學名以供參考。

←秋麗 × *Graprosedum* 'Francesco Baldi'，親本極可能是朧月屬朧月與景天屬乙女心（*Graptop etalum paraguayense* × *Sedum pachyphyllum*）的屬間雜交種。學名 × *Graprosedum* 表示，以在其後代中選拔名為 'Francesco Baldi' 的栽培種。

多肉植物的栽培管理

一、判別生長期

　　栽培多肉植物成功的要點，第一項要先能夠判別多肉植物或仙人掌的生長期與休眠期，雖然多肉植物可簡易區分為冬型種與夏型種兩大類，但極可能因為居家栽培環境的不同，而略有差別，雖然大部分的仙人掌科、夾竹桃科、大戟科等植物為夏型種的多肉植物；而多數的蘆薈科、番杏科、景天科為冬型種的種類，但還是要透過觀察才能夠判定栽培的多肉植物是否正值生長或休眠。

　　以仙人掌科的子吹烏羽玉為例，其應為夏型種，喜好在夏季或夏、秋季溫度較高的季節生長，以下可由外觀判別生長期與休眠時的不同。

→生長期
於夏季高溫生長期，球體恢復光澤，球體明顯因生長而膨大，外觀呈現綠色。

←休眠期
於冬季低溫期進入休眠，球體縮小、失去光澤且生長停滯；外觀略呈銀灰色。

二、適當水分管理

　　栽培成敗關鍵在於水分的管理，生長期的水分供給要充足，給水次數與頻率可以多一些或高一點，以介質表層乾燥後再給水為宜。生長期間可每周給水一次。澆水時應充分給水，讓介質吸飽水分為原則。若無法判定介質是否乾燥，可利用竹筷或竹籤插入盆土中，3～5分鐘後取出觀察，再決定是否澆水。

　　休眠期或非生長期的水分管理十分重要，以節水為主，節水並非全面停水，乃以減少給水次數與頻率因應，如調整到每月給水一次。但還是需視不同的品種再行調整。少數的多肉植物在休眠期間十分耐旱，根系對水分敏感，一旦給水則易發生爛根現象，這時則應以斷水方式控制水分，待新芽抽梢後或進入生長期後，再開始充分給水。

　　給水方式以澆灌在栽培介質的表面為宜，若心部有水分暫留或蓄積，在高濕的季節或日照充足時，易引發不必要的細菌性病害或傷害。澆水以早晨或傍晚為佳，避免中午時給水。夏型種，在夏季季節生長時，可調整在黃昏或夜間給水，以澆水的方式降低微

環境溫度，營造日夜溫差有利於生長。冬型種，在冬季低溫期生長，可於日間給水。

三、充足的日照

多肉植物與仙人掌多數喜歡日照充足至半日照環境，光線越是充足株形及葉序的展現越佳。全日照下，有些品種會因光照過強導致黃化或晒傷的可能，因此建議夏季時，全日照或是東西向陽台，應加設 30 ～ 50% 的遮陰網減少夏日豔陽的傷害。移入室內欣賞時，應以節水因應，能減緩植株發生徒長。部分的多肉植物能適應室內光線不足環境，如椒草科及龍舌蘭科虎尾蘭屬的多肉植物，能在室內明亮處生長良好。

四、判斷植株是否徒長

徒長現象是植物適應不良的指標。多肉植物及仙人掌一旦開始徒長，雖看似生長快速，但其實，莖節拉長，葉片變薄等並不是健康的生長。徒長的植株生長勢弱化、抵抗力變差，如又遇氣候不穩定及管理不當時，如水分過多或介質不透氣，多肉植物與仙人掌最終會無法忍受而滅亡。

唯有透過不斷的觀察及悉心照料，才能察知所栽培的植物是否開始徒長。辨別是否徒長，是栽培多肉植物與仙人掌的重要技巧。

徒長初發生時，將植株移置光線更充足的環境下栽培，植物會恢復原本健康的面貌。但若已經嚴重徒長的植株，則建議透過重新扦插的方式，讓植株再長回原來的樣子。徒長並非全然沒有益處，為了繁殖，會將植株適度移至光照不足處，徒長讓植株的葉序節間變長，便於胴切，以利生長點移除。

↑景天科女王花笠，因光線不足嚴重徒長，葉形變長，葉色變淺，葉序間隙變大，節間拉長。

←仙人掌科的仙女閣仙人掌，於展櫃中嚴重徒長變形的姿態。

多肉植物種類繁多，栽植上每一個科屬就有一個喜好，並無絕對的要領和祕訣，只有觀察，選對品種並調整出適合的環境，才能將蒐集到的多肉植物栽植良好。以下總結幾項要點：

1. 適地適栽

「適地適栽」是栽種多肉植物最重要的原則。在進行多肉植物栽培時，一定要挑選出適合自家環境的品種，一旦品種適合居家環境，管理簡便能體驗到所謂的懶人植物。若環境不適當，多肉植物和仙人掌發生徒長，變得嬌弱，管理不當，很快地就香消玉殞。

↑蝴蝶之舞錦，適應力強，在各種環境下皆能生長。但光線充足時生長表現較佳。

2. 季節交替時，給水不過度並保持通風

管理上需注意季節交替時，進入生長期或漸漸進入休眠期，多肉植物在外觀上會有明顯的變化，例如外觀變的鮮綠呈現豐腴，在心部展開新葉或展現出生長的活力，這即表示已將開始進入生長季；若外觀漸漸失去光澤，出現明顯落葉現象，多半是已開始準備進入休眠期。但因環境變遷，常在季節交替時會出現突然的高溫或低溫，打亂原有的生長節奏，因此季節交替時，應就各類植物實施持續性節水，以休眠期的方式管理，等到季節穩定後再恢復生長期的管理，減少不必要的傷害和損失。

3. 營造日夜溫差

多肉植物及仙人掌在原生環境中，生長棲地日夜溫差極大，以許多番杏科及蘆薈科等多肉植物的故鄉南非開普敦來說，白天攝氏 30 度左右，夜間溫度約攝氏 12～15 度，日夜溫差極大，有些地方的夜溫因海拔高差關係，溫度可能會更低。栽培多肉植物的環境除通風外，適度的營造出日夜溫差，對於多肉植物的生長或休眠期的維護管理都有益處。生長季調整夜間給水，利用澆水降溫的方式，製造微環境的溫差以利生長，或是休眠期間於夜間開啟通風設備，讓夜溫降低，都有助於越過休眠期。

■幾項常見誤解

1. 全部的多肉植物都是仙人掌

雖然仙人掌屬於多肉植物中的

一類，但由於仙人掌的種類多樣，生理、形態較其他多肉植物來得特殊，所以通常會把它們與其他多肉植物分開來稱呼與討論。

2. 所有仙人掌都生長在全日照環境

並非全然如此。仙人掌的確需要大量陽光，然而太多的陽光反而會使它們受傷，因此有些仙人掌在原生地是生長在樹蔭下、草叢中或是岩石裂縫中，減少過量的陽光。若原生地環境嚴酷，通常會以濃密的刺或毛（如 *Espostoa* 屬、*Ferocactus* 屬等）；莖表皮變成深色（如某些 *Lobivia* 屬等）；深藏在土表中，只外露部分植株（例 *Ariocarpus* 屬、*Lophophora* 屬）；莖表皮具白色蠟質反射光線等方式，降低植株暴露在烈日下。

↑即便是仙人掌也有較耐陰的品種，如迷你圓盤玉、部分裸萼屬及乳突球屬的仙人掌。

3. 所有的多肉植物都生長在「沙漠」中

雖然全世界的荒漠中生長著大量且多樣的仙人掌與多肉植物，但其實它們也分布於高山、叢林以及海岸邊。仙人掌品種多，能適應不同環境；以仙人掌的故鄉美洲來看，低海拔溫暖山谷的熱帶雨林地區、多石且乾燥的高山斜坡及溫度變化極端的安地斯高山等環境，都有仙人掌科植物的分布。

4. 所有多肉植物都能生長在純砂中

沒有什麼植物能生長在純砂中，純砂毫無養分可供植物生長。仙人掌以及其他的多肉植物大多生長在養分充足的環境，大部分荒漠地區的土壤一樣含有各種養分，只是降雨量較少。

5. 多肉植物整年都不需要太多水

生物都需要水分維持生長，即便仙人掌與多肉植物也是一樣，它們只是平時對於水分的需求比其他的植物來得少一些。處於適當季節、旺盛生長時，同樣需要穩定供應充足的水分維持發育與生長。

6. 仙人掌可吸收輻射或電磁波

不只仙人掌，所有的生物都可吸收輻射或電磁波，不過仙人掌對於吸收輻射或電磁波的能力並未特佳。換句話說，環境中的輻射或電磁波源，例如電視、電腦等電器，不會因擺放了仙人掌就可以移除。阻擋輻射或電磁波最有效的方式，是放置鉛板。

多肉植物栽培介質

該用什麼來栽植多肉植物最好呢？沒有一定的答案，可以先觀察一下自花市採購來的多肉植物盆栽，用了哪些培養土及介質來栽培它們。您會發現，每家慣用的介質不太一樣，有些用泥炭土，有些使用砂土，到底什麼介質配方最為適宜呢？

大原則是以排水及透氣性佳的介質為主，但卻沒有最好的培養土配方，只有最適合個人居家環境及澆水習慣的配方。不論介質如何選擇，掌握住透氣及排水兩個重要原則，種植多肉植物之前，先想想自己的澆水習慣，再觀察栽種的環境以及栽植的種類，調整出適合的培養土配方。

影響調配介質的因素如下：

1. 澆水習慣

對於愛澆水朋友來說，要先思考多肉植物是不是適合自己，多肉植物為旱生植物，對水分的需求相對於一般花草及觀葉植物來說少很多。愛澆水的朋友在調配培養土時，更應著重介質的排水與透氣性。專業大量生產時，苗圃會使用以泥炭土為主的培養土，因為保水性佳，可延長澆水時間，減少澆水次數，進而節省管理人力。

2. 栽培環境

風向、溫度以及光照條件等也影響到培養土調配。露天環境，如頂樓、露台及東西向陽台日照充足，環境溫度較高。或因大樓環境造成風口時，調配培養土著重在保水。南、北向或室內窗台及不通風的位置時，則應注意排水與透氣性。

3. 盆器的種類與大小有關

盆器的材質與大小都會影響培養土的調配。陶盆或小盆器栽植，因透氣性佳及盆器容積較小等因素，較不易保水，應注意介質保水性。塑膠盆或大盆器則不透氣、盆器容積大，相對含水量會較高，培養土則以排水與透氣性為主。

喜歡澆水的朋友，建議使用陶盆或小盆器來栽種多肉植物；工作忙碌或澆水時間較少的朋友，建議使用塑膠盆栽植。初次栽植多肉植物的朋友，因不諳植物特性，易因澆水過度導致栽種的失敗，建議使用相對小盆器種植多肉植物較易成功。小盆器栽植，因為容積小，使用的培養土少，含水量也少，自然就有利於多肉植物的生長。

初學者不論使用那種材質的盆器，應選擇有排水孔的為宜。

↑栽植多肉植物，不論盆器的材質、深淺，建議初學者選用具有排水孔的盆器為宜。

↑塑膠盆質輕方便，但透氣性不佳，如栽植多肉植物時，應注意介質的透氣性或使用較淺的盆器。

↑造型盆器的材質具多樣化選擇。為趣味栽植時可以選用，但介質應注意保水性的維持。

↑裝飾性用的盆器，如鋁盆等多數沒有排水孔，僅能裝飾使用，如栽種多肉植物時，要注意水分的控制。

4. 植物的需求

多肉植物種類繁多，排水及透氣性佳為培養土調配的原則，但仍需依不同的科別及種類稍做調整。如景天科的多肉植物應使用較細顆粒的介質，以利細根及鬚根的生長；蘆薈科的多肉植物多數具肥大的根系，可使用顆粒較大的介質有利根系生長及透氣性的維持。

一、無機介質種類

源自於礦物或以礦物加工產出的介質，園藝栽培上最常使用的為珍珠石、蛭石兩種。無機介質的特色是多數為顆粒性介質，具多孔隙的特徵，作為培養土的成分時，可增加培養土排水性及透氣性，也可以增加介質的重量，承載較大的植物體。

赤玉土

常作為盆景栽培，以黏土經由鍛燒烘烤而成。具多孔性，保肥性及透氣性均佳。品質不佳的赤玉土產品使用一段時間後易發生崩解現象，造成介質透氣性降低。

蛭石

為雲母岩礦，經 1000°C 以上高溫加工，礦石顆粒膨脹後，由平行的薄片所形成，質地疏鬆，具多孔性特性，保肥及保水性良好。

珍珠石

與蛭石相似，天然礦物經由 800°C 以上高溫加熱，因礦物顆粒膨脹形成，具多孔性、質輕的顆粒狀介質，透氣性良好。

發泡煉石

黏土經由造粒後燒結而成，外觀多為圓形顆粒，呈紅色或黑褐色。質輕具石礫狀外觀，保水性和透氣性良好，可用於底部排水層及表土覆蓋使用。

唐山石

又稱摩金石，與發泡煉石相似，人工燒製而成，外觀為不規則顆粒，呈磚紅色，質地堅硬，孔隙度高，排水性佳，但顆粒易吸濕氣，混入培養土後可適度保濕。

蘭石

以土燒成之後再經過 250°C 熱處理，通氣性、排水性非常好，硬度高，不容易碎化，適度添加可提高介質的通氣性。

火山岩

產自東南亞一帶，採集自印尼，另有黑火山岩，質輕、堅硬且具有多孔隙的特徵，長時間栽培不易崩解。

礫石

為岩石經由碎裂而成的產品，質較重，作為底部排水使用，並增加培養土的重量，以承載植株。

磯砂

河砂的一種，顆粒較大，經由淘洗篩選後的岩石小顆粒，適用於表土覆蓋。

二、有機介質種類

即源自於有機體，或以植物材料為來源的介質種類，園藝栽培上最常使用的為泥炭土及椰纖兩種。有機介質的特性為保水與保肥的能力佳，可提供培養土中有機質來源，長期使用易分解消失或產生酸化問題。部分塊狀或粗纖維狀產品，可增加介質透氣性及透水性，還具有保濕效果，延長給水時間。

水苔

泥炭蘚類，以其乾燥的植物體作為介質，泥炭蘚的構造特殊，質地輕、吸水力及保水力極佳。偏酸性介質，使用前應充分浸水後再使用。多肉植物栽培並不常以水苔作為栽培介質，僅於特殊的板植或吊掛時使用。使用時宜鬆散狀填入盆中，有利於透氣。

泥炭土

產自歐陸地區泥炭濕原，為各類泥炭蘚及其伴生植物經分解及多年沉積而成，質輕、保水性佳。與水苔一樣性質偏酸，市售產品已將 pH 值調整至近中性。可視栽培管理需求，適度加入泥炭土介質，增加保水力，延長澆水時間。

椰纖

為乾燥椰殼纖維狀的產品，可作為泥炭土的替代品。質地輕，保水性及透氣性佳。因天然泥炭土蓄積量減少，且較泥炭土取得容易，價錢也較為經濟實惠。常見壓製成椰磚的產品販售，使用前需先充分泡水 1～2 天，讓椰纖充分吸水並去除可能過多的鹽分後使用。

椰塊

與椰纖同樣由椰殼乾燥製成，椰塊為塊狀產品，比纖維狀的產品更具有透氣性及排水性。

碳化稻殼

農業副產品，將稻殼碳化而成，質地輕，排水性及透氣性佳。適量使用，如量過多時，可能造成培養土中電導度過高的問題，造成植物生長上的障礙。

樹皮

常見為棕樹皮或各種熱帶雨林樹木之樹皮製成。為塊狀的產品，放置於盆底作為排水及透氣層使用。功能與椰塊相似，另具有保濕效果，但使用時限較長。

三、定期的換盆與換土

建議至少每 2 ～ 3 年應換土或換盆一次，長期使用部分介質因分解而消失，造成介質量變少，又因為澆水的重力影響，培養土會緊實不透氣。澆水、施肥或根部代謝的關係，介質逐漸酸化，不利於生長。

換土作業除了添補流失的介質，還能恢復透氣性，回復土壤的酸鹼值，有利於各類養分的平衡與吸收，同時可以去除老化根系，讓生機回復。換土時，不僅能去除盆土內不良的微生物，減少植株感染病蟲害的機會，在調配新的栽培介質時，適度加入消毒過的培養土 1 ～ 2 份，節省部分新培養土的支出。

使用過的介質經過消毒處理，可以重複使用，培養土消毒的方法有：

1. 日晒法

將使用過的培養土平舖約 2 ～ 3 公分厚，放置於陽光下曝晒一周，期間應適度的翻土 1 ～ 2 次，以平均曝晒。

2. 悶熱法

使用黑色塑膠袋裝填回收舊介質後，略為噴水使培養土微濕，放置於陽光下曝晒 3 ～ 5 天，利用塑膠袋蓄熱的原理，當袋內的溫度提升至 60 ～ 70℃時，可以除去常見的土壤病蟲害及雜草種子。

3. 小家電消毒法

使用小家電如電鍋、烤箱及微波爐等，分別能以蒸氣、高溫或微波加熱等方式，去除舊介質內的病源菌、害蟲及雜草種子。

消毒處理能減少培養土中雜草種子及病原菌，卻無法改變介質酸化的現象，酸化會影響可溶性養分的釋放，導致肥力下降。調整培養土的 pH 值，接近中性時，培養土或土壤中各類養分的含量及分布狀況，最有利植物的吸收與運用。pH 值調整方法為，消毒後的培養土每公升加入 3 公克的苦土石灰調整。

←回收的舊介質經消毒後，使用苦土石灰（含鎂成分的石灰），以每公升 3 公克的比例進行介質 pH 值調整。

←經苦土石灰調整過的舊介質，可依栽種的多肉植物種類，加入適當比例的新介質，如為增加透氣性，可添加蘭石及赤玉土；如為增加保水性，可以加入適量的泥炭土進行調整。

多肉植物的病蟲害管理

一、細菌性病害

　　台灣地處熱帶與亞熱帶的地區，加上海島型氣候環境，環境濕度高，細菌性的病害一旦發生，常為時已晚，若能保持環境的清潔及乾燥通風，定期噴布殺菌劑，將能有效避免細菌性病害的發生。

　　細菌性病害常發生在不良的生長季節及季節交替時。一旦發現病徵時，細菌已由根部入侵，導致全株軟腐，染病的患部呈現黃褐色、黑褐色及水浸狀病徵。部分感染在仙人掌上會出現植體內縮、內凹或輪狀病斑。

↑夏季發生細菌性病害（青玉簾）。

↑因細菌性病害全株已腐爛，僅留下堅硬的外皮（岩牡丹）。

↑一旦發現細菌性病害，多半為時已晚（*Haworthia*）。

↑因細菌性病害，全株發黑，軟腐而亡（卷絹）。

↑心部已遭受細菌性病害的感染，部分生長點生長受阻（拉威雪蓮）。

↑夏季休眠，環境不通風及管理不當，細菌性病害入侵後，全株發黑腐爛（羅蜜歐）。

←因細菌性病害，嚴重時全株死亡（夢殿）。

→細菌性病害發生時的病徵（貴青玉）。

對應措施

　　初期感染時，多數由根部入侵不易查覺，細菌性病害發生時常伴隨特殊的異味產生，在春、夏季交替及好發的季節時，可利用嗅覺協助判別是否染病，若發現的早，可去除患部，將染病的根部及部分清除乾淨，靜置數日待傷口乾燥後，再植入乾淨的介質中。若發生在心部，則可去除心部，將軟腐部分剔除乾淨，並在患部塗抹殺菌劑或噴布 1% 的漂白水殺菌，待傷口乾燥後，植株如夠強健，於葉腋間會再萌發新芽。

Step1
將染病的植株拔起，清除介質後，將下半部的腐葉清除乾淨。

Step2
利用大量清水清洗，必要時可在患部噴布 1% 漂白水協助殺菌。

Step3
將下半部的莖基切除乾淨，避免細菌殘留在莖基組織中。必要時可在基部塗抹殺菌劑，防止細菌再度入侵。

Step4
放置於通風處陰乾傷口，視環境條件可放置 1 ～ 2 周不等。待傷口結痂及收口後，再重新定植。

二、真菌性病害

　　真菌性的病害發生在多肉植物上，通常不會造成即刻性的死亡，也不會嚴重至全株軟腐死亡。該種病害常發生在不良的生長環境下，在葉片上或植株體表上會發生各類不同的產孢構造（斑點或斑塊），如神刀葉片上的鏽色斑點，極可能是鏽病的產孢構造。

　　真菌性病害防治較為容易，即便不噴布殺菌劑，於生長季以重新扦插的方式，剪取健康無病的枝條，更新植株即可。但若發生在仙人掌

體表上，造成的斑點或結痂狀的病徵，可能就無法復原。

　　盡可能保持通風及日照充足的生長環境為宜。定期噴布殺菌劑，杜絕真菌性病源菌，得到良好的控制。

↑水車因夏季末進行適當遮陰，曝日造成葉片晒傷。

↑神刀葉片鏽色斑點為真菌性病害。

三、生理性病害

　　非病菌造成葉片或植株外表的傷害，又稱生理性病害，最常見的是因環境改變過大，或不諳多肉植物生長習性，栽培環境變化劇烈，以葉片晒傷情況最多。

↑不當澆水，心部積水，景天科心部因水珠聚光造成晒傷。

↑臥牛未經馴化及適應過程，因環境改變過劇，葉片發生晒傷。

↑花月夜於夏季同時發生晒傷與細菌性病害的情形。

四、蟲害

台灣是昆蟲的天堂，多肉植物發生蟲害的機會並不少，以各類介殼蟲及什麼都吃的夜盜蛾最為常見，定期的防治及加設防護措施因應。其中食性較複雜的斜紋夜盜蛾 *Spodoptera litura* 較為常見，其次為取食夾竹桃科的夾竹桃天蛾 *Daphnis nerii*，夾竹桃天蛾食性較專一，只取食夾竹桃科的多肉植物為主。

斜紋夜盜蛾又名黑肚蟲、土蟲及行軍蟲，鱗翅目、夜蛾科的昆蟲。一年可發生好幾世代。蛾類的幼蟲常有群集性，一齡的幼蟲為灰綠色，三齡後體色轉黑，開始出現避光行為，晝伏夜出。在栽培上除景天科植物外，曾觀察到取食仙人掌科實生苗及其幼嫩部。

防治方式

數量不多，直接移除即可。捕捉夜盜蛾需用心觀察，發現群集的幼齡蟲時要儘速移除。當齡期較大後，夜盜蛾晝伏夜出，喜好躲藏在盆面表土、盆底或葉背等隱匿處，可輕敲花盆驚擾後，再觀察、移除。在好發季節時，定期噴布 1000 倍的蘇力菌防治。

↑斜紋夜盜蛾體色轉黑的三齡幼蟲，遇驚嚇或避敵時，身體會呈蜷縮狀。

↑成蟲除於土表變態，化成蛹外，偶見於葉序緊密處。

↑景天科麗娜蓮遭夜盜蛾危害。

↑景天科曝日受夜盜蛾危害。

1. 介殼蟲

　　是居家栽培最常見的植物害蟲，種類很多大小在 1～2 公厘左右，部分可以大到 0.5～1 公分。大多具有一層角質的甲殼或是由粉狀的蠟質所包覆，鱗片狀的外觀黏附在植物體表上，吸食植物汁液為食。防治介殼蟲應減少與其共生的螞蟻入侵，才能大大降低介殼蟲的發生。

　　少量介殼蟲以棉花棒沾醋或稀釋的米酒（米酒：水=1：2）將蟲體移除。量大時以毛筆或水彩筆沾上稀釋的肥皂液後，在介殼蟲聚集處塗抹，肥皂液覆蓋介殼蟲體表後，蟲體會因缺氧窒息而亡。好發在根部的根粉介殼蟲，於生長期間，利用浸水方式減少族群量因應，為了有效防治，居家栽培時可定期噴布含除蟲菊精的水性殺蟲劑，於距離植株約一公尺以外的地方噴灑，讓藥劑能平均覆蓋在植株上，切記使用前應先澆水，避免藥害的發生。

←象牙丸初發生硬介殼危害。

↑小圓刀受硬介殼蟲危害。

→卷絹遭粉介殼蟲危害的情形。

2. 蝸牛

好發生潮濕多雨的季節，以非洲大蝸牛及扁蝸牛較多，非洲大蝸牛的危害較為嚴重，觀察景天科、蘆薈科、仙人掌科、龍舌蘭科等都有非洲大蝸牛危害的記錄。蝸牛取食直接造成植株體表的外傷，還可能造成病害發生。

防治的方式除直接移除外，保持栽培環境清潔、通風與地面乾燥，則可降低蝸牛入侵機會。此外，避免盆面及栽培環境有落葉、枯草等有機物堆積，減少蝸牛食物來源及躲藏空間。

定期施用安全的蝸牛用藥是最有效的方式。較友善的方式，可以於栽培架支柱上繫綁銅條或銅線，因銅氧化產生的離子對蝸牛產生忌避效果。在環境周圍使用矽藻土、石灰、苦茶粕、咖啡渣等物質，都能有效趨避，降低蝸牛造訪的機會。

↑ 非洲大蝸牛 *Achatina fulica* 個體大，其所造成的危害很驚人。

↑ 遭大蝸牛耳取食後的食痕。

↑ 質地組織較為柔軟的 *Haworthia* 植株遭大蝸牛危害情形。

↑ 銀波錦葉受大蝸牛危害。

→象牙丸幼嫩側芽已受大蝸牛危害。

五、鳥害與鼠害

1. 鳥害

除了上述危害外，還有鳥害，居家以白頭翁、斑鳩等較為常見，牠們會啄取景天科植物葉片為食，造成體表機械性的傷害。簡易的防治方式以放置風車、吊掛風鈴等來趨避。另放置貓頭鷹飾品或張貼具老鷹圖像的海報，都可以減少鳥害的發生。

2. 鼠害

老鼠為了取食外，還會胡亂啃食各類植物的體表，造成嚴重的傷害。

鼠害只能保持居家環境衛生，定期投藥減少老鼠入侵的機會。

→白頭翁取食造成的啄傷。

↑士童受老鼠啃食的傷害。

↑子吹烏羽玉受老鼠啃食的痕跡。

龍舌蘭科
Agavaceae

　　廣泛分布在世界各地的熱帶、亞熱帶和暖溫帶地區，包括多種生長在沙漠或乾旱地區的植物，常見的龍舌蘭科植物有龍舌蘭屬（*Agave*）、酒瓶蘭屬（*Nolina*）、虎尾蘭屬（*Sansevieria*）及絲蘭屬（*Yuccaece*）等。

　　依據不同的分類方式，本科約有 18 ～ 23 屬，550 ～ 640 種左右。在不同的分類依據及法則下，虎尾蘭屬歸類在龍血樹科（Dracaenaceae）中；酒瓶蘭屬歸類在酒瓶蘭科（Nolinaceae）中，然而也有虎尾蘭屬及酒瓶蘭屬均歸類在假葉樹科（Ruscaceae）中的說法。

　　本科植物多半為灌木或多年生草本植物，具有木質化的地下莖。葉片常叢生或呈蓮座狀排列。花序為總狀圓錐花序或密圓錐花序。花性較為複雜，具有兩性、雜性或雌雄異株等分別。花被以 6 枚合生，具有短或長花筒；雄蕊 6 枚，花藥 2 室；雌蕊 3 枚合生心皮，子房上位或下位，3 室，中軸胎座。果實蒴果或漿果。

■龍舌蘭屬 *Agave*

　　本屬包含近 150 種，為多年生常綠灌木，外形與產自非洲蘆薈科蘆薈屬的植物相似，台灣南部及海岸常見的瓊麻即為本屬植物。

　　廣泛分布於墨西哥、北美西南部、中南美洲的巴拿馬、巴西、秘魯、玻利維亞、哥倫比亞及加勒比海沿岸等地，為葉片肉質化的多肉植物，除作為興趣栽培外，不少品種常用做庭園的景觀植栽欣賞。成排栽種時能作為海岸防風或定砂的圍籬植物，因尖刺及汁液具毒性的特性，常作為軍事用地禦敵及境界栽植之用。又名龍舌掌、番麻、萬年蘭及百年草等，但常統稱本屬植物為龍舌蘭。由於植物葉片中含有強韌的纖維，也可作為繩索或織布材料。

↑ 大型的圓錐花序，花被 6 片，具短花筒，雄蕊 6 枚，花藥 2 室。

↑本屬葉片特殊的排列方式、紋理、葉緣及葉末端的尖刺雖令人生懼，卻又有種豪邁、粗獷強韌的美感。

外形特徵

龍舌蘭屬植物品種間差異大，小型種株徑不及 20 公分，而大型種株徑則可達 5 公尺。對於溫度的適應性佳，耐熱也耐寒，可以忍受日夜溫差達 50℃的變化。耐乾旱，管理粗放，但應栽植於日光充足之處，多數在台灣可露天栽培，但仍以排水良好環境為佳。

本屬植物在新芽包覆期間，葉面或葉背除具有銀白色粉末外，葉片上常可見到葉片互相包覆時所遺留下來的痕跡，因此龍舌蘭屬多半具有葉痕（Leaf Imprinting）的特色。莖短縮或不明顯，植株主要由螺旋狀或呈蓮座狀排列的葉片所構成，葉緣及葉末端具尖銳的刺。

龍舌蘭屬素有世紀植物（Century Plant）的雅稱，但其實開花並不需等待上百年。僅形容龍舌蘭科植物栽培到開花需較長的時間。部分龍舌蘭科植物具只開一次花的特性，花後即死亡。花期常見於春、夏季。成株在適當環境條件下，自心部抽出粗壯的花序，花序經 1 ～ 2 年的發育、成熟，待花朵開放結果後，植株漸漸死亡。

龍舌蘭科號稱具有全世界最長花序的植物。大型種的圓錐花序達 5 ～ 6 公尺高，有些能長到 10 公尺左右；小型種也有 1 ～ 2 公尺的長度。特別的是，圓錐花序的花梗處會產生大量的不定芽（高芽、珠芽），待小苗茁壯後，會自花序上脫落，以狀似胎生的方式大量散播及繁衍新的生命。

↑ 萬年蘭 Agave americana 又名美國龍舌蘭、番麻等名，為大型景觀植物，株高達 2 公尺左右，株徑約 1.5 公尺。

41

↑龍舌蘭科植物葉片上具有葉痕的特徵。

具毒性的植物

龍舌蘭為有毒植物，其葉片汁液中含有具毒性的留體皂甙成分，體質敏感的人若皮膚誤觸會出現輕微的灼熱或發癢，嚴重時則產生紅腫或水泡。若長期誤食，會產生厭食、呆滯或四肢麻痺等症狀，嚴重則造成胃充血及肝臟傷害或死亡。然而部分品種在原生地，短縮莖幹中的澱粉經烹煮後可食用。某些品種的葉片、花絲經烹煮料理後可為佳餚。心部（短縮的莖幹）因含有大量澱粉，發酵後可製成各種含酒精飲料，像是未經蒸餾的 Pulque 及 Mezcal 等；而經蒸餾處理的則有著名的龍舌蘭酒 Tequlia。

繁殖方式

分株、播種。龍舌蘭屬植物在幼株或未成株前，較易產生側芽，成株或至特定株齡後反而不易增生側芽。也可使用種子繁殖。

部分品種易產生走莖，於母株附近產生小苗，這時可將小苗自母株上分離進行繁殖，另外，為了促進葉腋下的側芽發生，常見使用去除頂芽方式來刺激大量的側芽發生，待側芽株形夠大後，再自母株上分離下來。

↑王妃吉祥天
易產生走莖，於母株四周產生大量小芽，待小芽夠大後，再自母株上分離。

↑王妃雷神白中斑
利用去除頂芽（胴切）方式，促進葉腋間的側芽發生，待側芽產生後再進行分株。

另外有部分品種可採收種子，利用種子播種，以實生方式取得大量小苗，或直接栽種其花序上脫落的不定芽以進行繁殖。

生長型

夏型種。在台灣並無明顯的休眠現象，但以夏、秋季時生長較為旺盛。

本屬植物十分強健，管理粗放，多數品種在台灣可行露地栽培，但一旦露地栽培後，便無法以根域控制植株大小，居家栽培建議栽植在小盆中或以限盆方式來控制植株大小為宜。冬季低溫時期，應減少給水，避免爛根。

↑白邊龍舌蘭的圓錐狀花序，其花梗下方會形成不定芽或高芽（亦有一說為珠芽）。上方圓球狀為果實。

↑自母株上分離下來的側芽，應先晾乾 1～2 天，待傷口乾燥或收口後再植入盆中。

延伸閱讀

http://www.agavaceae.com/agavaceae/agavhome_en.asp
http://en.wikipedia.org/wiki/Agavoideae
http://www.britannica.com/EBchecked/topic/8859/Agavaceae
http://www.cactus-art.biz/schede/AGAVE/
http://albino.sub.jp/html/g/Agave.html
http://davesgarden.com/guides/articles/view/3740/

夏型種

Agave angustifolia 'Marginata'
狹葉龍舌蘭

英 文 名	Variegated caribbean agave
別　　名	白閃光、白緣龍舌蘭、白邊龍舌蘭
繁　　殖	分株、播種

原產自墨西哥。繁殖以分株為主。自
基部將較大的側芽從母株上分離；或
取花序上的不定芽進行繁殖。播種亦
可，但實際上較少採取此方式。

形態特徵

　　幼株莖短較不明顯；成株具有短
直立莖。葉肉質劍形，具有細鋸葉及
暗褐色緣刺，長 45 ～ 60 公分，寬約
7.5 公分；灰綠色，葉末端具有暗褐
色尖刺。花期在夏、秋兩季。圓錐狀
花序直立、粗壯，高 5 ～ 6 公尺；花
色淡綠。

↑本種常用於庭園栽植，為常見的景觀植物之
一。

↑圓錐花序上可觀察到花梗發生大量的不定芽，
待芽體成熟後，會往母株四周拓展新生的族群。

↑圓形的果實為子房下位花，因此可於果實末端
看見喙的構造，但實為花瓣著生的位置。

Agave attenuata
翡翠盤

英　文　名	Foxtail, Lion's tail, Swan's neck, Elephant's trunk, Spineless century plant and Soft leaved agave
別　　　名	初綠
繁　　　殖	分株

局部分布在墨西哥中部及東部海拔1900～2500 公尺的高原。中名均沿用日本俗名而來。為少數葉片質地柔軟，不具尖刺的品種。密生的穗狀花序狀似狐狸尾巴，英文俗名稱為Foxtail。

↑ 1834 年由探險家 Galeotti 先生將其引入英國 Kew garden 中栽種。因葉片不具有刺的特徵，成為著名的景觀植物。

形態特徵

　　莖幹因老葉脫落，明顯可見木質化的莖，長度約 50 ～ 150 公分左右；常呈一側傾斜生長。葉長卵形或披針形，長約 50 ～ 70 公分，寬約 12 ～ 16 公分，以蓮座狀排列生長在莖幹上。葉色呈灰綠或灰藍，亦有錦斑變異品種，葉末端及葉緣不具尖刺。花期在冬、春季，需栽植 10 年以上才會開花。黃綠色的小花密生在穗狀花序，長達 3 公尺左右。翡翠盤較喜好栽植於保濕性較高的土壤中。盛夏時葉片亦會發生晒傷情況，此時應注意並提供適度的遮陰。

↑黃邊斑個體。

↑黃中斑個體。

↑翡翠盤葉片質地薄且細緻，葉緣無刺等特色，多了分柔美的感受。

變　種

Agave attenuata ʻNerva'
皇冠龍舌蘭

別　名 | 大葉翡翠盤、大翡翠盤

　　本種學名常以翡翠盤 *Agave attenuata* ʻNerva' 栽培種標註，但兩者花序存在著明顯的差異，極有可能為兩株不同的植物。外形狀如皇冠而得名，葉緣及葉末端均具有細小的尖刺。常用於庭園布置，在台灣常見開花，若栽植寒冷地區，可能需 40～60 年才能開花。繁殖以分株或取自花序上的高芽繁殖為主。

↑莖短或不明顯。葉肥厚，革質廣披針形，以蓮座狀或放射狀叢生於莖幹上，葉緣及末端具紅褐色銳刺。花期冬、春季，大型圓錐花序，花黃綠色。

Agave lophantha 'Quadricolor'
五色萬代

異　　名	*Agave* 'Goshiki Bandai'
繁　　殖	分株

園藝栽培選拔種。中文名沿用日名五色萬代。夏季栽培時建議提供遮陰為佳。本種耐寒性佳，在乾燥條件下，可忍受 -12°C 低溫。本種易生側芽，以分株為主，將夠大或夠壯的側芽自母體上分離下來後，待基部傷口約略乾燥，上盆即可。

↑五色萬代為台灣花市常見平價又美觀的錦斑品種。

形態特徵

　　本種為中小型種植株，高約 40 公分，株徑約 60 公分。葉片多彩，具美麗的錦斑葉片。

↑五色萬代栽培容易，光線充足環境下為佳，若栽植於大盆中，株形會較大，圖為 8 寸盆。

↑光線不足時，葉形較為狹長。

47

Agave parryi 'Variegata'
王妃吉祥天錦

| 異　　名 | *Agave parryi* var. *patonii* 'Variegata'/ |

Agave parryi 'Cream Spike'

| 繁　　殖 | 分株 |

為園藝選拔出來的栽培品種，可以其
品種名 'Cream Spike' 代稱。王妃吉
祥天錦中名乃沿用日本俗名而來，王
妃二字用於形容小型種之意。本種成
株後易自基部產生大量吸芽，自母株
上分離較大的吸芽來繁殖即可。

↑成株。

形態特徵

　　成株株徑約 15 ～ 20 公分。成株葉緣具黑色尖刺，葉片末端黑刺較粗且長。
幼株外觀與成株略為不同，其葉姿較柔美，葉緣及末端的刺不明顯。

→幼苗。

Agave potatorum
雷神

異　名	*Agave potatorum* var. *verschaffeltii*
別　名	雷光、賴光
繁　殖	播種、分株

中名沿用日本俗名。原產自墨西哥中南部海拔 1200 ～ 2250 公尺半乾旱高地，本種形態變異多。種名 *potaorum*，與馬鈴薯一點關係也沒有，其源自拉丁文 potator，英文字意為 of the drinkers，可譯為飲酒者的意思。種名極可能是因本種可作為酒類飲品的材料。在墨西哥，去除雷神葉片，留下莖部或中心部分，蒸煮後可發酵做成一種名為 pulque 的酒品；經蒸餾後則稱為 Bacanora 的酒品。

↑葉緣上的刺生長在疣狀突起的末端，為雷神龍舌蘭的主要特徵。葉片上可見美麗的葉痕。

形態特徵

　　中、小型種龍舌蘭，呈單株或一小簇方式生長。葉序從緊緻到開張形態都有，本種具許多形態和變種。單株直徑 10 ～ 90 公分都有；中型種體型株高約 40 公分，株徑 40 公分；常見的株徑在 20 ～ 30 公分左右。莖不明顯，短縮。葉片藍綠色或灰綠色，每株 30 ～ 80 片以蓮座狀或螺旋狀排列。葉橢圓形、短披針形或卵形，長約 20 ～ 40 公分，寬 9 ～ 18 公分。葉緣非鋸齒狀而呈現疣狀般突起。花期集中在冬季，以 9 ～ 12 月為開花高峰，緻密的圓錐花序約長達 3 ～ 6 公尺高，花綠色，具紅色萼片。在台灣並不常見雷神開花。

↑雷神覆輪的錦斑變異品種。易自基部產生大量側芽，呈群生姿態。

Agave potatorum var. *verschaffeltii*
甲蟹

異　　名 | *Agave verschaffletii*

　　雷神著名的變種之一。栽培時應提供適當遮光，葉片才會呈現較佳的銀白色蠟粉。

↑其特色為在葉緣的疣狀突起較鮮明。　↑全日照下葉色偏黃。

Agave potatorum 'Kishoukan'
吉祥冠

異　　名 | *Kishoukan* agave

　　又稱紅刺，雷神經園藝選拔出的中大型栽培品種。中名應是沿用日本俗名而來，另有錦斑品種。為雷神中大型及紅刺的變異個體。葉緣與雷神一樣具有疣狀突起特徵。

↑吉祥冠錦
Agave potatorum 'Kishoukan' variegata
為吉祥冠錦斑變異的品種，圖片為覆輪的錦斑變異，另有中斑的栽培品種。

↑與雷神相似，但葉緣的刺及葉末端的刺為紅褐色的變種。成株株徑約 30 公分。

Agave potatorum 'Shoji-Raijin' variegated form
王妃雷神錦

異　名	*Agave isthmensis* 'Shoji-Raijin' variegated form
英文名	Sliver star, Blue rose

為雷神園藝選拔的迷你栽培種，單株直徑 10 公分左右。栽培管理容易，與雷神相似，可栽植在全日照至半日照環境下，夏季可定期給水，如葉片出現皺縮，多半表示水分嚴重不足，應充分給水。本種較不耐霜凍，如未加以保護，植株易受傷害。以分株為主，王妃雷神成株後，易自基部葉腋上產生側芽，可將側芽分離後定植。

↑葉呈灰綠或灰藍色。葉形肥厚短胖，近似五角形；葉緣的刺不明顯。未具有斑葉特性的品種稱為王妃雷神。

白中斑

黃中斑

覆輪

淡中斑／淺中斑

註
王妃雷神錦會有不同的錦斑表現，可能是因為生長點細胞與組織產生特殊變異，不同特性的細胞組織互相嵌合所造成，這類的斑葉或錦斑現象稱為「嵌合體」（Chimera）。

夏型種

Agave pumila
姬龍舌蘭

異　　名	*Agave pumila* 'Nana'
英 文 名	Dwarf century plant
別　　名	普米拉
繁　　殖	分株

姬龍舌蘭為中小型的龍舌蘭，
生長十分緩慢。夏季栽培時應提供部分遮
陰，以半日照或光線充足的環境下栽培為
宜。本種怕冷，若冬季低溫會有霜凍的氣
候環境，應注意保暖措施。

形態特徵

　　灰藍色的葉呈三角形，葉緣無刺，葉末端具短堅硬的黑刺 1 枚，具高度的
異葉形態。幼株時外觀緊緻，易生側芽，但成株後株形較開張，不產生側芽。
需經 8 ～ 12 年的栽培後才能由幼株進入成株。成株後不易自基部形成側芽。

←別名「普米拉」乃
以種名音譯而來，種
名 *pumila* 意為小型。

Agave schidigera
絲龍舌蘭

異　　名	*Agave filifera* ssp. *schidigera*
英 文 名	Maguey
別　　名	瀧之白絲
繁　　殖	分株

產自墨西哥海拔 900 ～ 2500 公尺山區，常見生長於岩壁開放地區或橡樹林的林緣處。分株繁殖為主，本種易自基部產生吸芽。適合盆植欣賞。

葉緣無尖刺，著生捲曲狀的白色纖維，目的可能是用於反射過強的光線，避免植株受強光危害。葉末端仍具有質地堅硬的尖刺，栽植時需小心。

↑葉片具白色葉痕（white bud imprints）。

形態特徵

　　為中小型龍舌蘭，莖不明顯，株高 60 ～ 90 公分之間。葉深綠色至黃綠色都有。花期冬、春季，但不常見開花，需栽培至 30 ～ 40 年後才具備開花條件，小花黃綠色至深紫色，圓錐花序長達 3 ～ 3.5 公尺。另有姬瀧之白絲的品種，與 *Agave filfera* 相似，但葉片較寬；葉片具有向內微彎的特徵。

↑絲龍舌蘭黃邊斑的栽培品種。

夏型種

Agave schidigera 'Shira Ito no Ohi'
白絲王妃亂雪錦

異　名 *Agave filifera* ssp. *schidigera* 'Shira Ito no Ohi'

本種是自日本園藝栽培的選拔品種。中名應沿自日本俗名而來，其品種名為 'Shira Ito no Ohi'；另有學名表示為 *Agave schidigera* 'Compacta Marginata' / *Agave filifera* 'Compacta Marginata'，可知白絲王妃亂雪錦為絲龍舌蘭小型種姬亂雪 *Agave schidigera* 'Compacta' 的錦斑變異品種。

↑白絲王妃亂雪錦為美麗的小型品種。

↑由邊斑的特性，轉變成黃中斑的個體。

↑黃中斑的個體。

Agave titanota 'NO. 1'

嚴龍 NO. 1

異　　名	*Agave sp.* 'NO.1'
繁　　殖	分株

園藝栽培選拔種。本種中有許多不同的選拔品系。本種易生側芽，以分株為主要繁殖方式。

↑ 嚴龍 NO.1 有許多不同的栽培品系。

形態特徵

　　為中小型品種。葉緣的緣刺下方呈角質化，有如刺的延伸，包覆在葉緣上。葉緣顏色與葉末端及緣刺顏色相同。視品種不同有些微灰白色、紅褐色或黑褐色。

↑ 光線充足時，葉片包覆緊密，株形會更緊緻。

↑ 有特殊的角質化葉緣。

夏型種

Agave toumeyana 'Bella'
樹冰

異　　名	*Agave toumeyana* var. *bella*
英 文 名	Toumey agave, Miniature century plant, Fairy-ring agave, Silver dollar
繁　　殖	分株

產自美國亞利桑那州中部海拔 800 ～
1700 公尺山區。常見生長在岩屑地、岩
壁邊上及沙漠高原的灌叢等開闊地區。

形態特徵

　　'Bella' 為小型變種，株高約 25 公分，株徑約 20 公分。葉長約 9 ～ 20 公分，
葉寬約 0.6 ～ 2 公分。葉綠色，表面上具白色斑紋；葉緣白色或褐色，具有白色
的絲狀附屬物。花期春、夏季之間；大型總狀花序，於莖頂上開放，花黃綠色。

↓與絲龍舌蘭一樣，當氣候較乾燥時白色絲狀物會捲曲。

Agave victoriae-reginae 'Complex'
笹之雪

英 文 名	Queen victoria agave
別　　名	厚葉龍舌蘭、維多利亞女王龍舌蘭、女王龍舌蘭、鬼腳掌、箭山積雪、雪簧草
繁　　殖	播種、分株

原產自墨西哥東北部、南部乾旱低海拔地區及山谷。常見生長在石灰岩的峽谷坡壁上，與鳳梨科華燭之典屬（*Hechtia*）的沙漠鳳梨及仙人掌混生。在原生地雖不常見，但已廣為園藝栽培，有不少的栽培品種。笹之雪在原生地除作為纖維及製酒的材料外，葉片可供鮮食、炒食；花絲經燒烤或烹煮後亦可食用。繁殖以播種及分株均可，但常見以分株為主，將基部較大的側芽自母株上分離即可。

↑ 種名 *victoriae-reginae* 是英國植物學家 Thomas Moore 紀念維多利亞女王而命名。笹之雪中名應是沿用日本俗名而來。

形態特徵

　　多年生葉肉質的草本植物，莖不明顯。倒三角形的肉質葉以蓮座狀排列叢生於短縮的莖幹上，成株株徑約 40 公分；大型的栽培種，葉片可達上百枚。葉緣無刺，生於葉片末端短而堅硬的刺呈黑或灰黑色。葉背有龍骨狀突起；葉呈綠色，葉片上有特殊不規則的白色花紋。葉緣及葉背龍骨狀突起上有特殊的白色角質膜狀物或絲狀物。在台灣罕見開花，需栽培 2 ～ 30 年左右後才會達到開花的條件。花期夏季；花序為鬆散的圓錐花序，長約 4 公尺。花淡綠色；花後結果產生種子，然後逐漸凋萎死亡。

↑ 丸葉笹之雪 *Agave victoriae-reginae* ssp. *swobodae*（*Agave victoriae-reginae* 'Compacta'）為葉末端較渾圓的栽培品種。

↑ *Agave victoriae-reginae* 'Super Wide'，特殊葉形的栽培品種。

↑ 笹之雪幼株時，葉末端的刺較為狹長。

變　種

Agave victoria-reginae ssp. *victoria-reginae* 'Aureo Marginata'
笹之雪黃覆輪

又稱笹之雪錦，為常見的錦斑變異品種，與笹之雪一樣生長緩慢。栽培種學名以 'Aureo Marginata' 統稱這類具有黃覆輪葉斑的品種。斑葉的特性讓它們生長緩慢，栽培至成株更耗時。日本依斑葉顏色及表現方式細分成不同類型，如雪山、黃覆輪及輝山等栽培品系。喜好穩定的光照條件，栽培在半日照處或提供適當遮陰，有利於株形及葉片的美觀。易生側芽，

↑ 雪山 'Yukiyama'，乳白色覆輪斑。

可使用分株法繁殖。冬季低溫期保持介質乾燥可忍受到 -4℃的低溫。

× *Mangave* 'Blood Spot'
血雨

| 繁　殖 | 分株 |

Agave macroacantha 與 *Manfreda maculosa* 的屬間雜交品種；人工栽培雜交選育而成的品種，學名以 × *Mangave* 表示。易生側芽，常見以分株繁殖為主。不同的血雨雜交後，其後代有品種間的差異，葉片的斑點及外形表現不同。

↑光線充足環境下，紫色的葉斑表現良好。

形態特徵

　　兼具了親本的特色，葉片上特殊的紫色斑點，是源自 *Manfreda maculosa* 的葉色。與常見的龍舌蘭相似，葉緣及葉末端均有刺。易生側芽。

↑光線不足時葉形較狹長，葉色表現不佳。

↑以側芽分株的後代。

蘆薈科
Aloaceae

　　蘆薈科在植物分類中原歸類在百合科下的一屬，但因百合科的物種數量太龐大，所以又自百合科中獨立出來。近年以基因親緣關係的分類方式，被歸類在獨尾草科。台灣仍多沿襲舊有的分類，常以百合科或蘆薈科來通稱本科下的多肉植物。

　　蘆薈科中，趣味栽培以蘆薈屬（*Aloe*）、厚舌草屬（*Gasteria*）、鷹爪草屬（*Haworthia*）三個屬為主。其花朵、花序構造區分如下：

|蘆薈屬|
花瓣6片，向下開放，花瓣不明顯開放，開花當天6枚雄蕊會先成熟，釋出花粉。開花後2～3天雌蕊成熟，柱頭會升出花瓣外。花色以橘紅及黃為主。

|厚舌草屬|
開花方式與蘆薈屬一樣，但花瓣基部會膨大，類似牛胃狀的構造。

|鷹爪草屬|
部分硬葉系的品種花序分枝。花白色，花朵側開，花瓣末端會向外捲曲。開花時微開張，不似百合花花瓣開放明顯。

註 **獨尾草科** Asphodelaceae
又稱日光蘭科、蘆薈科或阿福花科，共計15屬約785種左右，主要分布在非洲、地中海沿岸和中亞地區。本科植物多為分布在南非的多肉植物。舊有的分類法將本科大部分的屬歸類在百合科內，1998年據基因親緣關係分類的APG分類法將其單獨列為一個科，屬於天門冬目。

■蘆薈屬 *Aloe*

　　主要分布在非洲，約300種左右，為葉肉質的多年生草本植物。蘆薈是屬名 *Aloe* 的譯音；Aloe 源自希伯來語原文「Halal」，即苦味的意思。其中被人類使用最多、最廣為人知、栽培最多的為唐蘆薈 *Aloe vera*。蘆薈含有天然的抑菌成分，具有清潔傷口等功能，是居家必備的救傷聖品，自古便有「急救之樹」、「火傷之樹」等稱號，可用來治療刀傷、燒傷、燙傷、凍傷、皮膚炎

及濕疹等外科疾病。近年研究指出，蘆薈具有調節人體免疫力、排除毒素、促進細胞再生等功能，在歐美國家對於蘆薈及相關產品十分風靡。在美國，蘆薈被譽為「世紀之樹」，在日本蘆薈更有「不需要醫生」的稱呼。

部分文獻中指出在 24 小時照明下，一盆蘆薈可淨化 1 立方公尺空氣中近 90% 的甲醛，其他的有毒氣體，如一氧化碳、二氧化碳、二氧化硫等過量時，葉片會出現褐色或黑色斑點，因此可作為空氣品質的指標植物。

外形特徵

具短莖，但部分為分枝或成樹形。葉常綠，肉質、肥厚；葉緣有刺，葉色以灰綠或草綠色為主，部分葉片上會有斑點或條狀花紋。花期不定，常見夏、秋季開花。總狀花序自葉叢中抽出，花梗長達 60 ～ 90 公分不等，部分花序會分枝；花色為黃、橙色、粉紅、紅等；花瓣 6 片呈筒狀，下垂開放，如授粉成功果實會反轉 180 度向上生長。果實為蒴果，種子多數，品種間具差異。

成熟肥厚葉部位可供食用

蘆薈為多年生草本植物，兼具保健、醫藥、觀賞於一身，因此廣泛被人類傳播種植，至今已遍布世界各地。蘆薈原生於非洲，總數達 270 ～ 300 種之多，但其中可供食用的品種不多。台灣常見生產供給食用及藥用的蘆薈以美國蘆薈 *Aloe barbadensis*、唐蘆薈 *A. barbadensis* var. *chinensis* / *Aloe vera* 這二種最多。主要產地在高屏地區及澎湖一帶。

↑ 美國蘆薈 *Aloe barbadensis* 近年引入台灣栽植，又稱庫拉索蘆薈（Curasao Aloe）、翠葉蘆薈。美國栽種最多；葉色灰綠株形大，葉片寬厚有較多的葉肉組織可供使用。花色鮮黃，花序會分枝。小苗也有斑點但不似唐蘆薈幼株明顯。

↑唐蘆薈 *A. barbadensis* var. *chinensis* / *Aloe vera*在台灣常見居家栽培，又稱中國蘆薈、斑紋蘆薈，為古代引入中國後產生的天然變種。本種於 1661 年自華南引進台灣。幼株有明顯斑紋，需栽植至成株才能食用；成株後葉片上的斑紋會消失。葉色翠綠，株形外觀較翠葉蘆薈小型外，花序不分枝，花色橘紅。

　　蘆薈食用部位以成熟的肥厚葉為主，葉表皮的綠色組織會分泌含有蘆薈素及抗氧化體的黃色黏液，具苦味，未經適當處理或食用過量會產生輕瀉症狀。中央透明的葉肉由薄壁組織形成，具大量透明的膠狀物質，富含多醣體及礦物質、氨基酸及維他命 A、B2、C 等成分，使蘆薈成為保健聖品。

↑黃色黏液帶有苦味，需清洗乾淨以去除。

↑透明的葉肉組織內除水分外，含有大量多醣體及膠狀物質。

繁殖方式

　　分株法最快，常見的食用蘆薈，幼株葉片上具有白色斑點時不可食用，需成長至葉上白斑消失後方可食用，栽培時間約需 1～2 年。利用剔除側芽的方式，節約母株養分，使植株苗壯，不讓過多養分耗費在增生側芽上。給予合理的肥培管理，施用含高磷鉀的肥料並提供高光照環境均有助於植株生長。

　　觀賞用蘆薈繁殖方式與食用蘆薈一樣以分株法最為常見，示範如下：

Step1
待蘆薈幼株成長至母株的 1／2～1／3 大小時，配合更新介質作業，自基部將側芽自母株上分離。

Step2
分株後的小芽，約靜置半天至數日，待剝離的傷口乾燥後再進行定植。

Step3
視植株大小，給予合理的盆器大小，將植株植入後即可。如分株後即定植的植株，可待定植後 2～3 天再澆水。

　　蘆薈亦可使用播種法進行繁殖，除選購種子方式外，使用人工授粉方式來取得種子，但蘆薈多數具有自花不親和的特性，即自身花朵的花粉無法達到授粉結果的目的，需以異株的花粉才能使蘆薈結果。若為了創造新品種或是選拔具有新穎性的植株外觀，可使用雜交育種方式，進行蘆薈育種，但授粉成功的要件之一，為判定雌蕊是否已經成熟。當柱頭外伸至花瓣外，且分泌黏液時為最佳的授粉時機，可摘採當日開放且花粉充分釋放的花朵，將其沾在成熟的柱頭上即可。

Step1 多數蘆薈自花不親和，需以異株的花粉沾在成熟的雌蕊上（柱頭伸出花朵外作為成熟的判定）。

Step2 如經授粉成功後，會結果莢。約需 45 ～ 60 天左右成熟。

Step3 成熟的果莢開裂，或果莢心皮接縫處轉色時可採收。

Step4 可將種子收集後，去除乾燥的果莢，再進行撒播。

Step5 將種子平均撒播在乾淨的介質上，接著標註播種日期及品種，再以浸潤介質的方式保濕即可。

Step6 種子的新鮮度會影響發芽的速率。新鮮種子播種後約 2 ～ 3 周會發芽，經 3 ～ 5 次的移植，栽培約 1 ～ 2 年後的小苗現況。

延伸閱讀

http://kdais.coa.gov.tw/view.php?catid=1031

http://sacredvalleytribe.com/articles/alternative-medicine/aloe-arborescens-protocol/

http://www.llifle.com/Encyclopedia/SUCCULENTS/Family/Aloaceae/Aloe/

http://www.squidoo.com/AirCleaningPlants

http://made-in-afrika.com/aloes/Default.htm

http://www.succulent-plant.com/families/aloaceae.html

http://haworthia.jp/

Aloe aculeata
皮刺蘆薈

英 文 名	Red hot poker aloe
別　　名	王刺錦蘆薈
繁　　殖	播種

原產自南非。本種常見生長在岩石、荒原及乾旱的灌叢地區。種名 *aculeata* 為刺（prickly）的意思，用來形容葉片的上、下表皮及葉緣都有刺的外觀。本種不易增生側芽，以種子繁殖為主。可選購種子以撒播方式繁殖。種子越新鮮發芽率越佳，以春、夏季播種為適期。

↑叢生的肉質葉，葉為暗綠色至藍綠色，葉基較寬，向上彎曲，狀似碗。

形態特徵

　　株高約 30 ～ 60 公分。莖不明顯或呈單幹的短莖。葉片上下表皮布有紅褐色的三角狀皮刺，皮刺顏色及數量多寡具有個體差異。總狀花序，花為橙紅色或黃紅色，與火焰百合花色相似，得名 Red hot poker aloe；植株初開時花序可長達 1 公尺，如老株開花，花序會有分枝現象。花期集中於冬季。

生 長 型

　　適應性佳，為中大型的蘆薈品種，建議盆植應使用 8 寸盆器栽培，不需每年換盆及換土。栽植時首重介質，以富含砂礫、排水良好介質為佳，在台灣栽培粗放，可於露天下栽培。栽培時半日照至全日照下環境均可，但盛夏時仍需注意遮陰，避免晒傷。於夏季生長期間應充分且定期給水。冬季則應保持乾燥，尤其是溫度低於 10℃，應嚴格節水。

↑幼株時，播種的前 3 ～ 5 年葉片對生。

夏型種

Aloe arborescen
木立蘆薈

英文名	Woody aloe, Torch plant, Octopus plant, Candelabra plant, Candelabra aloe, Krantz aloe
別　名	章魚蘆薈、燭檯蘆薈、火炬蘆薈
繁　殖	分株、扦插

原產非洲東南部，如南非、馬拉威及辛巴威等地，在南非常作為綠籬栽培。種名 *arborescens*，字義為 tree-like（像樹木狀的意思）。分枝性強，株高可達 2～3 公尺的樹狀蘆薈，是少數可供食用及藥用的蘆薈之一。繁殖以分株或剪取側枝，待傷口乾燥後扦插繁殖。春、夏季為繁殖適期。

↑常見運用於景觀布置上。花是極佳的蜜源，會吸引蝴蝶、蜜蜂及鳥類的造訪。

形態特徵

株高約 2～3 公尺，環境適宜時最高可達 5 公尺。具直立性、木質化的莖幹，且易分枝。劍形略呈彎曲的葉片有鋸齒緣。葉肉質、葉色翠綠略帶灰藍色。葉以旋狀分布，生長於枝條頂端。花期冬季，紅及橙色的總狀花序自枝條心部抽出開放。

生長型

栽培容易，對於介質的適應性高，但栽種時仍需以排水性良好者為要。可利用適當大小的盆器；適當節水也能協助控制株形大小。除景觀布置需求，居家栽培木立蘆薈時，以盆植為佳。可耐 5℃ 以下的低溫。

↑略彎曲的劍形葉，葉色帶點灰藍色調。

↑鋸齒狀的葉緣十分明顯。

變　種

Aloe arborescen 'Variegata'

木立蘆薈錦

　　又名淘金熱，源自日名，特別用來稱呼木立蘆薈的錦斑變種。庭園栽植時，若光線充足錦斑表現越佳。栽植處若光線過強或過於乾旱，葉片易發晒傷或焦枯。台灣栽植時應注意夏季的光照環境及條件。

↑葉片上具有條帶狀的黃色斑紋。

↑光照較不足時斑紋會較少，或因返祖現象再產生全綠的植物個體。

Aloe aristata
綾錦

英文名	Lace aloe, Torch plant
別　名	波路、木銼蘆薈、珍珠蘆薈
繁　殖	分株、播種

原生於南非乾旱區域。

↑葉片末端具有長尾尖；葉緣及葉脊均布有白色棘狀物。

形態特徵

　　小型種蘆薈，株高 10 公分左右。莖幹不明顯，與常見的蘆薈外形不太相似，長三角形或披針形的葉扁平，密生於短縮的莖幹上。濃綠色的葉片，葉緣有刺，葉片上著生白色突起或短棘。葉末端具有長鬚。花期夏季，總狀花序不分枝。

生長型

　　栽培管理容易，在台灣適應性佳，與其他的蘆薈比較，綾錦耐陰性佳，可作為室內植物栽培。對於光線不足及潮濕的忍受度較高，栽培時應放置於室內光線明亮處；以半日照至全日照環境下栽培較佳。夏季生長期間應定期充分給水；冬季休眠期間則不給水或減少澆水即可。

↑葉面上具有白色斑點。

Aloe brevifolia
短葉蘆薈

英 文 名	Short leaf aloe, Dwarf aloe
別 名	姬龍山
繁 殖	分株、播種

原產自南非開普敦等地，原生地僅冬季及夏季有少許降雨，常見生長在岩屑地及土坡邊緣。種名 *brevifolia*，在拉丁文字意為 short leaves，意即「短葉的」，形容本種具有厚實短胖的葉片之意。在台灣全年均可進行分株繁殖。

↑短葉蘆薈灰白的葉色，極為美觀。

形態特徵

株形緊密，莖幹短而不明顯。葉片叢生於短莖上，在冬季低溫時，葉色會呈現粉紅色澤。單株株徑約 8 ～ 10 公分，叢生時株徑可達 40 公分左右。三角錐形的葉，長約 6 公分，葉基約 2 公分寬。葉色偏藍綠或銀灰綠，強日下葉色會偏粉紅或紫色。葉緣有白色齒緣，葉背具縱向排列的棘狀物。花期春、夏季之間，總狀花序長約 40 公分，不分枝。

生長型

除了居家盆植欣賞用，常用於景觀布置，可作為良好的地被植物栽植。在光線充足環境下，葉色變化十分豐富。栽植時可選擇排水良好或較乾旱環境。對環境的適應性佳，原本為海岸上的植物，可生長於鹼性的土壤環境。可忍受 -4 ～ -7℃低溫。

↑葉脊上分布白色棘狀物。葉片留有齒狀葉緣的葉痕。

Aloe broomii
獅子錦

英 文 名	Mountain aloe, Snake aloe
繁　　殖	播種

本種廣泛分布於南非中部，海拔
1000～2000公尺山區。常見生長在
岩屑地形的坡面上。當地年降雨僅
有300～500公厘，集中在夏末或秋
季。為良好的蜜源植物，提供原生地
鳥類、昆蟲為食。

形態特徵

↑具有質地較為堅硬的短棘狀齒葉緣，葉脊分布
縱向排列的紅褐色短棘。

　　幼株短莖不明顯，成株後具有木
質化莖幹，不易增生側芽，為單幹型的蘆薈之一。橄欖綠色的葉片，為長倒三
角形葉片，較為扁平，不具有葉脊，但葉背與葉緣具有紅褐色或黑褐色短棘。
總狀花序合生，不分枝。花期時僅露出伸出花朵外的雄蕊與柱頭，花瓣由綠色
的長形花萼所包覆。

生 長 型

　　在原生地僅降雨時生長。本種耐
寒性、耐旱性佳。栽植時使用排水良
好的介質即可。

→為中大型蘆薈，地植時
連同盛開的花序，株高可
達1.5公尺左右。

70

夏型種

Aloe deltoideodonta var. *candicans*
美紋蘆薈

繁　殖 | 分株

中名源自台灣花市的俗稱。原生在非洲馬達加斯加島中南部海拔600～800公尺山區的岩石山坡上。種名 *deltoideodonta* 在英文字意為 triangular teeth，可譯為三角形的牙齒，用來形容本種蘆薈葉緣上刺的形狀。變種名 *candicans*，英文字意為 whitish 或 becoming white 之意，即形容本種蘆薈是葉緣白色的變種。易生側芽，以分株方式繁殖。

↑葉色翠綠，有玉的通透、圓潤質地，十分適合居家栽培。

形態特徵

　　中小型種，成株最大時株高約 25 公分，株徑 40 公分。莖不明顯或具短莖，易生側芽，常見呈叢生的姿態生長。葉基部寬約 6 公分，長約 24 ～ 32 公分。葉呈青綠色或草綠色；葉片光滑，具有明顯的暗綠色平行脈紋，原種具草綠色的葉緣；本種為白色葉緣的變種，短鋸齒葉緣較不明顯。花期夏季，總狀花序、不分枝。

生 長 型

　　中小型的蘆薈品種，栽培管理容易，易生側芽。栽植時應注意介質的排水性，但光線不足易徒長。可利用盆器大小限制株形的大小，栽培介質以排水、透氣性佳為主。

→葉片具白色葉緣，葉面有深綠的縱向紋路，葉片朝內且向上姿態生長。

Aloe descoingsii

第可蘆薈

繁　殖 | 分株

原生自馬達加斯加島西南部低海拔地區，常見生長於岩屑地及石灰岩岩縫中等環境。蘆薈屬中最小型的蘆薈，株徑約 5 公分，可成為選育小型雜交種蘆薈的親本。台灣花市常見的拍拍蘆薈 *Aloe* 'Pepe'，即為其親本之一。可自叢生的植群中，以分株的方式繁殖。

↑具細小的白色齒狀葉緣，深綠至橄欖綠的葉色與白斑對比明顯。

形態特徵

　　無明顯的莖，易叢生成群生姿態。葉呈蒼綠色至暗灰綠色，約 8 ～ 10 片，葉短質地堅硬，呈蓮座狀，往內蜷縮，葉片表面粗糙，具白色斑紋及白色齒緣。總狀花序，花莖細緻，約 8 ～ 12 公分長，花呈橙黃色。花期集中於冬、春季。

生 長 型

　　生長較緩慢，但生性強健，可栽培於半日照至光線明亮處，栽植時選擇排水性佳的介質。夏季可定期穩定的供給水分，有利生長。冬季休眠時，可減少澆水次數。

→生長緩慢，葉片上的白色斑點有著生突起物。

Aloe dichotoma
皇璽錦

英 文 名	Quiver tree
別 名	二歧蘆薈
繁 殖	播種

皇璽錦沿用自日本俗名，英名直譯為
箭袋樹。種名 *dichotoma*，英文字意
為 divided in two，形容本種蘆薈具有
二叉分枝的現象。原產自南非北部及
納米比亞一帶，常生長於沙漠或半乾
旱的岩石地區。為少數的巨大樹形蘆
薈，原生地生存 80 ～ 90 年或上百年
以上的皇璽錦，株高可達 7 ～ 9 公尺，

↑葉緣具有黃色的短棘狀葉緣。

所形成的森林景觀成為當地重要的地景及地標。因當地布希曼人將皇璽錦的樹
幹挖空，製成箭筒，又名「箭筒蘆薈」或「箭袋樹」。新生幼嫩的花序外觀與
蘆筍相似，據說可食用且風味與蘆筍類似。秋季為播種適期。

形態特徵

　　莖幹木質化，但生長緩慢。灰綠色的葉片光滑，密布白色粉末，用來反射
過強的光線。葉片具有褐色的短棘葉緣，以螺旋狀生長在枝條的頂端。花期冬
季，通常由種子播種後，需 2 ～ 30 年後才會開花。總狀花序，會分枝；黃色的
花序會開放在枝條頂端。

生長型

　　栽培並不困難，生長緩慢，性耐
旱，可忍受長期不澆水。栽培時可在
介質中混入岩屑或石礫栽植，以增加
介質的透氣性及排水性，避免不恰當
的澆水所造成之危害。

→葉片基部抱合著生
於質地堅硬的莖幹上。

73

蘆薈科

蘆薈屬

Aloe erinacea
黑魔殿

| 異　　名 | *Aloe melanacantha* var. *erinacea* |
| 繁　　殖 | 播種 |

原產自南非納米比亞，分布於海拔
900 ～ 1350 公尺，常見生長於非常
乾旱的岩屑及砂土地區。生長緩慢，
具有誇張及美麗的長棘狀葉緣。生性
強健，可以忍受長期的乾旱。本種不
易產生側芽，僅能以播種方式進行繁
殖。可選購種子後，於秋、冬季節播
種。播種期間，應適時使用殺菌劑，
防止幼苗受真菌病害的感染造成損
失。

↑葉緣及葉脊均著生白色長棘狀附屬物，棘狀物
末端色黑。

形態特徵

　　幼株莖不明顯，成株後會具有木質化的短莖幹。成株株高約 50 ～ 60 公分。
葉片以灰綠色或藍綠色為主，在全日照下葉色會偏紅褐色。葉末端會稍向內彎，
葉形窄、狹長呈三角長披針形，具有龍骨狀葉脊，葉向內彎曲。葉緣及龍骨狀葉
脊上，排列著生質地堅硬的長棘狀附屬物，長棘基部色白，末端黑。花期夏季，
總狀花序較短，不分枝。筒狀花為紅黃色。幼年期長，不易開花，實生株自播
種至成株、開花需 25 年以上的時間。

生 長 型

　　少數冬型種的蘆薈品種。與其他
蘆薈栽培時，應注意調整管理方式。
夏季休眠時，生長緩慢不需澆水，冬
季生長期時再適量給水。

→黑魔殿僅能以種子播種
繁殖，且小苗生長緩慢。

Aloe haworthioides
毛蘭

別　　名	羽生錦、琉璃姬孔雀
繁　　殖	分株

為非洲馬達加斯加島中部山區的特
有種。常生長在含石英岩的縫隙
中，與苔蘚及地衣混生，生長在
地衣及苔蘚形成的少量有機質中。
種名 *haworthioides* 為與鷹爪草屬
（*Haworthia*）相似之意。以分株為
主，可自叢生的植群上分離適當大小
的側芽，待傷口乾燥後再定植於盆器
中。

↑葉片上的毛狀附屬物十分有趣，與一些軟葉系
鷹爪草屬植物，如水牡丹等相似。

形態特徵

　　小型、叢生，葉肉質的草本植物。單株株徑約 3 ～ 5 公分。莖幹不明顯，
易叢生側芽。葉長約 4 公分，葉呈墨綠色近乎黑色，葉末端及葉片上均白色，具
毛棘狀附屬物。花期秋、冬季之間，橘紅色的小花，花瓣略呈筒狀，具有香氣。
花梗纖細，總狀花序不分枝。

生長型

　　具有毛絨絨的外觀，盆植時十
分好看。在台灣適應性高，栽培管理
容易。光線充足時株形更小，葉色濃
綠；若光線不足時，易徒長。當植株
徒長、枯黃老葉未清除乾淨，再加上
澆水管理不當易發生爛根。耐乾旱，
不需經常給水。

↑光線充足時，植株矮小，株形
緻密，若光線不充足時本種可
耐陰，但株形易因徒長而變形。

Aloe haworthioides 'KJ's hyb.'

毛蘭雜交栽培種 *Aloe haworthioides* 'KJ's hyb.'，以毛蘭為母本雜交選育的後代，後代的葉形及葉色表現都較近似於母本，葉片上都保留長棘狀的附屬物。

↑圖為栽植在 5 寸盆中的毛蘭雜交種，保留毛蘭易生側芽的特色。

↑圖為栽植在 2 寸盆中，側芽不多，但父本為大型的雪白蘆薈，因此株形開張，葉色較淺。

Aloe 'Pepe'
拍拍蘆薈

花市常見的觀賞型蘆薈，株形小，葉呈深綠色，葉序排列緊緻。易自基部增生側芽，常見叢生姿態，栽培管理不難，適合初次栽培蘆薈的朋友。

拍拍蘆薈 *Aloe* 'Pepe'（*Aloe descoingsii* × *Aloe haworthioides*）親本以小型的第可蘆薈為母本；毛蘭為父本進行雜交育種的選拔後代。保留了親本的特性，株形保有母本的特色，而深綠色的葉片及帶有短棘狀的附屬物則與父本相似。

↑近看拍拍蘆薈，外觀綜合了第可蘆薈與毛蘭的特徵。

■厚舌草屬 *Gasteria*

原產自南非開普敦省一帶，常見分布在乾旱的灌叢間及岩屑地或石頭縫隙間。又名鯊魚掌屬或脂麻掌屬，屬名 *Gasteria* 拉丁學名字根源自於希臘文 Gaster。英文字意為 Stomach，中文譯為胃的意思，形容本屬花形與哺乳動物的胃相似之意。日本有許多臥牛的人為選拔及雜交栽培品系。厚舌草屬內原生種不多，約 16～20 種左右。

外形特徵

莖不明顯，基部會產生側芽。墨綠色的葉片，葉形多樣化，有寬帶狀、舌狀、匙狀及略呈三角形的肉質葉；葉長變化大，3～30 公分都有。單葉互生，葉序呈兩列或呈蓮座狀排列。

葉表粗糙、具蠟質，葉表常有白色點狀突起。葉質地硬、脆；葉緣光滑，葉末端圓形或驟尖。花期集中冬、春季或春、夏季之間，總狀花序自頂部附近的葉腋中抽出，花瓣合生成筒狀或管狀，花筒處基部膨大，先端則窄縮，狀似胃的造型。花色以粉紅至橙紅色為主，花瓣末端綠。花朵向下開放，如經授粉後子房膨大，原向下垂開放的花朵會向上挺 180 度，結出蒴果。果實約 5～8 周間會開裂成熟。黑色種子四周具翅或薄膜，以藉由風力傳播。厚舌草屬的花朵可以生食或燉煮的方式食用。

↑臥牛以其株形及葉姿為主要鑑賞的地方。株形端正，葉姿短、厚，葉表上的顆粒及疣狀突起越多，為優良個體。

→春鶯囀葉片上的白色橫帶狀具白色點狀突起。

←春鶯囀葉片橫切，葉片內為儲水的薄壁細胞。

→厚舌草屬的特徵，除株形與葉片之外，花為主要的分類依據。

繁殖方式

厚舌草屬易自基部發生側芽，待側芽較大時，將其自母株分離下來，行分株方式繁殖，最為簡便。臥牛定期換盆時，為維持較美的株形，可去除部分下位的成熟葉，但葉片應帶有白色的葉基部分，待傷口乾燥後，平放於介質上，以葉插的方式進行繁殖。

葉插的繁殖速度需視品種及所取下位葉的健康狀況而定，越健康強健的葉片，自葉基白色部分出芽的機率就越高，時間也較快。大量繁殖時，可切取頂芽方式，去除植株上半部，誘使葉序的每片葉基處產生側芽，待側芽夠強壯後，再以分株方式大量繁殖。

↑臥牛易自基部產生側芽，自基部分離下較大的個體，以分株方式繁殖。

↑去除頂芽後，促進下半部葉片間的側芽大量發生。待側芽夠大後，再自母體上分離。

↑剝除下來的老葉，輕輕放置於介質上，可於葉基部產生葉插苗。

以育種為目的，可選取優良的父母本，授粉後果莢開裂成熟後再以種子播種。播種法可得大量小苗，但小苗生長緩慢，幼年期較長，無法在幼苗期篩選出優良性狀的後代，常需要經過 3 ～ 5 年以上的栽培，才能自後代中開始挑選出喜好的株形。

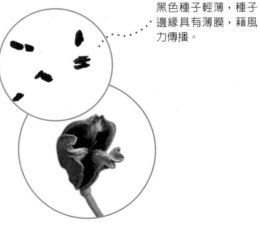

黑色種子輕薄，種子邊緣具有薄膜，藉風力傳播。

Step1種莢經授粉後約6～8周會成熟開裂，如過慢採收種子會隨風飄散。

Step2 以撒播為主，不必覆土。播種 1～2 周後會發芽。圖為播種後 1 年的幼苗。

Step3 臥牛幼苗生長期長，外觀相似。播種 3 年後後代才開始出現特徵。

生長型

冬型種，盛夏時生長緩慢或進入休眠。厚舌草屬植物對光線的忍受度很高，是少數可以室內栽植的多肉植物之一，但居家栽培時仍以光線充足，較有利生長；光線越充足時株形緊緻，葉片的花紋或質地會較鮮明或具光澤。水分管理較為粗放，介質乾了再給水即可，有時若不經意忽略給水，也能長期忍受乾旱。

生性強健病蟲害也不多，蟲害以介殼蟲較為多見；多半發生在抵抗性較弱的病株或不良株上。若長期不更新介質或植株較弱時，其葉片上常出現莫名的黑色斑點，可能是菌類入侵葉片，自體免疫形成的斑塊。為防禦細菌入侵，酚類物質累積以阻絕病菌入侵造成。只要定期換盆，讓植株具有良好的根系及健康的狀態，厚舌草屬植物可以頭好壯壯，一點也不怕病蟲危害。

延伸閱讀

http://www.cactus-art.biz/schede/GASTERIA/photo_gallery_gasteria.htm
http://www.succulent-plant.com/families/aloaceae/gasteria.html
http://www.weblio.jp/content/%E6%98%A5%E9%B6%AF%E5%9B%80
http://www.plantzafrica.com/plantefg/gasteriacarinata.htm
http://www.desert-tropicals.com/Plants/Asphodelaceae/Gasteria.html
http://davesgarden.com/guides/articles/view/2915/
http://www.plantzafrica.com/plantefg/gasteriaexcelsa.htm
http://www.plantzafrica.com/plantefg/gasterbates.htm
http://www.plantzafrica.com/plantefg/gasterpill.htm
http://www.plantzafrica.com/plantefg/gasteriarawlin.htm

Gasteria 'Black Boy'
黑童子

別　　名	黑童
繁　　殖	分株

為雜交選育的品種，在台灣花市常見。生性強健，繁殖力旺盛，為初學者栽培厚舌草屬植物的入門品種。

形態特徵

　　葉片厚實飽滿，具有葉稜。葉色偏墨綠近乎黑或灰綠色；葉互生，葉序呈蓮座狀排列。葉末端具有白色斑點。易生側芽，常見呈叢生姿態。花期不明顯。

　　栽培時應定期性更換介質，一般如未定期更換介質，葉片上會出現不明的黑色斑點。栽培以分株為主。

↑黑童子為厚舌草屬中，葉色灰綠或近乎墨色的雜交品種。

→葉末端葉稜明顯，並有白色斑紋。

Gasteria armstrongii
臥牛

異　　名	*Gasteria nitida* var. *armstrongii*
英 文 名	Cow tongue
繁　　殖	分株、葉插、播種

分布在南非，常見生長在富含礫石或石英的岩屑地，生長棲地多樣化，乾旱灌叢下方岩石縫隙間都有；植株會半埋在地表。中名是沿用日本俗名而來，株形像是橫臥睡著的牛隻，葉形則狀似牛舌而得名。為厚舌草屬中，園藝雜交及選拔品系最多的一種。

↑臥牛兩列互生的葉片，葉表面有顆粒及疣狀物。

形態特徵

多年肉質草本植物。莖不明顯，植株矮小，短、肥、厚的墨綠色葉片平展，以兩側交疊互生，葉序呈兩列互生。葉末端急尖。葉片中肋處有 V 字或 U 字形凹陷。葉片上常有顆粒或疣狀物。花期春、夏季。花橘紅色。

←較偏原種的臥牛，葉形長、葉片較薄。

↑伊丹猛虎，葉片具有稜的品種。

←亦有白色顆粒斑點的個體。

81

Gasteria batesiana
春鶯囀

冬型種

英 文 名	Cow tongue, Knoppies-beestong
繁　　殖	分株、葉插、播種

分布於南非東北部地區，如蓋圖拉流域 The Tukhela（Tugela）River 及 象河流域 The Olifants River Valley；常見生長在海拔 500 ～ 700 公尺山區，原生在南面的河岸岩石縫隙間。中名是沿用日本俗名而來。春鶯囀しゅんのうでん原為中國唐朝的一種樂曲或舞碼。

↑ 栽植於光線充足處，株形緊緻，葉身較短。

形態特徵

　　莖不明顯，株高約 10 公分，株徑則視光線充足與否，在光線不足或較陰暗的環境下，株徑最大可達 30 公分。深綠色、長披針形的葉具有葉稜，葉末端尖。葉片上具有橫帶狀的白色點狀突起。易生側芽，常呈群生姿態。花期冬、春季，花色略帶粉紅。

變　種

Gasteria batesiana 'Barberton'
黑春鶯囀

　　別名黑鶯囀，特指分布在南非馬普蘭加省境內巴伯頓的春鶯囀的變種。栽培在光線充足環境下，葉身較短，葉形為倒三角形，葉幅較寬。葉近乎黑色，葉片粗糙；顆粒突起明顯。葉片不具橫帶狀的白色斑點。繁殖方式為葉插、分株。

→ 產自南非巴伯頓境內的春鶯囀變種。葉色黑，不具有橫帶狀斑點。

Gasteria caespitosa
姬墨鉾

異　　名	*Gasteria bicolor* var. *bicolor*
英 文 名	Lawyer's tongue
繁　　殖	分株

中名應沿用自日本俗名。常呈叢生狀，葉片有飄逸的姿態。

形態特徵

　　莖短不明顯，植株高約 10 ～ 30 公分。葉片較挺立，不伏貼地表而生。葉長披針形，質地薄、具光澤。長形的葉片會扭轉，葉末端尖。葉表具有白色斑點。花期冬、春季。

↑易生側芽，姬墨鉾常呈叢生狀。

Gasteria carinata var. *verrucosa*
白星龍

異　　名	*Gasteria verrucosa*
別　　名	鯊魚掌
繁　　殖	分株

Gasteria carinata 形態變化多。白星龍特指葉片上有大量白色點狀突起的變種。

形態特徵

　　為中型種，莖短不明顯。葉長三角形，具有葉稜。葉片具有大量白色的點狀突起或疣狀突起。易生側芽，常見呈叢生狀。花期為冬、春季。

↑葉片滿布白色斑點，極為特殊。成株後，互生的葉片，開始旋轉。

83

Gasteria excelsa

赤不動

蘆薈科

厚舌草屬

英 文 名	Thicket ox-tongue
繁　殖	葉插

廣泛分布於南非東部地區。常見生長於灌叢下方或崖壁上。外形狀似蘆薈，為中大型的厚舌草屬植物。成株的株徑約 60 ～ 75 公分以上。

↑光線充足時，葉姿及株形較緊緻，葉片上具有稜線。

形態特徵

葉片質地堅硬，葉稜明顯，葉橫切面呈三角形。幼株葉片上斑點明顯，成株葉片上的斑點不明顯或僅局部分布。互生的葉序，幼苗呈二列；成株後葉序則呈蓮座狀排列。老葉常呈紅褐色。花期為冬、春季，花略帶有粉紅色。

←為中大型厚舌草屬植物，株徑可達 60 ～ 75 公分以上。

冬型種

Gasteria glomerata
白雪姬

英 文 名	Kouga gasteria
別　　名	白肌臥牛
繁　　殖	分株

原生於南非東部地區，在原生地為瀕臨絕種的植物，僅分布在 Kouga 流域及 Kouga 水壩附近。栽培容易，喜好生長在全日照或光線充足的環境，如光線不足仍能生長，但葉片較為狹長，葉色偏綠。

↑產自南非境內 Kouga 流域的厚舌草屬，為葉色灰白的中小型種，葉片中肋處內凹。

形態特徵

　　為小型種，株形緊密，易生側芽，常呈叢生姿態；葉片飽滿圓潤，葉末端急尖，葉灰綠色或灰白色。花期冬、春季。

↑原種白雪姬，株形較小易生側芽。

↑選拔後的白雪姬栽培種。株形大，葉片更加的肥厚圓潤。

Gasteria gracilis
虎之卷

別　　名	虎紋厚舌草
繁　　殖	分株

中名沿用日本俗名而來。虎之卷有許多的變種及栽培種。本種易生側芽，為台灣花市常見的品種。

形態特徵

　　為中小型的品種。葉表面具有淺綠色的斑點。葉片互生呈二列，葉片朝上生長，與臥牛葉片平展的姿態極為不同。

↑虎之卷葉片有淡綠色斑點，葉緣上亦有顆粒狀邊緣。

↑虎之卷亦常出現錦斑的個體。

Gasteria gracilis 'Albovariegata'
磯松錦

為虎之卷白斑的變異品種。
葉片上具有顆粒狀突起。

Point
縱帶狀的白色
花紋會有顆粒
狀突起。

↑葉片上除淡綠色
斑點外，具白色的
縱帶狀花紋。

Gasteria gracilis var. *minima* 'Variegata'
子寶錦

↑形態與虎之卷相似，十分容易
產生側芽。

子寶與虎之卷外觀相似，與虎之
卷隸屬在同一個學名之下，但子寶為
虎之卷的小型變種，子寶錦則為錦斑
變種，僅株形較小。子寶易生側芽，
常見以群生姿態出現。子寶與子寶錦
常混生，當植群的族群夠大，偶有 1～
2 株的芽體會變大，外觀與虎之卷十分
相似。繁殖以分株為主。

Gasteria 'Fuji-Kodakara'
富士子寶

應為虎之卷的黃色錦斑變異
品種。因錦斑變異，讓小苗生長緩
慢，常見維持在幼株的形態。但栽
培時間及管理恰當，仍能養至成
株。

→富士子寶為子寶常
見的錦斑變種之一。

Gasteria 'Misuzu no Fuji'
美鈴富士子寶

為子寶的白色錦斑變異的選拔栽培品種。

→群生的美鈴富士子寶，生長相當緩慢。

Gasteria 'Sakura Fuji'
櫻富士子寶

子寶不同的白色錦斑變異之選拔品種。於冬季低溫期，若光照充足時，白色的部分會變成粉紅色，相當美觀。

←於冬季低溫期，光線充足時，白色錦斑處會轉為粉紅。

Gasteria 'Zouge-Kodakara'
象牙子寶

與富士子寶相似，但成株後株形不會變大。為子寶的黃色錦斑變異品種。

→象牙子寶與其他子寶的錦斑變異栽培品種一樣，生長都相當緩慢。

Gasteria pillansii
比蘭西臥牛

| 繁　　殖 | 分株、葉插 |

產自南非開普敦北部地區及納米比亞，原生地為典型的冬季降雨環境，常見生長在乾燥的灌叢下方或面北的區域。冬季生長型，夏季休眠期間需限水，保持介質乾燥，並移至陰涼處協助越夏。比蘭西臥牛中另有選拔出的栽培種，如恐龍臥牛及愛勒巨象等。比蘭西臥牛的特色是葉插易生小苗。

↑比蘭西臥牛葉形較為狹長，葉片平展但不平貼。

形態特徵

　　中大型品種，外觀與臥牛相似。葉序兩列互生，葉片長度最大可達 20 公分，葉寬最大可達 5 公分。葉末端較圓，葉緣具有連續的白色點狀突起物。花期冬、春季，成株時每株可抽出 1 ～ 3 枝的花序。

↑比蘭西臥牛錦，為錦斑變異品種。

←比蘭西臥牛橢圓形的長形葉，對生的葉序平展。

Gasteria pillansii 'Kyoryu'
恐龍臥牛

異　名	*Gasteria* 'Kyoryu'
繁　殖	葉插、分株

恐龍臥牛應為日本園藝選拔出的品種。學名 *Gasteria pillansii* 'Kyoryu' 起源可能為比蘭西臥牛中選拔出的特殊葉形個體；異學名 *gasteria* 'Kyoryu' （ *G. excelsa* × *disticha* ； *G.excelsa* × *pillansii* ）表示恐龍臥牛可能為赤不動與比蘭西或 *Gasteria disticha* 的雜交品種。

↑葉末端向內凹陷，葉緣一樣保留比蘭西臥牛的特點，具白色點狀突起物。

形態特徵

　　恐龍臥牛最大特徵在葉片末端具有內凹的特徵，成株後葉片具有波浪狀緣。

↑恐龍臥牛葉插苗。

↑恐龍臥牛為比蘭西臥牛特殊葉形的選拔品種或雜交栽培種。

Gasteria rawlinsonii

英 文 名	Cliff gasteria, Kransbeestong
繁　　殖	播種、扦插

種名 *rawlinsonii* 由南非著名的多種收藏家 Mr. I. Rawlinson 命名。原生於南非開普敦東部 Baviaanskloof 和 Kouga 山區，生長在海拔 300 ～ 700 公尺面南的懸崖上，因莖部伸長的特性，植群懸掛在岩壁上。本種耐旱性強生長緩慢，不喜好全日照環境。播種及扦插為主，可取莖頂 5 ～ 8 公分長度的枝條，扦插於乾淨介質中方式繁殖。

↑ 葉緣具微鋸齒緣。厚舌草屬中，*Gasteria rawlinsonii* 是莖部明顯，莖會抽高生長的品種。

形態特徵

　　莖部明顯，會抽長，植群會平貼地面或下垂生長。淺綠色的葉片較其他厚舌草屬的葉窄，葉形較長。呈兩列互生，因株齡不定，成株後葉序會呈螺旋狀排列。

→栽培近 8 年的成株，花後於花梗基部產生花梗苗。

■鷹爪草屬 *Haworthia*

亦稱瓦葦屬、十二卷屬、霍沃屬等名。屬名 *Haworthia* 是為紀念英國植物學家 Adrian Hardy Haworth 先生（1761 ～ 1833 年）而來。本屬為多年生小型草本植物，對光線的適應性高，耐陰性較佳。肉質葉依蓮座狀排列成葉序，株徑由 2 ～ 3 公分到 10 多公分不等。

不同品種間，可進行雜交育種，產生許多具有新穎性的品種。本屬植物除了品種多樣化之外，讓鷹爪草屬的多肉植物成為栽培者關注的一個屬別。

↑以玉扇為例，將其縱切後進行觀察。右圖可看見短縮的莖呈現基盤狀結構，於莖節上對生肉質葉，葉片上下表皮為深綠色。

→透過光檢視，葉肉由排列整齊的薄壁組織構成，主要用來儲存大量的水分及植物體所需的養分。

外形特徵

依葉片質地的軟硬與否，分為硬葉系或軟葉系兩大類。

一、軟葉系的鷹爪草屬植物

葉片末端具有窗（Window）的構造，在原生地本屬植物多半會半埋入地底，減少因棲地乾旱及烈日的危害，再讓透明或半透明的葉表平貼或露於地表上，使光線經過肉質的葉肉組織折射後，進入葉片內部進行光合作用。常見的有玉露、寶草、壽及水牡丹等。

依其株形及葉形等外部形態，簡易將軟葉系鷹爪草品種分為下列六大類：

毛葉類

葉末端透明，葉尖及葉緣具有毫毛狀或短棘狀的附屬物。

玉露類

葉先端鈍，呈螺旋狀排列。葉末端透明，具葉窗結構。葉窗具綠色條紋。

寶草類

葉具有齒狀葉緣，呈鈍三角形、舟狀或船形。葉末端稍隆起，僅於葉尖或葉末端透明。葉表具紋理。

萬象類

短圓柱狀截形葉片，葉對生。葉末端具葉窗，質地較厚。

壽類

葉具有齒狀葉緣；末端呈三角形或拇指狀的葉窗構造，葉窗具有紋理。

玉扇類

扁平狀的截形葉片，葉對生。葉末端具葉窗，質地較厚。

二、硬葉系鷹爪草屬植物

葉片質地堅硬，外觀狀似攫取般的鷹爪，葉末端尖硬，略呈硬棘狀，葉色濃綠，葉表上常有帶狀或顆粒狀凸起等。硬葉系中還包含特殊截形葉的種類，在葉片末端形成窗結構以適應原生地的環境。這類植物葉片外觀，在棲地為避免不良環境的危害，於烈日及乾旱的生長環境，除生長在灌叢或枯草下方之外，植株外觀常呈蜷縮以減少水分散失，或呈紅褐色外觀來減少光線的危害。

依株形、葉形等外部形態，將硬葉系鷹爪草品種分為下列四大類：

十二卷類
叢生狀葉序開張型的類別。莖不明顯，葉輪狀叢生，葉上有斑點狀及橫帶狀白斑。

鷹爪類
長莖形或呈塔形 (stem forming species) 的類別。莖明顯向上延伸。葉螺旋狀排列向上生長成塔形。葉片具白色斑點，易生側芽成叢生狀。

龍鱗類
葉面透明具網狀紋，葉緣向葉面內捲，具硬質齒狀緣。

琉璃殿類
葉片螺旋狀生長，葉面具凸起橫線，不具有斑點。

繁殖方式

　　為進行雜交育種，選育新品種時可使用播種方式進行。其他無性繁殖法常用的有分株、葉插或根插等。常見以胴切去除頂部生長點，破壞頂芽優勢後，刺激大量側芽發生，再將側芽自母株上分離進行大量繁殖。

去除心部
將綠玉扇錦自基部算上來 2～3 對葉片處，使用魚線纏勒方式或使用刀片切開，在傷口處塗抹殺菌劑或待傷口乾燥。

心部扦插
將分離後的心部約帶 2～3 對葉為佳，扦插於乾淨的介質中，約 3～4 周後可發根自成一株。

使用乾淨的刀具，自側芽基部切取下來，放於陰涼處待傷口乾燥後定植。

側芽發生
去除心部後，短縮莖節上或是葉片下方會發生大量側芽，經 8～9 月栽培待側芽茁壯後，再自母株上分離。

生長型

　　多為冬型種。鷹爪草屬的多肉植物喜好冷涼季節生長，台灣冬、春季為主要生長季節。除使用排水良好的栽培介質外，生長季節可充分給水促進生長。休眠期間可節水或保持介質乾燥，建議可加掛50%遮陰網或移置稍遮陰處，避免夏季過強的光線危害。待秋涼後或夜溫降低時，再恢復正常的給水以利生長。

花梗上產生的不定芽。

栽培環境示意圖

部分鷹爪草屬品種的花序上易發生花梗芽，可將成熟的不定芽切取下來後以定植方式繁殖。

延伸閱讀

http://www.cactus-art.biz/index.htm
http://haworthia-gasteria.blogspot.tw/
http://www.haworthia.org.uk/Haworthia/
http://www5e.biglobe.ne.jp/□mi-sabo/tani/hawo/haworthia.htm
http://www.theplantlist.org/tpl/record/kew-277104
http://davesgarden.com/guides/pf/go/94105/
http://blogs.yahoo.co.jp/succulent_tillandsia/68105643.html
http://www.haworthia.me/
http://ucbgdev.berkeley.edu/SOM/SOM-haworthia.shtml
http://www.haworthia.net/Tentative%20list.pdf
http://haworthiaupdates.org/chapter-3-where-to-h-limifolia-3/

軟葉系・毛葉類

冬型種

Haworthia arachnoidea
蛛絲牡丹

蘆薈科

鷹爪草屬（毛葉類）

別　　名	水牡丹（台灣）、絲牡丹、大牡丹
繁　　殖	播種

原產自南非開普敦西部地區，常生長在南側緩坡的灌叢下方及岩石的縫隙間。本種有不少變種。台灣俗稱的水牡丹，泛稱 *Haworthia arachnoidea* 及 *Haworthia bolusii* 兩種。種名 *arachnoidea* 英文字意為 spider-like，中文字意為蜘蛛狀的，沿用中國俗名蛛絲牡丹統稱 *Haworthia arachnoidea* 較 為 貼 切。 植 株 外 觀 與 *Haworthia bolusii* 極為相似。因分布廣泛，不同區域的個體具有差異，以播種為主，如有增生側芽，則以分株方式繁殖。

↑株形較大，株徑可達 18 公分左右。葉片較開張，不會包覆呈丸狀或球狀。葉緣及葉脊上白色緣刺較短，分布稀疏且葉片向內捲曲程度較低。

形態特徵

　　莖不明顯，單株由多數披針形葉片組成。葉片較厚，株形較為開張；如休眠期或較為乾旱時，葉末端會以乾枯的方式減少強光的傷害。不易增生側芽。葉綠色至深綠色，葉片上不具有窗構造或透明的組織不明顯。葉緣及葉脊上著生透明的毛狀軟刺。單株直徑可達 18 公分。花期冬、春季，花序長 15 ～ 30 公分之間；不分枝。

生長型

　　本種可栽培在光線明亮至半遮陰處。秋、冬季生長期時，可以定期充分澆水。夏季休眠期則應節水及移至遮陰通風處，以利越夏。

蘆薈科

鷹爪草屬（毛葉類）

Haworthia arachnoidea var. *setata*

毛牡丹

異　名 | *Haworthia gigas*

中國俗名稱為毛牡丹及僧衣繪卷。台灣常用異學名 *Haworthia gigas* 標示本種；或以日文種名音譯ギガス（gigas）稱呼。莖不明顯。植株由深綠色的葉叢組成。葉緣及葉脊上具有質地較堅硬、似鬃毛狀的白色棘刺。株徑可達 10 公分以上。

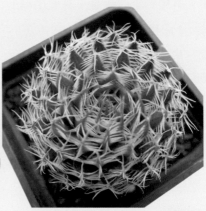

↑毛牡丹與曲水之泉外觀相近，但葉緣上的白色棘狀物較粗壯、直立。

↑曲水之泉 *Haworthia bolusii* var. *aranea* 葉緣上則為毛狀附屬物。

↑曲水之宴 *Haworthia bolusii* 株形較小，株徑約 10 公分。葉形緊密，葉序會包覆成丸狀或球狀。葉緣及葉脊上白色緣刺較長且分布濃密；其捲曲程度較高。

Haworthia bolusii
曲水之宴

異　　名	*Haworthia arachnoidea* var. *bolusii*
別　　名	水牡丹
繁　　殖	播種

中名沿用日名「曲水の宴」而來。原產自南非格爾夫瑞特（Graaff-Reinet）境內的山丘附近；常見生長在灌叢及草叢下方。外觀與 *Haworthia arachnoidea* 相似。種名 *bolusii* 英文字意為 blous，可譯成丸狀的意思，用來形容本種葉片包覆呈現丸狀的株形。異學名中亦有將曲水之宴歸納在 *Haworthia arachnoidea* 之下的變種。不易增生側芽，繁殖以播種為主。

↑莖不明顯，由多數的淺綠色披針形葉組成。

形態特徵

　　葉片較薄，葉緣及葉脊有較長白色緣刺，白色的緣刺長且細密，看似滿布全株。本種利用這些白色緣刺反射過強的光線，以保護植株避免受強光傷害。花期冬、春季，花序長 15 ～ 30 公分之間；不分枝。

生長型

　　栽培管理與 *Haworthia arachnoidea* 相似，栽培時應放置在光線明亮至遮陰處為宜。另本根系較為薄弱，應注意使用栽培介質的透氣及排水性。冬、春生長期間，應待涼季的夜溫確實下降後，再開始澆水，可減少根系的敗壞。

→葉片上的白色緣刺滿布全株，看來像是長滿了白色捲髮的樣子。

變種

Haworthia bolusii var. *aranea*
曲水之泉

異　名│*Haworthia arachnoidea* var. *aranea*

　　中名沿用日名曲水の泉而來，又名神瑞殿，亦有學者認為本種為蛛絲牡丹的變種。葉片披針形，深綠色，葉緣及葉脊上著生極細緻的毛狀緣刺。為曲水之宴中的一個變種。

Haworthia bolusii var. *semiviva*
曲水之扇

異　名│*Haworthia semiviva*

　　中名是沿用日名「曲水の扇」而來。種名或變種名 *semiviva* 於拉丁文字意中為 Semi，有一半的意思；Viva 有活生生的、活的意思，用來形容本種葉片有近一半為乾枯的特徵。本種葉片最薄呈廣披針形，葉片基部較寬，葉末端近 1 / 3 處常呈現乾枯狀態，與其他 *Haworthia bolusii* 品種僅葉末端尾尖處乾枯不同。

栽培種

Haworthia hyb.
厚葉曲水之宴

異　名│*Haworthia bolusii* hyb.

　　厚葉曲水之宴極可能是人為選育的品種，台灣花市常見。本種易生側芽，栽培容易。葉形特殊，葉基部較寬，葉末端尖。葉末端常呈紅褐色質地。葉緣及葉脊上具有細、密、短的半透明緣刺。

Haworthia herbacea
天草

別　　名	姬綾錦、雷光龍
繁　　殖	分株

原產自南非東南部地區。易生側芽，繁殖以分株為主，以秋涼後為分株適期。

↑天草的葉緣及葉脊有白色緣刺，葉面有白色斑點。

形態特徵

　　小型種，莖不明顯，株形緊緻。不同產地的形態差異很大，株徑 3 ～ 8 公分都有。天草易生側芽，常見呈群生姿態。黃綠色、三角狀的細長形葉，長約 2 ～ 3 公分。沒有明顯的葉窗，葉面上有多數的白色斑點；葉緣及葉脊上有鋸齒緣。花期冬、春季之間，花序長約 15 ～ 20 公分。天草的花在 *Haworthia* 中屬大型，花呈白色至淡淡粉紅色。

生長型

　　栽培容易，使用透氣及排水性佳的介質為宜。冬、春季生長期間可定期充分給水，有利於生長。夏季休眠時葉色較黯淡，葉片會包覆，株形略小；應節水及移至遮陰處協助越夏。

→受傷或生長不佳的老株，於生長期間可使用塑膠杯或玻璃瓶倒置，以悶的方式提高濕度後，促進側芽發生。

軟葉系・玉露類

　　在台灣，常以玉露稱呼本種下的品種或變種，其他中文俗名也常以水晶掌或水晶等名稱之。中文俗名常與寶草類 *Haworthia cymbiformis* 的俗名混用，造成品種混淆，最佳方式是記述其拉丁學名較為妥當。因原生地南非地域廣泛，不同區域之間形成地理分隔，再經由長年的演替結果，玉露類的變種很多，又因人為栽培的選拔及雜交育種，諸多栽培品種之間的分類較難區別。

光之玉露
可能為玉露與雪月花的交種。

冰糖玉露
可能為玉露與萬象的交種。

玉露錦斑品種
黃色錦斑的栽培種。可能透過品系間雜交及變異而來。

玉露錦斑品種
紅色錦斑變異，在低溫、乾燥時更為明顯。

外形上，分辨玉露類與寶草類多肉植物的方式，依葉形做簡易判別：

窗小

↑寶草葉片，呈現舟形葉。

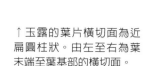

↑玉露的葉片橫切面為近扁圓柱狀。由左至右為葉末端至葉基部的橫切面。

↑玉露類的葉片末端膨大，葉窗構造明顯。

玉露類多肉植物原產自南非大陸，常見生長在荒漠草原或岩石的縫隙處等環境，與其他軟葉系品種一樣，植株半埋在地表下，以避免陽光及高溫傷害。為了進行光合作用，葉片末端具有窗的構造，以適應不良的生長環境。

↑葉片較為狹長，葉灰綠或略呈橄欖綠色。具有長尾尖，葉緣毛狀附屬物較不明顯。休眠期間全株黯淡無光澤，略呈紫褐色，生長期間葉片轉綠且充實飽滿。

←台灣花市常見的玉露（*Haworthia cooperi* sp.）品種，可能為早年引入的栽培品種，其起源及學名已不易考據，以本學名暫用。

外形特徵

葉片呈圓錐或丹錐狀，葉末端膨大呈透明，質地堅硬。植株外觀由肉質的葉片依蓮座狀排列組成，株徑約 5 公分，為中型種。葉片末端有尾尖，在透明的窗上可見類似毛狀附屬物自葉片末端長出，葉緣上有短毛狀的軟刺。花期春、秋季。花白色。

↑ 帝玉露（玉露的大型變種）*Haworthia cooperi* var. 僅此學名暫用。可能為栽培選拔出來的大型變種，亦有可能是雜交選育出來的栽培品種。

↑ 帝玉露株徑可達 10 公分，為台灣花市常見的大型種玉露。具有尾尖，葉緣有毛狀或毛棘狀附屬物。

繁殖方式

玉露類的多肉植物，具有易生側芽的特性，以分株為主。如為大量繁殖時，利用葉插亦能進行繁殖。

每 2 ～ 3 年應換土一次，借由換土作業進行根系的整理，去除老根及腐爛的根系，讓新生的根系能有充足的生長空間。使用的介質以富含礦物質顆粒及排水良好的即可。生長期間，可移回光線明亮環境下栽培，或去除遮光網。每周澆水一次，並施用適量的綜合性緩效肥，以利生長所需。

生長型

冬型種。喜好生長在半日照至光線明亮環境。夏季高溫期為休眠狀態，生長緩慢，植株失去光澤感，植株變小葉片部分皺縮，有些品種葉片呈紅褐色。休眠期應予以遮光或移到有遮陰環境下栽培，並置於通風處、減少水分的供給。秋至春季冷涼期生長旺盛，待中秋節後當夜間氣溫較低，夜晚較為涼爽後，適當供水及施肥，可促進葉片飽滿及回復生長。

Haworthia cooperi var. *cooperi*
青雲之舞

異　　名	*Haworthia vittata*
別　　名	青雲の舞

　　中名沿用日名青雲の舞而來。
單株葉片 20 ～ 40 片之間。葉肉
質、質地軟，葉末端尖，與櫻水晶
類似，葉片圓錐狀，在乾燥或光線
強環境栽培時，葉片不向內彎曲，
且葉末端或外圍老葉會呈紅褐色。
本種在台灣花市常見，栽培管理粗
放易生側芽，可使用分株繁殖。

Haworthia cooperi var. *picturata*
櫻水晶

異　　名	*Haworthia gracilis* var. *picturata*	別　　名	御所纓

　　中名是沿用日名纓水晶而來。本種變種的特點為葉片基部扁平，
葉片寬而薄。葉片末端尖，乾燥時葉片會向內彎曲，葉緣有毛。

Haworthia cooperi var. *dielsiana*
狄氏玉露

異　　名	*Haworthia joeyae*
別　　名	狄水晶

　　因譯音之故，在中國也有帝玉露的別稱，但易與台灣花市常見的大型變種帝玉露混淆，在此以狄氏玉露稱之以作區別。近年偶見自南非引入的玉露變種。本種的特徵為葉片末端圓，不具尾尖或不明顯，葉緣也無軟刺或毛狀附屬物；葉窗上的紋理明顯。

↑休眠期間生長緩慢，外觀不具光澤感，栽培在光線充足處，部分葉片呈現紅褐色，嚴重限水時，葉片會局部失水萎縮。

Haworthia cooperi var. *pilifera*
刺玉露

　　易增生側芽。葉色偏藍綠或灰綠色，葉窗稍透亮，葉脈常呈紅褐色。葉片末端鈍後漸尖；具尾尖及葉緣有明顯毛狀物或長棘狀附屬物。葉窗上具有美麗的脈紋，在原生地這類的脈紋可減少強光危害。

Haworthia cooperi 'Silver Swirls'
白斑玉露

　　為刺玉露的園藝栽培變種。栽培時應給予至少半日照的環境為宜。一旦光線不足，本種易發生徒長。葉片徒長時，葉片向外反捲，株形鬆散。光線充足時，株形端正，葉序緊密包覆。

Haworthia cooperi var. *truncata*
姫玉露

異　　名 | *Haworthia cooperi* var. *obtusa*

　　日名為玉章或雫石。株徑約 3 公分。每單株約生長 20 ～ 25 片。葉片近匙狀，肥厚短小且光滑，末端圓、透明。葉片蓮座狀緊密排列，尾尖及葉緣短毛狀軟刺不明顯。本種葉窗的透明度最高，易生側芽，形成群聚狀。分株方式繁殖為主。

大型姫玉露
由台灣周炳煌先生選拔而來，外觀與姫玉露一樣，株徑可達 10 公分以上。匙狀的葉片，短而肥厚，葉窗位葉片 1 / 2 左右，生長期間因大比例的透亮葉窗，植株極具光澤感。與姫玉露一樣葉末端不具尾尖或不明顯，葉緣無毛狀或長棘狀附屬物，

Haworthia cooperi var. *venusta*
毛玉露

　　僅局限分布在南非 Kasouga 河流域附近，為玉露的自然變種之一。毛玉露在原生地株形不大，僅有數對葉片生長，但在人工栽培環境下，株形及株徑會變大，外觀就像玉露的葉片上著生了大量的毛狀附屬物。葉呈三角錐狀，但末端略尖，具有尾尖，葉片上覆蓋著銀白色短毛。毛玉露生長緩慢且不易增生側芽，大量繁殖時較為困難。與白斑玉露一樣，喜好充足光線環境，如栽培處光線不足，本種葉片易徒長。

軟葉系·寶草類

　　為軟葉系的代表種之一，中文俗名又稱為水晶掌、京之華、玻璃蘭等。葉片柔軟肥厚，原產自南非，分布區域與玉露類多肉植物重疊。植株常群生在岩屑地或生於河岸兩側的緩坡石縫中。因人為栽培選拔及雜交育種的結果，寶草類的葉形變化大，品種多樣化，又因早年引種其起源及學名常不可考，造成學名與品種相當混亂。

↑寶草類的多肉植物極易群生成一叢一叢的小型蓮座外觀，在短縮莖基部易生側芽。

↑京之華錦生性強健，適應台灣氣候條件。為美麗的錦斑品種，但夏季栽培時需注意通風及遮陰。

↑寶草錦外觀與京之華錦十分相似，但葉片數多，葉片較厚實，可能是園藝選拔或雜交育成的品種。

共同特徵

1. 船形葉片：葉基部較寬，葉片末端漸尖，狀似船形或舟形，英名以 Window boats 或 Boat-formed Haworthia 通稱。

2. 具有透明葉尖：葉窗的構造只出現在葉尖末端（不似玉露類的在葉片末端有明顯大面積塊狀分布），陽光下透明或半透明的葉片末端，十分耀眼。

3. 寶草類根系較淺，沒有明顯的主根或粗大的根，常合生成墊狀，僅分布在表土下的 2 ～ 3 公分左右。

↑寶草類的多肉植物葉形，多半呈舟形或船形。葉片扁平，葉末端漸尖，葉窗組織不明顯，僅有葉尖部出現透小面積的透明組織。

↑葉片的橫切面，兩側微向內凹。

外形特徵

　　寶草類的多肉植物易群生。株形小，莖短或不明顯。葉較扁平、質地柔軟；葉基部較寬，葉端尖，葉片呈舟形，著生於短莖上，螺旋狀排列。肉質葉全緣，葉色為翠綠、草綠或黃綠色。葉末端斑紋略透明狀，但窗構造不似玉露類明顯。莖雖不明顯，增生側芽上的莖易生根，根系淺常密集合生成墊狀。花期冬、春季，總狀花序，腋生，花梗長，花白色。

繁殖方式

　　寶草類的多肉植物大多數易生側芽，繁殖以分株為主。播種繁殖常用在育種選拔新品種時。

生長型

　　冬型種。栽培管理容易，不同的環境下，叢生的植群也會有不同姿態，地植時單株形成的叢生植群會超過 15 公分以上，為最好栽種的軟葉系品種之一。對於光線的忍受度較高，較為耐陰，在全日照下栽培，葉色變淺或呈紅褐色，如適應不及葉片上易發晒傷。生長期間可定期給水，避免根系浸泡在水中，待介質表面乾燥後再給水即可。休眠期間則節水，保持根系的透氣性，以利越過夏季不良的生長環境。寶草類的根系較淺，常合生成墊狀，每年休眠期後會自叢生的植群中再長出新根，如不經常換盆，根系易因敗壞的根系及不當的澆水，造成植群死亡。每年或每 2 年應換盆或換土一次，栽培介質以排水透氣性佳為要。

上　寶草類的多肉植物根系淺，沒有明顯粗大的根，常合生成墊狀盤繞在表土下 2 ～ 3 公分。

下　寶草類的多肉植物，品種多且學名混亂。舟形的葉片及易生側芽的特徵，是可以簡易鑑別它們的方式。

Haworthia cymbiformis
寶草

異　　名	*Haworthia cymbiformis* var. *angustata*
別　　名	京之華
繁　　殖	分株

植株群生，葉色翠綠或黃綠色，葉片呈舟狀的三角形肉質，平展。

形態特徵

　　葉序以螺旋狀排列，植株外觀呈蓮座狀。叢生的植群直徑可超過 15 公分以上。非錦斑變種，但於叢生的植群中常見部分側芽，會出現縱向的條帶狀白色斑紋，但卻不是黃白色的錦斑變種－京之華錦。

↑進入生長期，下位的老葉會快速枯萎，葉片飽滿具光澤。

Haworthia cymbiformis 'Variegata'
京之華錦

異　名│*Haworthia cymbiformis* var. *angusta* 'Variegata'

　　京之華的錦斑變種，又名凝脂菊。葉片平展，葉背部稍隆起，全株常見有黃、白色縱向的條帶狀斑紋。易生全白的錦斑側芽，應剔除以減少植群的養分浪費。

Haworthia cymbiformis var. *cymbiformis*
翡翠蓮

　　又稱蓮花座、水蓮華，中名是沿用中國俗名而來。本種為寶草眾多變種之一，但寶草或京之華錦失去錦斑變異的綠葉種不太相似，葉色較偏黃綠色，群生的植株裡不會出現白色縱帶狀的子代。

Haworthia cymbiformis f. *cuspidata*
厚葉寶草

異　名│*Haworthia cuspidata*

　　莖短不明顯，厚實葉片以螺旋狀生長，俯視常呈星狀。側芽生長也常貼緊著母株而生。可能是寶草 *Haworthia cymbiformis* 與壽 *Haworthia retusa* 的雜交品種。種名 *cuspidata* 源自拉丁文，英文字意為 pointed，譯為點或尖端之意，用來形容本種葉尖端具有半透明的特徵。與寶草舟形葉的特徵不太相似，常呈叢生姿態。中名以厚葉寶草稱之，與寶草作區別。

Haworthia cymbiformis hyb. 'Variegata'
寶草錦

異　　名	*Haworthia cuspidata* 'Variegata'
別　　名	寶の豔、八重牡丹

　　本種極可能是園藝選拔或雜交品
種。亦有資料說明可能為厚葉寶草的錦斑
變種；或又名厚葉寶草錦。但就其株形、
葉形與厚葉寶草有差距。因此本處以寶草
雜交品種錦斑變種表示。寶草錦與京之華錦
外觀相似，但本種葉片質地較厚，且葉身較為圓潤，
葉末端有略微向上翹起。

Haworthia cymbiformis var. *lepida*
姬龍珠

　　台灣常見的寶草品種之一，
中名是沿用中國俗名而來。易增生
側芽，本種常見群生姿態。草綠色
的葉片，葉窗不明顯，具有短鋸齒
緣。葉片末端有尾尖。葉片上可約
略見到條狀葉脈。根系生長不良或
光線較強時，植株葉色會變深。

Haworthia cymbiformis var. *obtusa*
水晶殿

　　又名姬玉蟲、草玉露。水晶殿就像
是寶草中的姬玉露一樣，但葉窗構造不
明顯。為易群生的小型種，生長快速，植群
易形成圓錐狀叢生狀態。光線充足時，芽體之
間生長緊密，莖不明顯。亮綠色的葉片呈倒卵形，
不超過 20 ～ 25 片，葉全緣，且葉末端較為渾圓，具有美麗葉脈紋。

Haworthia cymbiformis var. *umbraticola*
青玉簾

異　　名 | *Haworthia umbrativola*

　　中名是沿用日名而來。部分資料中將青玉簾歸納在水晶殿 *Haworthia cymbiformis* var. *obtusa* 學名之下。但與水晶殿相較，青玉簾株形較為碩大，是中、大型的寶草，單株直徑可達 3～8 公分之間，會增生側芽但側芽的發生數量不似水晶殿來的多，且生長相對較為緩慢。常呈單株或 2～3 株叢生的姿態。本種葉形與玉露 *Haworthia cooperi* 較相似，但葉無緣刺且葉片末端無尾尖，葉窗分布少，僅在圓潤的葉片末端。

Haworthia cymbiformis var. *ramosa*
枝蓮

異　　名 | *Haworthia ramosa*

　　又名乙女傘，沿用日名而來。亦有分類學者將其獨立為新種。莖明顯，植株呈直立狀。枝蓮的葉形與玫瑰寶草相似，株徑略小之外，草綠的葉片會向上包覆。

Haworthia cymbiformis 'Rose'
玫瑰寶草

　　園藝選拔栽培種，極大型，單株直徑達 10 公分以上。草綠色葉片質地柔軟。葉全緣，無葉窗構造。易生側芽，自基部產生橫生的走莖後萌發，與母株生長不緊密。

Haworthia cymbiformis var. *transiens*
玉章

異　名｜*Haworthia transiens*

　　台灣並無通用的中名。本種因
採集地區不同，形態上也有差異，
玉章沿用中國俗名。葉片較長，無
緣刺，葉末端窗構造在寶草中較為明
顯。葉脈紋路明顯，狀似蟬翼，也有
「蟬翼玉露」別名。近年亦有將本變種提
升為新種的說法。在明亮的散射光照環
境下即可栽培。原生地常見生長在河岸
邊上的石縫中，與苔蘚植物共生。以分株繁殖為主，但本種卻
不易增生側芽。

↑喜歡半日照至遮陰環境下栽
培，光線強時全株葉色會偏黃。

Haworthia cymbiformis var. *translucens*
菊日傘

異　名｜*Haworthia translucens* 'Kikuhigasa'

　　又名菊日笠，中名沿用日名而
來。極可能是寶草變種 *Haworthia*
cymbiformis var. *translucens*，後又
獨立成為新種 *Haworthia translucens*。
菊日傘可能是日本園藝選拔出的栽
培品種，因此學名可以依 *Haworthia*
translucens 'Kikuhigasa' 或 *Haworthia*
'Kikuhigasa' 表示。種名 *translucens* 字
意為半透明，用來形容本種葉片具半透

↑易生側芽，群生時極為美觀。
夏季休眠時，下位葉會枯黃。

明質地。外觀與常見的寶草不同。莖短縮，細長形，葉片檸檬綠
或黃色，螺旋狀著生在莖節上，俯視時外觀狀似菊花。葉窗不明
顯，葉片下半部具有不明顯的鋸齒狀葉緣。

Haworthia reticulata
網紋草

異　　名	*Haworthia reticulata* var. reticulata
繁　　殖	分株

原產自南非，小型種的軟葉系鷹爪草植物之一。種名 *reticulata* 為 net-like 之意，譯為網狀的。本種下的變種極多，但葉片上有網狀花紋特徵，沿用中國俗名網紋草統稱本種及其變種。

生 長 型

網紋草易生側芽或以走莖方式增生小芽，常見群生或叢生姿態。對光線適應性高，即便是日光直晒的環境也能適應，強光下葉尖紅褐色的特徵更鮮明。管理容易，耐旱性強。雖列為冬型種，但若環境適宜幾乎可全年生長。栽植時應給予排水及透氣性佳的介質為宜。在夏、秋季生長稍緩慢或休眠期間，應略遮陰以減少強光的傷害。

↑ 網紋草葉片上有特殊的網狀花紋。易生側芽，形成群生姿態。

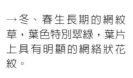

→冬、春生長期的網紋草，葉色特別翠綠，葉片上具有明顯的網絡狀花紋。

Haworthia maughanii

萬象

異　　名	*Haworthia truncata* var. *maughanii*
英 文 名	Maughan's haworthia
繁　　殖	分株、葉插、根插、播種

產自南非。原分類歸納在玉扇 *Haworthia truncata* 下的一個變種，後提升為新的品種。台灣是沿用日名而來，在中國以其英名或種名音譯稱為毛漢十二卷等名。萬象之名最早為日本鶴仙園白石好雄先生所命。白石好雄先生初見 *Haworthia maughanii* 時，

↑截形葉末端上的窗，具有不同花紋的分布。

深覺其葉片有如大象的腳（象之足）；聯想漢文成語森羅萬象，適合用來形容這奇妙的植物，取森羅萬象後二字為其和名中的漢字。昭和 11 年 9 月（西元 1936 年 9 月），白石好雄先生於鶴仙園園刊中介紹 *Haworthia maughanii* 並命名為萬象。以分株繁殖為主；亦可使用葉片或粗大的根進行扦插繁殖。在育種時可使用種子播種，但小苗生長極為緩慢。

形態特徵

扁平葉，末端近圓柱狀的肉質葉片著生於短縮莖上，葉片自莖基部向上生長，葉片以螺旋狀排列生長，葉序狀似蓮座。截形的葉片末端看似被切了一半，露出中心髓部外觀，葉形十分特別。截形的葉末端有半透明的窗結構，表面平滑或粗糙，具有各類不同的花紋。花期集中在春、夏季之間或秋、冬季之間開花；花序長約 30 公分；不分枝。

→萬象的花序不分枝，花期較晚，多半在春末或夏初時開放，部分品種在秋末冬初時開放。

生長型

　　生長十分緩慢，需經 5 ～ 6 年以上的栽培（播種小苗生長的更緩慢），才具有較佳的外觀。需光性較其他軟葉系鷹爪草屬的品種高，若光不足，圓柱狀的葉片會徒長，若光線充足葉片呈短圓柱狀。具肥大的根系，介質以排水為要，需富含礦物的介質為佳，以避免根系腐敗。冬、春生長季期間，除定期給水之外，可略於薄肥，或給予緩效性的肥料，以利生長。至少每 2 年換土或換盆一次，清除敗壞的根系，以利新生的根系生長。除原生種以外，萬象經由長年的人為選拔，栽培品種品系不少，常依其截形葉片上的窗大小、花紋表現及葉片色澤等，給予不同的品種名稱。

↑萬象圓柱形的葉片，下半部呈扁平狀，以利著生於莖節上。

←萬象葉片的橫切面。左為截形葉片的末端。

↑萬象的錦斑變異種。

→萬象大窗的栽培品種。

軟葉系・壽類

軟葉系鷹爪草屬中成員最多的一種。壽的中名應沿用壽 *Haworthia retusa* 的日名而來；因壽透明的葉窗構造上，常見有白色條紋或不規則狀花紋，形似漢字中的壽字，而得名。

因此「壽」除了指 *Haworthia retusa* 外，壽的中名還用在泛指具有三角形葉、拇指狀葉形及葉窗的品種，如克雷克大、康平壽、美豔壽等均列在壽類的多肉植物中。

←圖為壽，又名正壽 *Haworthia retusa*，葉窗具有白色紋路。

■常見具有壽之名的品種

↑克雷克大，又名貝葉壽，葉窗上具類似電路板的白色花紋。

↑康平壽，葉窗上具網絡狀的花紋，葉末端有微上翹的尾尖。

↑白銀壽或稱白銀，壽類多肉植物中葉色最斑斕的品種。

■壽類多肉植物葉的特徵，以康平壽為例

↑三角葉的基部為扁平狀，以利著生在短縮的莖軸上。葉末端特化成三角形立體狀的葉形。

↑由左至右。葉末端具有半透明、拇指狀的窗結構。葉片中段為三角柱狀的葉身，中間為含水的薄壁組織。葉基部呈扁平狀，以利抱合、著生於莖節上。

　　壽類的多肉植物，在不同品種間能互相授粉，進行品種間雜交。因此在人為的栽培選育下，出現許多美麗極具有觀賞價值的新品種，也讓這一大類的多肉植物極富栽培樂趣。如果有機會您也可以試試授粉，雜交選育出自有的新品種來。

■不同壽品種間的雜交品種

↑以壽和銀雷的雜交種後代。

↑月影為克雷克大與康平壽的雜交種後代。

↑克雷克大的雜交種。

　■壽與玉露品種間的雜交品種

↑三仙壽為玉露與康平壽的雜交種後代中，選拔出的著名品種。

↑姬玉露與壽的雜交種後代。

↑玉露與銀雷的雜交種後代。

Haworthia bayeri
克雷克大

異　　名	*Haworthia correcta*
別　　名	貝葉壽
繁　　殖	葉插、分株

產自南非。沿用自中國俗名，音譯自種名 *bayeri* 而來；種名為紀念 M.B. Bayer 先生。但台灣多沿用日名而來，克雷克大音譯自異學名之種名 *correcta* 而來。（近似種 *Haworthia emelyae*，早期克雷克大被歸納在 *Haworthia emelyae* 之下。）不易增生側芽，使用葉插或去除莖頂的方式，促進側芽發生後，再以分株繁殖。

↑克雷克大最美麗的地方在於其葉片上有不規則條紋，有些看似電路板有些又像是文字。葉窗上的質地變化也多，有透明感十足的，也有像是毛玻璃的質地；品種間具有差異。

形態特徵

　　莖不明顯。葉片淺綠色至墨綠色或淺綠色，以螺旋狀叢生於莖節上，每株約有 15 ～ 20 片三角形葉。株徑 8 ～ 10 公分左右；有些品種會更大型。葉序及葉面平展，葉末端具有半透明窗結構，具有不規則條紋或網紋。葉尖較圓、葉緣及三角形葉脊處有不明顯的緣刺。花期集中於冬、春季，花序長約 30 公分，不分枝。

生長型

　　生長較緩慢且不易增生側芽，使用透氣性及排水性佳的介質以外，至少每 2 年應更新介質一次，秋、冬季為適期。冬、春季生長期間可施用緩效肥促進生長。對光線適應性佳，但半日照至遮蔭處皆可栽培。

↑克雷克大的栽培品種很多，但葉面上的條紋及平展的葉面是其最大特徵。

Haworthia emelyae var. *comptoniana*
康平壽

異　　名	*Haworthia comptoniana*
繁　　殖	葉插、分株

原產自南非，僅小區域分布，在原生地並不常見，喜好生長在富含石英的地區，常見生長在岩石縫隙、枯草叢或灌叢下方。

沿用日名康平壽，音譯自變種名而來。在較新的分類中認為康平壽應是白銀 *Haworthia emelyae* 的變種。原生地康平壽的壽命不長，約 15 ～ 20 年之間。葉片扦插或以去除莖頂方式，促進側芽生長後，再行分株方式繁殖。偶見花梗芽，待芽體成熟，切取後繁殖。

↑康平壽的葉窗大，具有白色斑點及網絡狀條紋。葉形飽滿具有向上微翹的尾尖。

形態特徵

　　莖不明顯，單株葉片約 15 ～ 20 片左右。深綠色、廣三角形的葉片以螺旋狀方式叢生，葉序飽滿且葉序平展，株徑可達 12 公分以上。雖與白銀親緣相近，但白銀的株徑較小，葉色以紅褐及紫紅為主。康平壽的葉窗大，質地光滑、透亮，具有白色斑點及細網絡狀的紋路。葉末端具長形尾尖、會向上翹。

生長型

　　栽培管理方式與克雷克大相同。

←以康平壽為親本，雜育的後代株形及葉窗會明顯變大，保留康平壽葉窗透亮及特殊的網絡狀條紋特徵。

Haworthia emelyae var. *major*
美吉壽

異　　名	*Haworthia major*
別　　名	微米壽
繁　　殖	播種、分株

原產自南非東部及北部區域，為小型、體色較深的品種。與康平壽及白銀同為 *Haworthia emelyae* 學名下的變種。美吉壽是沿用自日本名，由其變種名而來。近年又將其音譯提升為一新種 *Hawarthia wimii*，以其種名音譯，又名微米壽。

形態特徵

　　莖不明顯。葉面粗糙類似砂紙般的質地。三角形葉，葉表有似粗齒狀或小型的短疣刺。冬季時葉色會轉紅。花期冬、春季，花型較大，具有綠色的脈絡紋，花序長約 30 公分，不分枝。

生 長 型

　　美吉壽栽培並不難，需注意介質的透氣性及排水性；夏季休眠時要特別注意，除了節水以外，建議移到遮陰處或加設 50% 的遮陰網或網罩，以利越夏。待冬、春季天涼後再定期給水。

→美吉壽或美吉壽的雜交種，其葉片具有短疣刺，質地與砂紙類似。

Haworthia emelyae var. *picta*
白銀

異　　名	*Haworthia picta*
別　　名	白銀壽
繁　　殖	播種、分株

原產南非，當地受地理分隔的關係，具有許多不同形態，常見生長在富含石英的地區。中名沿用日名而來，音譯異學名 *picta* 而來。種名或變種名 *picta* 在英文字意上為 painted 的意思，形容白銀葉片色彩斑駁。白銀的葉色變化豐富，由粉紅色、白色至褐紅色等，葉末端窗構造上具紅白等斑點。

↑葉窗上有白色、粉紅色的斑點，斑駁的葉色讓白銀全株看來像是彩繪的植株。

種子繁殖，或以去除頂部生長組織，促進側芽生長後，再以分株方式繁殖。

形態特徵

　　為中小型多年生葉多肉植物，莖不明顯，原生環境中單株直徑約 4 ～ 5 公分。生長緩慢，且不易增生側芽，常見單株生長，少見叢生的姿態。葉約 2 ～ 3 公分長；三角形葉圓潤、飽滿，具有尾尖。葉片會略向後翻的形態，葉窗構造上具斑駁的葉色，有粉紅色或白色等斑點，以致不似其他的壽類多肉植物般具有透亮的葉窗組織。花期冬、春季，花序長約 30 公分左右，不分枝。

生長型

　　白銀生長極為緩慢。生長期間應充分給水，休眠後節水或移至略遮陰處栽培。光線越充足葉色及葉片斑駁的色彩表現較佳。每 2 年應進行換盆換土作業一次，除更新介質之外，亦能去除老舊的根系，以利新生根系的生長。

→白銀的栽培品種很多，常見依其葉色的表現而有不同的品種名稱，亦有選育出大型的品種。

冬型種

Haworthia magnifica var. *splendens*
美豔壽

異　　名	*Haworthia splendens*
繁　　殖	播種

原產自南非，常見生長在枯草或
灌叢下方。美豔壽葉片具光澤，在
原生地能與自然界融合成一體，類似
擬態的方式保護植株，不受天敵取食。
外觀與白銀類似，但美豔壽與玉扇的親
緣關係較為接近。種名 *magnifica* 英文字意為
magnificent, splendid, fine，即華麗的、燦爛
的、細緻的等意含。變種名 *splendens* 英文
字意有 shining, splendid, magnificent, beautiful

↑不論是種名或是變種名，都在形容
美豔壽葉片泛著銀白色的金屬光澤，
此外，葉窗的表面具有顆粒。

等。為光彩的、燦爛的、華麗的及美麗的等意含，種名都在形容其特殊
的葉色及變種名。不易產生側芽，常見以播種繁殖為主。

形態特徵

　　外觀與白銀相似，但美豔壽的葉窗較明顯，不似白銀葉窗上布滿白或粉色
斑點，生長極為緩慢。莖不明顯，全株呈紫紅色或銅紅色外觀。株形較白銀大型，
單株直徑可生長至 8 公分左右；而白銀只有 4 公分左右。葉長可達 3.5 公分，三
角形的葉片，葉末端具有窗構造，並具有 4～5 條銀灰色的縱紋。葉表帶有金
線或銀線等質地。葉全緣或偶有細鋸齒緣。花期冬、春季。花序上常約 15～25
朵花，花序長約 40 公分，不分枝。

生長型

　　生長緩慢，栽培管理與白銀類似。生長期間
除定期給水外，可施用適量肥料促進生長。光線
不足時葉色偏綠，光線充足或明亮時葉色表現豐
富，會有紅、粉紅或帶金色等光澤感。光線如過
強時，全株葉色偏黑或發生部分曬傷。

↑美豔壽葉窗上有 4~5 條條紋，條紋
的邊緣為銀或金色。葉窗構造明顯，
葉面上有顆粒感。

Haworthia pygmaea
銀雷

別　　名	磨面壽
繁　　殖	播種

原產自南非，僅局部分布在開普敦東部。中國俗稱為磨面壽。銀雷則是 *Haworthia pygmaea* 在台灣統稱的俗名，為壽類中，葉面質感粗糙的品種代表。*Haworthia pygmaea* 學名下有許多栽培品種，如春庭樂、翠貝等，但翠貝常指那些經由園藝選育的後代族群。不易增生側芽，以種子繁殖為主。

↑台灣常依其葉表面顆粒再作為簡易的區分，顆粒粗大的栽培品種稱為「銀雷」，顆粒細小的稱為「翠貝」。另也有一說，銀雷及春庭樂指的是較為原始的品種，僅株形大小及葉形略有不同。

形態特徵

中小型種，莖不明顯，株徑常見約 5 ～ 8 公分。葉色以綠或紫紅為主。三角形葉，葉面平坦，葉末端較為圓潤，不具有尾尖。葉窗上具有顆粒狀、短疣狀、鋸齒狀的突起。花期冬、春季，花色白，沒有明顯的綠色脈。花序長 30 公分左右，不分枝。

生長型

株形小，栽培容易。管理方式同其他的壽類鷹爪草屬植物。

↑常見俗稱春庭樂的品種，葉窗較小、葉形較長。（植於 2 吋盆）

↑翠貝應為 *Haworthia pygmaea* 中特選出來，株形圓滿、葉形短的栽培品種。

↑銀雷及翠貝不同栽培品種間（*Haworthia pygmaea* hyb.）的雜交後代。

125

Haworthia retusa

壽

別　　名	正壽、壽寶殿
繁　　殖	分株、扦插

中名沿用日名，極可能是命名者因 *Haworthia retusa* 葉末端上的紋路和漢字的壽相似而命名。原產自南非，常見分布在乾旱的山丘及開闊地區，喜好生長在枯草、灌叢下方或是岩石隙縫中。種名 *retusa* 在英文字意為 with leaf-tips bent back thumb-like，可譯為葉末端為拇指狀之意，形容本種特殊的葉形。

↑花市常見的壽 *Haworthia retusa* var. *targida*，光線不足時葉色會較綠。其三角形的葉片末端，有拇指狀的窗結構。

本種於分類上仍有許多意見上的分歧，原本為 *Haworthia fouchei / Haworhia mutica / Haworthia multilineata / Haworthia retusa* var. *nigra* 及 *Haworthia turgid* 等，在 Bayer 的分類上均歸納 *Haworthia retusa* 下。除原生種之外，經由許多人為栽培及選育的結果，有許多不同的栽培品種。除以側芽繁殖外，可於秋涼後進行分株，亦可使用葉片扦插進行大量繁殖。

形態特徵

　　莖不明顯，綠色或淺綠色的肉質葉片，叢生在短縮的莖節上。葉末端半透明，呈三角形或近似拇指狀的窗結構，具有不規則的白色條紋。葉緣有不明顯的刺。株高約 5 ～ 8 公分，極易於莖基部增生側芽，呈現叢生姿態（在早期的分類上如不易增生側芽或呈單株生長的歸類在 *Haworthia geraldii* 的學名之下）。花期冬、春季，花色白，長約 15 ～ 30 公分，花序不分枝。

生長型

　　栽培容易，對環境的適應佳，易生側芽，為台灣花市常見的品種之一。對於光線的忍受度佳，全日照、半日照至遮陰處皆能栽培。全日照時株形小，葉緣處或葉色呈現紅褐色。光線充足時，拇指狀葉窗上的白色條紋會較明顯；光線不足時葉窗上的白色條紋會消失或不明顯。

↑ *Haworthia retusa* var. *targida* 光線充足時葉色會較淡，且部分植株會呈現紅褐色個體。

↑壽的錦斑變種。

蘆薈科 鷹爪草屬（壽類）

栽培種

Haworthia retusa sp.
壽寶殿

壽寶殿特指大型的 *Haworthia retusa* 變種或是選拔種，單株直徑可以栽培到 10 公分左右。極可能是早年自日本引入的栽培品種，在學名上已無法正確考據，僅以 Species 品種的縮寫 sp. 表示；部分資料上以栽培種名 'Giant form' 來標示。

Haworthia 'Daimeikyou'
大明鏡

本種為台灣花市常見之葉形飽滿，具有大型窗的品種。大明鏡的窗構造表面及其質地透亮，應是早年趣味玩家自日本引進的栽培品種，應為壽的雜交種後代 *Haworthia retusa* var. *mutica* hyb.。

Haworthia 'Grey Ghost'
祝宴錦

異　　名	*Haworthia retusa* 'Grey Ghost'

　　常見具穩定錦斑的栽培品種。祝宴錦可能是寶草 *Haworthia cymbiformis* 與壽 *Haworthia retusa* 的雜交品種；常見異學名以 *Haworthia turgida* 'Grey Ghost' 及 *Haworthia retusa* 'Grey Ghost' 標註；廣泛被歸納在 *Haworthia retusa* 學名之下。栽培容易，易生側芽，常呈叢生狀的外觀，如產生返祖現象出現全綠色側芽，應予以摘除，避免特殊的白色錦斑消失。

↑全株具有特殊的灰白色條紋，英文品種名以 Grey Ghost 稱之。

↑祝宴錦易生側芽，返祖現象出現全綠的側芽，應剔除。全綠個體生長勢較強，久而久之會取代掉原有的錦斑個體。

Haworthia 'Shiba-Kotobuki'
萬輪

　　又稱芝壽，常見壽品種之一。為壽的雜交品種 *Haworthia retusa* hyb.。本種株形雖然小，但葉窗透亮。生性強健栽培容易，且易生側芽，單株直徑約 3 公分；群生時植群直徑約 5 ～ 8 公分之間。

Haworthia turgida var. *suberecta*
雪月花

別　　名	雪之花、雪花壽
繁　　殖	分株

產自南非開普敦西部一帶，常見生長於灌叢下或是石灰岩山丘坡壁間的縫隙中。雪月花為易生側芽的小型種壽，葉片末端較渾圓，且葉片上有許多白色的斑點。

↑雪月花葉末端無尾尖，葉光滑、全緣。易生側芽，為相對生長較快速的小型壽。

形態特徵

　　莖不明顯，單株直徑約 5 ～ 6 公分間，群生時株徑可達 10 公分。卵圓形或披針形的葉，葉序呈蓮座狀緊密排列而生。草綠色至橄欖綠的肉質葉，葉全緣略呈半透明狀，渾圓飽滿，葉表面有白色斑點。光線較強時，外圍葉呈紅褐色。花期春季，花序長約 15 ～ 20 公分。

生 長 型

　　相對生長較快速的品種之一，栽培容易管理粗放，適合栽植於光線充足的窗台上，單株或叢生時，外觀模樣可愛。冬、春季生長期間，可充足給水，並略施薄肥，可促進生長。夏、秋季則節水，或於夜間噴布水氣等方式協助越夏。

→雪月花葉面上有 5 條綠色縱向紋，半透明的葉面滿布白色斑點。

Haworthia 'KJ's hyb.'

↑雪月花為親本雜交的後代，多數能保留雪月花葉片上白色斑點的特徵。*Haworthia* 'KJ's hyb.'（*Haworthia retusa* × *turgida* var. *suberecta*）

↑ *Haworthia* 'Kj's hyb.'（*Haworthia bayeri* × *turgida* var. *suberecta*）以克雷克大與雪月花雜交的後代，葉形、株形與克雷克大相近，葉片也保留了雪月花特殊的白點特徵。

變　種

Haworthia turgida var. *caespitosa*

異　名｜*Haworthia caespitosa*

　　小型種壽，與雪花相似，但葉形稍長，葉漸尖、末端具有鋸齒狀葉緣。Bayer 先生認為本種與雪月花同歸納在 *Haworthia turgida* 學名之下，為不同變種。有些分類學者認為應提升為一個新種。變種名或種名 *caespitosa* 英文字意為 offsetting much，有易生側芽的意思，形容本種易生側芽的特性。

↑本種葉末端具有半透明的葉窗，葉表白色斑點較少。

Haworthia truncata
玉扇

冬型種

異　　名	*Haworthia truncata* var. *truncata*
繁　　殖	分株、葉插、根插

產自南非。原生地常生長在乾旱，長有灌叢的開闊地區。於灌叢或草叢下方，植株會半埋像縮在地表下方，藉由末端的窗進行光合作用。種名 *truncata* 語意源自拉丁文，英文字意為 Cut off, truncated，中文譯為切斷或截斷之意，形容玉扇對生及奇特的截形葉片。分株繁殖為主，亦可使用葉片及肥大的根進行扦插繁殖。

形態特徵

莖不明顯，短縮。長形的葉片對生，狀似一把開張的扇子。具有半透明的截形葉末端，看似被刀砍去了一半的植株。葉末端具有窗的構造，表面粗糙，具有不同的花紋分布；窗上花紋的表現，會有株齡上的差異，幼株較不明顯，待成株後白色紋路才明顯。花期較晚與萬象相似，常見於春、夏之間或秋、冬之間開放。

生長型

玉扇經由人為選拔及雜交育種，栽培品種繁多。栽培管理並不難，但本種生長較為緩慢，栽植時需要耐心。冬、春季生長期間，應定期給水，並給予適量的肥料促進生長。耐陰性佳可栽培在半日照至遮陰性環境，但光線的需求和萬象一樣，都喜好較高的光照，光線較不足時長形的葉片會徒長，株形較為鬆散。

↑玉扇錦斑變種。

131

↑玉扇呈扁平狀的長形葉片。

↑葉片的橫切面。左為截形的葉末端，具有半透明的窗構造，右為葉片基部的橫切面，略向內抱合。

↑繩紋玉扇雜交種後代。窗上花紋的表現保有母本特色。

↑特殊的截形葉片，成為玉扇的鑑賞焦點。品種選育時，育種者以追求大型葉窗及特殊的紋理表現作為目標。

Haworthia attenuata var. *radula*

松之霜

原產自南非，在原生地常與十二之卷混生。變種名 *radula* 英文字意為 like a rasp，譯為像銼刀的意思，形容本種葉片滿布白色細點狀的疣狀顆粒特徵。莖不明顯，細長形的劍形葉，以螺旋狀方式叢生於莖節上。葉背與葉面滿布白色細點狀的疣狀顆粒；株形外觀看似撒上糖霜或具有銀色的外衣一般。以分株繁殖為主。

↑ 松之霜葉片質地狀似銼刀般的粗糙。

Haworthia attenuata var. *radula* 'Variegata'

松之霜錦

　　為松之霜黃色錦斑變異的栽培品種，生長更為緩慢。

冬型種

Haworhtia attenuata 'Variegata'
金城

別　　名	金城錦
繁　　殖	分株

英文字意形容其葉緣上的斑點會連成
一線，但此特徵在金城上較不明顯。

↑冬季低溫及光線較強烈
時，黃色的錦斑呈橙紅色。

→棕綠色的葉片，螺旋狀叢
生，株形優美。生長緩慢，成
株直徑可達 20 公分。

Haworthia fasciata
十二之卷

英 文 名	Zebra plant, Zebra haworthia
別　　名	斑馬十二之卷
繁　　殖	分株

產自南非開普敦東方，海拔 1000 公尺以下地區，原生地常以叢生方式生長在岩石縫隙間。葉片外觀具有橫帶狀的斑紋，英名常以 Zebra plant 稱之。與 *Haworthia attenuata* 外觀相似。十二之卷富含纖維，摘取葉尖或葉末端一小部分，與植株斷裂處會有部分細絲狀纖維連接，就像藕斷絲連般。本種易生側芽，以分株繁殖為主。

↑最常見的十二之卷品種，栽培容易，是多肉組合盆栽時最佳的配角。

形態特徵

　　莖短縮不明顯，株形開張呈放射狀。單株直徑 6 ～ 12 公分，株高 6 ～ 25 公分。易生側芽，常呈叢生狀。劍形葉片以螺旋狀排列生長，葉色深綠至墨綠，葉末端常有白色點狀或疣粒狀突起，葉背則有橫帶狀白斑及或白色斑點。花期冬、春季。花梗細長，花白色具綠色脈紋，花序長約 30 公分以上；不分枝。

生長型

　　硬葉系的鷹爪草屬植物多數在台灣適應性強，相較軟葉系的品種而言，栽培容易，可粗放管理，是初學者入門栽培的選項之一。介質不拘但以排水及透氣性佳為宜。對於光線的適應性佳，全日照至半日照環境下皆能栽培，全日照光度過強時呈紅褐色，葉尖偶有焦枯現象。光線明亮處，葉色翠綠；光線若不足時，葉片徒長，植株呈現鬆散不緊緻。冬、春季生長期間可以定期充分給水，待介質乾了再澆水即可。夏季休眠時可節水，或保持介質乾燥協助越夏。可視生長及栽培狀況，每 3 ～ 5 年應進行介質更新或換盆的作業一次，促進生長。

Haworthia fasciata 'Big Ban'
超太縞十二之卷

英　名 Big band zebra plant, Wide band zebra plant，台灣花市常見，應為日本園藝選育的栽培品種。本種較為大型，深綠色劍形葉、叢生。單株直徑約 12 公分，株高 10 ～ 15 公分。葉片上有粗大橫帶狀白斑。

Haworthia fasciata cv.
江隈十二之卷

又名甜甜圈十二之卷，與超太縞十二之卷一樣，為十二之卷中的大型栽培品種，其特色為葉基部具有橫帶狀的白色斑紋，葉末端則具有圓圈狀的白色斑紋。

Haworthia fasciata 'Variegata'
白蝶

台灣花市常見，園藝選育的栽培品種，應為十二之卷的白化種。全株葉片近乎黃白色。生長緩慢。

Haworthia fasciata 'Variegata'
雪重之松

　　台灣花市常見品種，應為日本園藝選育的栽培品種。十二之卷的白色錦斑變種。在錦斑的葉片中，有明顯的綠色帶狀條紋。生長稍微緩慢，在叢生的植群中，偶見全綠色的子代或近乎全白的個體，應將其予以摘除，避免失去錦斑的特性及浪費植叢的養分。

Haworthia fasciata 'Variegata'
十二卷之光

　　十二卷之光為錦斑的栽培品種，十二之卷的黃色錦斑變異品種，外觀與雪重之松類似。

十二卷之光

白蝶

雪重之松

冬型種

Haworthia maxima
冬之星座

異　　名	*Haworthia pumila*
別　　名	點紋十二之卷
繁　　殖	分株

株形與十二之卷相似，冬之星座為 *Haworthia* 硬葉系中最大型的品種。早期以 *Haworthia pumila* 表示，近年被歸納在 *Haworthia maxima* 學名之下。種名 *maxima* 為大型種之意，用來形容其碩大的株形。

形態特徵

　　冬之星座株高可達 30 公分左右。棕綠、橄欖綠至墨綠色的葉片，具有圓形顆粒狀突起或呈甜甜圈般的白色斑點。

生 長 型

　　生長極為緩慢不易增生側芽，常見以單株方式生長。栽培時並不難，但需應注意光線是否充足，光線越充足時葉背上的圓形斑點及顆粒狀突起的表現較佳。經長年的人為選育，栽培品種不少。

→王子冬之星座，為葉色較為淺綠的品種。

Haworthia coarctata
九輪塔

異　　名	*Haworthia coarctata* var. *tenuis*
別　　名	霜百合
繁　　殖	扦插、分株

原產自南非，為典型長莖型（stem forming species）的品種，原生地常見叢生狀生長。種名 *coarctata* 英文字意為 leaves pressed together，直譯成葉片叢生一簇的意思。外觀與鷹爪 *Haworthia renwardtii* 相近，然而鷹爪葉背的斑點質地較粗糙且顏色較白，與九輪塔光滑的細點狀斑點不同。取頂芽一段扦插或以分株繁殖。

↑葉背及葉緣具有光滑的白色細點，呈縱向分布。

形態特徵

多年生常綠多肉草本。葉片肥厚，葉末端向內側彎曲，葉片以輪狀抱莖生長，植株呈短柱狀或塔狀生長。葉背的斑點或細顆粒成縱向排列。花期不明，在台灣不常見開花。

生 長 型

栽培容易，耐旱性佳，對光線的適應範圍廣，全日照、半日照及光線明亮處皆可栽植。

→葉末端向莖軸處內彎。

Haworthia glauca
青瞳

原產自南非。常見生長在全日照環境下，以叢生狀生長在向陽緩坡或岩石縫隙中。種名 *glauca* 英文字意為 glaucocus, powdery, bluish-green， 可譯為霜狀、粉狀及藍綠色之意，用來形容青瞳葉色及其葉片具有白粉狀或霜狀的質地。

形態特徵

　　莖狀品種之一，莖直立狀，株高可達 20 公分以上。葉片為長三角狀，質地堅硬，以螺旋狀排列生長。葉色為特殊的灰藍色或藍綠色。亦有葉背具有點狀突起的變種 *Haworthia glauca* var. *herrei*。生長緩慢，長三角形的葉，葉背有明顯的脊狀突起。植株茁壯後，易自基部增生側芽，待新生側芽夠大後，可進行分株繁殖。

→另有大型種，直立狀的青瞳外觀獨樹風格。

Haworthia reinwardtii f. *zebrine*
斑馬鷹爪

異　名 | *Haworthia reinwardtii* var. *zebrina*

斑馬鷹爪在分類上常見以品型
（forma；f.）或變種（variety；var.）
表示，為鷹爪的變種之一，除株形較
大之外，葉背有較大的白色斑點，葉
基部有白色橫帶狀紋。

Haworthia reinwardtii f. *archibaldiae*
星之林

叢生的劍形葉，輪狀或螺旋狀抱莖
生長，葉末端向內側彎曲，植株呈
短柱狀生長。葉背顆粒狀白色斑點
縱向排列，生長緩慢。花期不明，
台灣不常見開花。

Haworthia viscosa
五重之塔

異　　名	*Haworthia tortuosa*
別　　名	五輪塔、黑舌

倒三角形墨綠色的葉片，以螺旋狀排列生長，
看似具有堆疊生長的外觀。早期以 *Haworthia
tortuosa* 表示，近年被歸納在 *Haworthia
viscosa* 學名之下。種名 *viscosa* 英文字意為
sticky，可譯為黏稠或黏膩的意思。本種廣
泛分布在南非。在原生地棲地的型式多樣，常見
生長在灌叢下、岩石縫隙或暴露全日照的環境下；在
產地常遭動物啃食。

形態特徵

　　本種亦為長莖狀或呈塔狀生長的外形，葉序具有整齊排列或呈螺旋排列的
形態。葉片以光滑或粗糙的都有。生性強健栽培容易。

■其他與五重之塔外觀相近的栽培品種

大銀龍

聖之峰

黑蛾城

古代城

變種

Haworthia viscose 'Variegata'
幻之塔

異　名 | *Haworthia tortuosa* 'Variegata'

　　又名五重之塔白斑，為白色的錦斑栽培品種。

冬型種

Haworthia nigra
尼古拉

中名以其種名音譯 nigra 而來。英文字意為 black，即黑色之意，用來形容墨綠近乎黑色的葉色。倒三角形的葉片抱合於莖上，葉序以整齊的堆疊呈塔狀或柱狀。葉背上具有不規則狀的突起。

夏型種

Haworthia 'Koteki Nishiki'
鼓笛錦

| 繁　殖 | 分株 |

應為日本園藝選育的品種。鼓笛錦為穩定的錦斑栽培品種。植株強健時，會出現全黃化，失去葉綠素的個體，可視情形予以保留或摘除。如出現生長較為強勢的全綠色植株時，應予以分株或去除，如未處理會漸漸取代掉具有錦斑變異的枝條，成為全綠的植群。

↑ 葉末端紅褐色，失去錦斑的個體，生長較為快速。

生長型

鼓笛錦易生側芽，呈叢生狀的姿態。繁殖以分株為主。

Haworthia koelmaniorum
高文鷹爪

別　　名	高文十二之卷
繁　　殖	播種、葉插

原產自南非。種名 *koelmaniorum* 英文字意為 after Mr. and Mrs. Koelman，即由高文先生女士所命名之意。原生地因過度採集，並不常見。

形態特徵

　　莖不明顯。葉呈深褐色至褐綠色，倒卵形或倒三角形，葉序呈蓮座狀，緊貼地面或半陷入地面。葉面粗糙，滿布疣點或顆粒狀突起，葉緣及葉背生有小刺。

↑特殊的葉形與葉色讓高文鷹爪外觀十分特殊。

生長型

　　生長十分緩慢，栽種時需有耐心慢慢等待它的生長。十分耐乾旱，喜好生長在半日照至光線明亮環境。於冬、春季生長期間，可保持盆土濕潤促進生長。夏季休眠進入高溫期，應減少澆水並保持介質透氣，待秋涼後再開始給水。

→高文鷹爪葉面及葉背上有顆粒狀突起，葉緣略向內凹或內捲。

蘆薈科

鷹爪草屬（琉璃殿類）

冬型種

Haworthia limifolia

琉璃殿

英　文　名	Fairy washboard
別　　　名	旋葉鷹爪草
繁　　　殖	葉插、分株

原產地分布在南非最東部，斯威士蘭（Swaziland）和莫三比克（Mozambique）交接處；瀕臨印度洋，棲地自東向西，逐步進入高原地帶，氣候型式屬亞熱帶季風氣候，氣候溫暖濕潤，雨水充沛。據當地傳說，野生琉璃殿具有不可思議的藥用和魔力，因此遭人為濫採，在原生地的植物數量不多。英文俗名以 Fairy washboard 稱之，

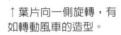

↑葉片向一側旋轉，有如轉動風車的造型。

形容其葉片具有橫帶狀突起，狀似洗衣板而得名。葉插及分株均可；本種具有走莖，會於母株周圍產生新生側芽，待側芽夠大時再行分株繁殖。

形態特徵

　　莖不明顯，與龍鱗一樣具有走莖，常見於盆壁緣處，增生新生的側芽。深綠或墨綠色葉，呈卵圓狀三角形，葉末端急尖，葉基部分重疊，但葉片向一側偏轉，蓮座狀的葉序，狀如風車般旋轉。葉全緣，葉面及葉背均具橫帶狀突起，葉面稍呈內凹。花期為冬、春季，花為總狀花序，花序長 30 公分左右。

生長型

　　本種適應台灣的氣候，栽培容易，即使露天栽培亦能生長良好。居家栽培時可選擇半日照至光線明亮處為宜。琉璃殿若久未更新介質或介質酸化，下位葉的葉面上會出現黑褐色斑點，而失去觀賞價值。應至少每 3 年更新介質一次，避免葉面不明黑褐色斑點的產生。

→琉璃殿的葉面向內凹，葉面及葉背橫帶狀紋突起，狀似洗衣板。

石蒜科
Amaryllidaceae

本科多為球根或根莖型的多年生草本，約 50 屬，近 870 種。石蒜科植物具有短縮莖及特化的鱗片葉，將真正的葉和花芽包覆起來，形成鱗莖的構造，用來蓄積養分應付環境的變化，一旦環境惡劣或不適合生長時，地上部凋萎，藉由地下部的球莖等待環境適合時再開始生長。中南美洲、南非和印度等地區都有分布。鱗莖含有毒物質—石蒜鹼，誤食會有嘔吐、腹瀉、昏睡等症狀，需以催吐方式急救，嚴重時要送醫處理。其中分布在非洲的屬別，部分物種列為廣義的根莖型多肉植物。因外形特殊搶眼，成為多肉植物愛好者蒐集栽植的品種之一。

火球花 Haemanthus multiflorus
為台灣常見春、夏季開花的石蒜科植物，開花後再長葉，與眉刷毛萬年青為同屬植物。

百子蓮 Agapanthus africanu
亦為台灣常見春、夏季開花的石蒜科植物，但近年又有獨立成百子蓮科的說法。為常綠型球根植物。

金花石蒜 Lycoris aurea
為台灣原生種石蒜科植物。秋季開花，有「見花不見葉，見葉不見花」的說法，形容它花後長葉的特性。

■緞帶花屬 Ammocharis

屬名源自於希臘文，字根 ammo 為砂的意思；字根 charis 為愉悅及美好之意。緞帶花屬為石蒜科中巨型的球根植物，球莖可長到足球般大小。原生地為乾旱的草原環境，在雨季來臨前會開放。花色豔麗多彩，具有濃烈香氣。

延伸閱讀

http://pacificbulbsociety.org/pbswiki/index.php/Bowiea
http://www1.pu.edu.tw/~cfchen/index.html
http://www.plantzafrica.com/plantab/boophdist.htm

Ammocharis coranica
大地百合

英 文 名	Ground lily
繁 殖	播種

原產自東非肯亞、坦尚尼亞及南非東部地區及納米比亞等地。因分布廣，具有大量的地域性變異個體。

形態特徵

具大型鱗莖，葉片自鱗莖中心抽出，平貼地面。夏、秋季開花。具香氣，香味近似緬梔。

↑冬季為生長期，在生長期來臨前會先開花。具香氣。

↑個體變化大，圖為粉紅色花的個體。

■布風花屬 *Boophone*

又名刺眼花屬。本屬具有 2 種。屬名 *Boophone* 源自希臘文 Bous，表示牛；phonos 則有屠殺的意思，可能表示本屬植物球根液體含有劇毒之意。別名刺眼花，據說當地人相信，若注視這款花時，會出現頭痛及刺眼感覺而得名。具推測可能是這種花盛開時，會散發出特殊氣體刺激腦神經，所引發輕微頭痛。在南非當地的原住民會挖取種球經煮沸後，加工成類似漿糊的液體修補器皿。當地男子進行成年儀式時，使用種球外部的鱗皮作為止血材料。布風花還是當地重要的民俗及藥用植物。

夏型種

Boophone disticha
布風花

繁　殖｜播種

原產自非洲納米比亞、南非、東非肯亞及坦尚尼亞等地。春、夏季為生長期，冬季則休眠，葉片會落脫；於春、夏生長季前先開花，再長出新生的葉序。耐旱及耐熱程度均佳，栽培並不困難，但喜好全日照環境及排水性良好的介質。光線若不足葉片易徒長，株形不佳。

形態特徵

紡錘形的球根，外覆葉序基部宿存形成的鱗皮。灰綠色的披針形葉片自球根心部抽出，具波浪狀葉緣，呈兩列互生，外觀狀似扇形。花期春、夏季之間。但在台灣並不常見開花。

■眉刷毛萬年青屬
Haemanthus

又名火球花屬、網球花屬及虎耳蘭屬等名。本屬約 22 種，主要分布在南非及非洲納米比亞；近 15 種產在南非開普敦西部夏季降雨的地區。球根多半生長在地表下，花單開，具小梗，雄蕊數多，先端黃色花藥狀似粉撲，或日本古代仕女用來刷去沾在眉上多餘白粉的刷子，而得「眉刷毛」之名。

花後會產生漿果；種子具有黏液。本屬在台灣最常見的火球花 *Haemanthus multiflorus*，後又歸類在 *Scadoxus multiflorus*。栽培並不難，只要使用排水良好介質，並放置在全日照至半日照的陽光充足環境下，多數都能生長良好。

冬型種

Haemanthus albiflos
眉刷毛萬年青

別　　名	虎耳蘭
繁　　殖	播種、扦插

栽培容易，喜光線充足處，忌強光直射，夏季放置於通風的半日陰處來栽培。耐旱性佳，若介質過濕，球莖易腐爛；以排水良好的土壤為佳，可稍露出球莖頂端方式栽培。為常綠型品種，澆水原則以介質乾燥後再充分給水；進入休眠期則減少給水即可。播種或取球根外表的鱗片扦插繁殖。

↑ 種名 *albiflos*，指白花的意思。白色的花狀似粉撲。

形態特徵

舌狀葉較狹長，葉肥厚，自鱗莖頂端生出，二列互生，葉片平貼地表而生。葉片具有柔毛。本種為台灣花市最常見的品種，花白色。花期冬季。

Haemanthus coccineus
紅花眉刷毛萬年青

英 文 名	Blood lily, Paintbrush lily
繁 殖	播種

屬名 *Haemanthus* 源自希臘文 haima 及 anthos；其字意分別為血及花朵的意思。而種名 *coccineus* 則源自拉丁文，字意為紅色或猩紅色之意。學名都在形容紅花眉刷毛萬年青具有鮮血般的花色。

↑紅花眉刷毛萬年青的肥厚葉片，渾圓有型。

形態特徵

　　廣泛分布在南非海拔 1200 公尺以下地區；冬季降雨的地區，年雨量約 100 ～ 1000 公厘，如納米比亞南部至開普敦南部等地。本種適應性強，無論是砂礫地、石英地、石灰岩、花崗岩以至頁岩等，各類生長環境均能適應。常見成群生長，分布在灌叢下方或岩石間縫隙中。 春季開花，花後才開始長葉。冬季休眠期間應適度節水，栽培環境以全日照至半日照環境為佳。

→在台灣栽培，不常見花開。

菊科
Asteraceae
(Compositae)

　　菊科是雙子葉植物中種類最多的一個科，約有 1100 屬，20,000 ～ 25,000 種。全世界均有分布。除草本形態外，也具有灌木及少數木本的形態。菊科的屬名是根據模式植物紫菀屬 *Aster* 而來；其字意為星星狀的意思，形容星形的頭狀花序。

　　菊科植物共同特徵為頭狀花序。頭狀花序是由許多小花簇生於盤狀的花托上形成。小花具有舌狀花及管狀花兩種。舌狀花多位於花序的外圍；中央部分的小花為管狀花。管狀花為兩性花，雄蕊與花藥合生成筒狀。胚珠則著生在子房的基部。子房內只有一顆胚珠，因此每朵管狀花只結一顆種子。果實為瘦果，具有冠毛的構造。

　　菊科的多肉植物，常見葉片高度肉質化，為葉多肉；部分為莖幹型的多肉植物，如常見的綠之鈴、黃花新月、碧鈴等。

菊科植物多半為前驅植物，喜好全日照環境，在裸露地上最先生長的植物族群之一。

生長型

　　冬型種。喜好全日照至光線充足環境，栽培管理粗放，喜好透氣及排水性佳的介質。休眠期間需注意避免給水過多，並移植到陰涼環境下，可利於協助越夏。一旦悶熱及水分過多時，會造成植株根系敗壞而亡。春、秋季生長期間，適合進行繁殖，除換盆、換土作業外，亦可於此時加入少量以磷鉀為主的肥料，有利於生長。

　　繁殖以取枝條的頂芽扦插為主，亦可取一段枝條平鋪在介質表面上，不需額外覆土，待莖節長出不定根後即可。

Step1
選取碧玲 *Senecio hallianus* 強健的枝條數段為插穗。

Step2
每 3 ～ 5 節為一莖段。剪下後平均插入盆內，需 1 ～ 2 節在介質中。

Step3
或取一整段的枝條平鋪於盆面的方式，待根長出後即可。

■黃花新月屬 *Othonna*

又稱厚墩菊屬，本屬植物外觀變化多，有蔓性肉質草本外，亦有莖幹型或亞灌木形態。全為冬型種，盛夏休眠時會落葉。主要產於非洲西部。莖多直立，有些在肥大的莖幹上，具有不規則的突起或瘤塊，莖表皮堅硬。葉輪生、簇生、互生都有，常為圓柱形，肉質，莖上常被毛。花色以黃色為主，但少部分開放紫色的花。黃花新月屬的多肉植物外觀奇趣有型，且觀賞性高。但台灣常見的品種為黃花新月，常以蔓性的小盆栽生產；其他的莖幹型多肉植物品種較稀少，不常見。

冬型種

Othonna capensis
黃花新月

英 文 名	African ice plant, Little pickles
別　　名	紫葡萄、玉翠樓、紫弦月
繁　　殖	扦插

原產自南非，為多年生蔓性草本地被
植物。原生環境為蔓生於乾燥的地表
上。外觀與番杏科的冰花相似，因此
英文俗名以 African ice plant 稱之。
黃花新月喜好生長全日照環境至半日
照環境，首重介質的排水性及透氣
性。雖為冬季生長型的品種，但不耐
低溫，當氣溫低於 10°C 時，則需注
意保暖。以扦插為主，繁殖容易。秋、
冬季為繁殖適期。

↑ 在莖節及葉片著生處具有白色的毛狀附屬物，
葉末端具有紫紅色尾尖。

形態特徵

　　葉肉質，呈棒狀或紡錘狀，葉長約 3 公分。光線充足時，葉呈紫紅色，植
物的節間較短，外觀較為緻密充實。若光線較不足時，節間、葉形較長，植株
外觀較為鬆散。葉色翠綠，但葉末端仍為紫色。花期為秋或春季。黃花的頭狀
花序具長花柄，自葉腋間抽出，開放。

→黃花新月的花色明亮，頭
狀花序具有舌狀花。

Senecio crassissimus
紫蠻刀

英 文 名	Veritical leaf senecio
別 名	紫金章、魚尾冠、紫龍
繁 殖	扦插

原產自非洲馬達加斯加島。光線充足時葉色偏紫紅色。適應台灣的氣候環境，栽植容易。

形態特徵

為多年生的肉質草本植物，莖直立，全株灰綠色，滿覆白色的蠟質粉末。倒卵圓形的葉片狀似豆莢，肥厚、互生。外形與椒草科的斧葉椒草相似，但具有紫紅色的葉緣。葉無柄或具短梗，著生莖節處具有紫紅色斑。花期春、夏季，頭花黃色；頭狀花序具舌狀花。

↑紫蠻刀莖形直立，具有灰綠色的外觀及狀似豆莢的葉片。

→葉緣紫紅色，但若光照夠充足，葉片會轉為紫紅色。

165

冬型種

Senecio hallianus

碧鈴

| 繁　殖 | 扦插 |

原產自南非。碧鈴與綠之鈴、黃花新月一樣，為蔓性的常綠多肉小品盆栽。

形態特徵

與綠之鈴一樣為多年生的蔓性草本植物。全株有著銀白色或灰藍色的外觀，覆有白色的蠟質粉末。長卵形的葉片肥厚，葉片中央具有透明的縱帶、互生。莖較綠之鈴粗壯些，莖節處易生不定根。花期冬、春季，花色白，頭狀花序不具有舌狀花。

↑碧鈴花白色，頭狀花序不具有舌狀花。

→長卵形葉片灰藍色，具白色蠟質粉末。葉中肋具有透明縱帶。

Senecio macroglossus
金玉菊

英 文 名	Natal ivy, Wax vine, Variegated wax vine
別 名	白金菊、蠟葉常春藤
繁 殖	扦插

原產自南非。外觀與常春藤相似，但前者為菊科，後者為五加科，兩者為不同科別的植物。喜好肥沃疏鬆、排水良好的介質，可栽培在半日照至光線明亮處。

↑具有乳斑紋的葉片，葉色明亮與常春藤外觀相似。

形態特徵

　　多年生常綠的蔓性肉質草本植物。三角形葉、互生。嫩莖具纏繞性，可向上或向他物攀緣生長。葉片具有黃色或白色的乳斑花紋。花期於冬、春季。頭狀花序，花白色，雄蕊黃色。

→嫩莖具有纏繞的特性，用來攀緣借物生長，但枝條易斷裂。

167

Senecio mandraliscae 'Blue Finger'

綠鉾

異 名	*Kleinia mandraliscae*
別 名	美空鉾、藍手指
繁 殖	扦插

原產南非。喜好生長在全日照至半日照的環境下,光照不足易徒長。十分耐乾旱,栽種時除注意介質的排水性外,不需經常給水,待介質乾透後再給水為宜。可露地栽植作為極佳的地被植物使用。

↑綠鉾是很常見的菊科多肉植物,繁殖栽培都容易。

形態特徵

　　常綠的多年生肉質草本植物,全株泛著灰藍色光澤。莖直立,株高約 50 ～ 60 公分。具自行分枝的特性,植群直徑可長至 60 ～ 90 公分。肉質的線形葉狀似鉛筆或手指,長約 7 ～ 8 公分,互生。全株覆有白色蠟質粉末。花期夏、秋季,花白色;頭狀花序不具有舌狀花。

←灰藍色的外觀及手指狀的線形葉,成片生長時極為美觀。

Senecio rowleyanus
綠之鈴

英 文 名	String of pearls
別　　名	綠鈴、翡翠珠、佛珠
繁　　殖	扦插

原產自非洲西南部地區至納米比亞
等地。因串串綠珠的造型，十分可
愛，為台灣花市常見的多肉小品盆栽
之一。喜好乾旱環境，栽培時不論生
長期或休眠期都要注意水分的管理。
綠之鈴喜乾惡濕，水分管理不當，易
爛根造成整盆敗壞，失去觀賞價值。
光線以半日照至明亮環境皆可栽培。
另 有 綠 之 鈴 錦 *Senecio rowleyanus*

↑像一串串的綠色豌豆，綠之鈴是很討喜的菊科
多肉植物。

'Variegata' 的錦斑變異品種。以冬、春季為繁殖適期，取一段莖節平舖於盆面上，
待莖節上的不定根萌發後即可。以三寸盆為例，應插入至少 15 ～ 20 個莖段，
待莖段發根長芽後，才能有較佳的觀賞品相。

形態特徵

　　為多年生的蔓性肉質草本植物。球形至
紡錘形的葉互生，於葉面上具有透明的縱
紋，葉末端微尖。莖纖細，常見匍匐蔓生
於地表，吊盆栽植後，植物呈懸垂狀，綠
色的珠簾垂綴而下，極為美觀。花期於冬、
春季之間，花白色；頭狀花序不具有舌狀
花。

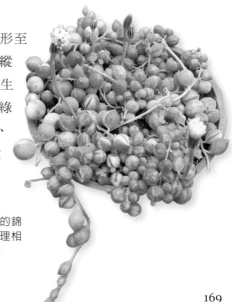

→花市也常見綠之鈴的錦
斑變異品種。栽培管理相
同，但生長速度較慢。

秋海棠科
Begoniaceae

　　一年生或多年生的草本開花植物，也有灌木及罕見呈小喬木的品種。多數秋海棠科植物的莖幹呈肉質化，莖常有節。單葉互生，具有托葉。花單性，雌雄同株，輻射對稱或兩側對稱。果實為蒴果或漿果。廣泛分布熱帶及亞熱帶地區，主要分布在南美洲及亞洲，少部分分布在非洲。秋海棠科細分成 2 屬，大約 1400 種左右。夏威夷秋海棠屬 *Hillebrandia* 僅生長在夏威夷群島，其餘的種類都屬於秋海棠屬 *Begonia*。 少部分生長在美洲乾旱地區的秋海棠科植物，全密布絨毛，也被歸納在多肉植物之中。

夏型種

Begonia peltata
綿毛秋海棠

異　　名	*Begonia incana*
英 文 名	Fuzzy leaf begonia
別　　名	沙漠秋海棠
繁　　殖	播種、扦插

　　產自美洲墨西哥、巴西及美洲瓜地馬拉一帶。與凡諾莎秋海棠一樣，常稱為沙漠秋海棠。原生地常見與仙人掌科植物混生而得名。莖、葉上著生毛狀附屬物，而得名 Fuzzy leaf begonia。為廣義的葉肉質多肉植物。花後如經授粉，雌花會結出蒴果，果莢開裂後可見大量褐色的細小種子。收集後於春、夏季進行撒播即可。常見以扦插方式繁殖，取頂芽 5 ～ 9 公分，去除基部葉片，留下 2 ～ 3 片葉後，待傷口乾燥扦插。

形態特徵

　　多年生的常綠草本植物，株高約60公分。莖葉肉質化，全株外被白色絨毛。卵形葉全緣或波狀緣，單葉、互生，基部常歪。托葉2枚，常脫落。花期春、夏季，花白色或淡粉色。

生 長 型

　　適合台灣氣候栽培，冬季生長緩慢，可節水或置於較為溫暖及高濕環境即可，若寒流來臨需注意保暖，低溫時易發生落葉。生長季節可充分給水，介質使用排水良好的介質為佳。喜好半日照及明亮光線環境，於遮陰環境也能生存，但植物姿態會徒長，葉色變綠，莖葉上的絨毛會較稀疏。若露天栽培，宜注意介質的透水性，葉片縮小，莖葉上的絨毛會較為濃密。

←托葉會凋落，與凡諾莎秋海棠不同。

↑花白色，雄花與雌花大不同。子房上位花，雌花後方可見子房。

Begonia venosa
凡諾莎秋海棠

| 別　　名 | 沙漠秋海棠 |
| 繁　　殖 | 播種、扦插 |

產自南美巴西一帶，喜歡乾旱環境，
分布於乾旱的岩屑地區，與仙人掌科
植物混生。為廣義的葉多肉植物。
（以種名音譯為其中名，或以沙漠秋
海棠通稱。）種子不易取得，常見以
扦插繁殖為主，於春、夏季間進行，
取頂芽 5 ～ 9 公分，留下葉片 1 ～ 2
片，待傷口乾燥後扦插即可。

↑凡諾莎秋海棠革質、肉質化的葉片。

形態特徵

　　多年生草本，為木立型的秋海棠，草質莖直立。圓腎形的葉片肉質化，葉
革質，葉表及葉背著生大量銀白色的毛狀附屬物。大型的紙質托葉 2 枚包覆在
莖幹上，防止水分散失。株高可達 2 公尺。花期集中在春、夏季之間，花白色
具有香氣。

生 長 型

　　生性強健，適應台灣的氣候環
境，栽培管理亦不難，但就冬季若北
部遇上寒流，低溫會造成大量的落
葉，應適時移至避風處。可栽培於全
日照環境，但喜好半日照及光線明亮
處。耐旱性佳，介質以泥炭土為主，
再調合成排水性良好的介質。

→莖節上包覆著 1 對膜質托
葉，防止水分的散失。

木棉科
Bombacaceae

　　本科中約有 20 ～ 30 屬，近 180 ～ 250 種左右。廣泛分布在全世界熱帶地區，其中以美洲分布的種類最多，木棉科植物為落葉喬木，樹幹粗壯，如行道樹木棉及美人樹。部分樹幹基部會肥大，如馬拉巴栗。單葉或掌狀複葉，互生。花大型，為兩性花，呈輻射對稱，單生或呈短聚繖花序，腋生或頂生。花萼杯狀截形或不規則的 3 ～ 5 裂。花瓣 5，雄蕊 5 體，與花瓣對生。蒴果 5 裂，種子多半具毛狀或絲狀的附屬物，藉由風力傳播種子。部分分類法已將木棉科併入錦葵科，列為木棉亞科。

↑足球樹紅色的新葉與成熟的綠葉對比下極為好看。

夏型種

Bombax ellipticum
足球樹

英 文 名	Bombax, Shaving brush tree
繁　　殖	播種、扦插

　　產自墨西哥及中美洲一帶。屬名 *Bombax*，拉丁文原意為「絹毛的」，形容本屬植物果皮內具有絹毛。足球樹與台灣常見的馬拉巴栗、木棉和美人樹一樣都是木棉科家族的成員。足球樹在冬季溫度低於 18°C 時會進入休眠。莖幹基部會膨大，莖表皮上的裂紋像足球的花紋而得名，為廣義根肥大的多肉植物之一。花瓣不明顯，花由多數雄蕊組成，粉色的花絲聚集，像是粉撲、毛刷一樣因而得名 Shaving brush tree。播種繁殖，種子可採收自成熟乾燥後的果莢；播種的小苗因下胚軸處會肥大，成株後會有膨大的莖基部。扦插則剪取成熟枝條，於春季進行插枝亦可繁殖，唯扦插成活的足球樹不具有肥大的莖基部。

鳳梨科
Bromeliaceae

　　鳳梨科植物共計 52 屬，約 2500 ～ 3000 種，分布在熱帶至暖溫帶美洲，僅 *Pitcairnia feliciana* 一種分布在西非。這類遠距離的分布，可能是因自然或人為傳播所造成。為了生存，鳳梨科植物能適應乾旱環境。部分鳳梨科植物也與多肉植物一樣，以景天酸代謝（Crassulacean acid metabolism, CAM）方式進行光合作用。部分地生型（Terretrial bromeliads）鳳梨生長在較乾旱環境，如德氏鳳梨屬 *Deuterocohnia*、硬葉鳳梨屬 *Dyckia*、銀葉鳳梨屬 *Hechtia*、莪蘿屬 *Orthophytum* 及普亞屬 *Puya* 等，特別以沙漠鳳梨（*Xerophytic bromeliads*）稱呼這一群生長在旱地的鳳梨科植物。銀葉鳳梨屬分布在墨西哥境內，與龍舌蘭科龍舌蘭屬 *Agave* 植物等混生，也因為趨同演化的緣故外觀相似。

　　為多年生，多數花後母株不會死亡。具有發達旺盛的地下根系，莖短縮不明顯。肉質化的劍形葉，叢生或呈蓮座狀排列著生於莖上。葉緣具有內折或鋸齒狀的強刺；葉片質地堅硬，常披有大量的銀白色毛狀附屬物。花期不定，常於春、夏季之間開放，花序自莖頂或葉腋中抽出。果實為蒴果或漿果，種子部分具翅，可經由風力傳播。

↑ 硬葉鳳梨 *Dyckia marnier-lapostollei* 銀白色的外觀及葉緣上的強刺，蓮座狀葉序造就它們張牙舞爪的外形，成為引人注目的焦點。

↑ 硬葉鳳梨 *Dyckia fosteriana* 栽培品系眾多，市場視其株形及體色而有不同品型及栽培品種。葉面上與龍舌蘭一樣會留有葉痕。

↑露天栽培時，葉片的毛狀附屬物或鱗片結構物易受雨水淋洗、烈日風吹影響，外觀較不佳。

↑栽培在不受風吹雨淋環境下的植株外觀較佳，葉片上銀白色附屬物會保持的較為完整。

以播種及分株繁殖，常見以分株為主。成熟的母株易自莖基部產生側芽，待側芽成長至一定大小後，自母株上分離下來即可。

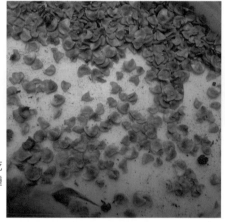

→硬葉鳳梨的蒴果成熟乾燥後，可收集大量的種子。種子具有翼的構造，有利於風媒傳播。

延伸閱讀

http://web2.nmns.edu.tw/PubLib/NewsLetter/97/244/3.pdf

http://dyckiabrazil.blogspot.tw/

http://www.desert-tropicals.com/Plants/Bromeliaceae/Dyckia_marnier.html

http://dyckiabrazil.blogspot.tw/2013/08/blog-post_3836.html

http://plantsrescue.com/dyckia-fosteriana/

http://fcbs.org/index.html

■德氏鳳梨屬 *Deuterocohnia*

　　德氏鳳梨屬另譯名為戴氏鳳梨屬，據佛羅里達鳳梨協會 Florida Council of Bromeliad Societies（FCBS）記載，屬內有 12 種，含 1 個亞種，共計 13 種。本種花後母株不死亡，株形雖小，但易叢生形成地被，與較大型的硬葉鳳梨屬及銀葉鳳梨屬等不同。栽培管理容易，但生長很緩慢，尤其是剛分株根系未建立前，生長更為緩慢。

夏型種

Deuterocohnia brevifolia

| 異　　名 | *Abromeitiella brevifolia* |
| 繁　　殖 | 播種、分株 |

產自美洲阿根廷北部及玻利維亞南部一帶，常見成簇群生於岩壁縫隙裡，為小型的常綠多年生地生型鳳梨。易生側芽，為廣義的葉多肉植物。生長緩慢，原生地常見其形成緻密的地被景觀。在台灣栽培不易結果，致種子不易取得。繁殖以分株為主，於春、夏季為適期，剪下側方的側芽一叢（約 3 ～ 5 株），再插入 2.5 ～ 3 寸盆中即可。

↑當 *Deuterocohnia brevifolia* 長成一大叢，需要時間的累積。

形態特徵

　　淺綠色、倒三角形肉質的葉片，叢生於短縮的莖節上，葉有緣刺，葉末端呈尖刺狀。單株直徑 2 ～ 3 公分。群生時植群的高度可達 50 公分，直徑達 90 公分以上。花期冬、春季之間，為淡綠色的筒狀花，會自單株的心部抽出。

生 長 型

　　雖然生長緩慢，十分耐旱，但於生長期應定期給水並給予適量的通用性緩效肥，有助於植群生長。以排水及透氣性良好的介質栽植為佳。使用廣大的淺盆栽植為宜，不需經常換盆，待植群叢生長滿花盆後再換盆，植群會生長的更快速。

■ 硬葉鳳梨屬 *Dyckia*

又稱縞劍山屬，為地生型鳳梨，屬名 *Dyckia* 為紀念德國植物學家約瑟夫王子戴克伯爵（Joseph Prince and Earl of Salm-Reifferscheid-Dyck）。本屬主要分布在南美洲巴西，對光線的適應性佳，能生長在全日照環境，也能生存在明亮或光線較不充足的環境下，但光線越充足時葉形及株形的表現較佳。易自基部增生側芽或產生走莖，於母株四周長出小芽，常見叢生狀植群。耐乾旱，不需經常澆水，介質乾透後再給水。繁殖除分株外，新鮮種子播種約三周後可發芽。

夏型種

Dyckia brevifolia
縞劍山

別　　名	厚葉鳳梨、短葉雀舌蘭、小葉雀蘭
繁　　殖	分株、播種

原生自南美洲草原環境，對光線適應性佳，全日照至半日照環境均可，稍耐陰。縞劍山之中文名應是沿用自日本俗名；另中國俗名為短葉雀舌蘭或小葉雀蘭。

形態特徵

中小型的地生型鳳梨。三角葉，厚實質地堅硬的葉片以蓮座狀排列。成株葉片約 30 枚，末端及葉緣具刺。花期冬、春季，總狀花序不分枝，自葉叢中抽出，花黃色或橙色。

↑圖為八寸盆，全日照環境下葉片厚實具光澤。

→成株後易自基部增生側芽。

Dyckia delicata

鳳梨科

硬葉鳳梨屬

繁　殖 | 播種、分株

原產自南美洲巴西，原生地不常見。不耐寒冷，避免栽植於霜凍或結冰的地區。葉色多變，除了紅綠的個體外，亦有銀白色及略帶粉紅色的個體。耐旱、對光線的適應性佳，全日照下或光線過強時，葉片末端會有焦尾現象。

↑ 細長葉片及葉緣上誇張的強刺令人印象深刻。

形態特徵

　　長形的劍形葉自心部向外抽出生長，葉向後反捲，葉緣有內折的強刺。葉片有紅、銀白、綠等不同顏色。花期為夏、秋季，自葉叢中抽出。

↑ 另有綠色、銀白色等不同葉色的個體。

Dyckia fosteriana

繁　殖 | 播種、分株

原產自南美洲巴西。易生側芽，常見呈叢生狀的植群，植群株徑可達 30 公分以上。本種下有許多不同的人為選拔栽培品種，如葉色血紅的 'Cherry Cola'；全株泛著銀色光澤的 'Silver Supersta'；以及欣賞葉緣強刺的 'Silvertooth Tiger' 等品種。這類群的沙漠鳳梨在台灣適應良好，栽培管理粗放。繁殖以分株為主，春、夏季間為適期，側芽至少要有 5 ～ 6 公分大小為分株標準。

↑ 全日照及露天栽培環境，葉片較多焦尾現象。

形態特徵

　　莖短縮不明顯，葉緣有刺的品種，葉片質地堅硬，葉序以放射狀或蓮座狀排列著生在莖節上。在陽光下灰綠色的葉片具有金屬般光澤；葉緣著生倒鉤狀的刺。喜好生長在全日照環境下，居家栽培至少應栽在半日照的環境，株形會有較佳的表現。栽培 2 ～ 3 年應換盆一次，盆器選用淺缽狀，盆徑視品種及植株大小選定，但一般建議至少要栽植在 5 ～ 6 寸盆為佳。

↑ 光線明亮環境下，葉色及葉姿的表現較佳。

↑ *Dyckia fosteriana* 實生變異多，因此有許多不同形態。

179

Dyckia marnier-lapostollei

繁　殖 | 播種、分株

原產自南美洲巴西乾旱的岩石地區。
1966 年被發現而命名，種名以發現
者朱利安馬尼亞－拉波斯托勒（Julien
Marnier-Lapostolle）先生之名命名。
本種因葉片上布滿銀白色的毛狀附屬
物，十分耐熱。

↑葉片反捲，葉緣上的刺造型特殊。

形態特徵

　　植株外觀，以反捲的銀白色劍形葉或長倒三角形葉組成。葉序呈蓮座狀排
列。生長緩慢易生側芽，單株直徑可達 30 公分左右。

↑葉片上留有葉痕。

↑成株自基部產生側芽。

■銀葉鳳梨屬 *Hechtia*

又名華燭之典屬，外形與硬葉鳳梨屬相似，但銀葉鳳梨的花序會分枝，花白色；硬葉鳳梨花序不分枝，花黃色。銀葉鳳梨屬也是鳳梨科中唯一分布在墨西哥的屬別。原生地常和龍舌蘭科混生在沙漠、乾旱緩坡或岩屑地上。

因原生地環境相似，趨同演化（Convergent evolution）的結果，外觀與龍舌科植物相似，葉序以蓮座狀方式排列。劍形葉略彎曲並具緣刺，葉緣及緣刺上的基部上會出現微紅或褐紅色斑塊。

龍舌蘭科瀧之白絲 *Agave schidigera* 與銀葉鳳梨 *Hechtia stenopetala* 因趨同演化造就出相似的外觀。

↑ 絲龍舌蘭 / 瀧之白絲 *Agave schidigera*，葉片尖端有刺，葉緣上有白色紙質附屬物。

↑ *Hechtia stenopetala* 英名 False agave 譯為假龍舌蘭，便說明其兩者外觀十分相似。

Hechtia stenopetala
銀葉鳳梨

異 名	*Hechtia glabra*
英文名	False agave
繁 殖	分株、播種

原產自北美洲墨西哥，為大型的地生型鳳梨。葉緣具有倒鉤狀的鋸齒緣，栽培或移植時需小心處理，避免遭受葉緣割傷。

↑銀葉鳳梨具有長形的劍形葉，且微向一側彎曲。

形態特徵

　　莖基部不明顯。長形的劍形葉微彎曲；葉緣上具有明顯的鋸齒緣，葉緣鋸齒處於日夜溫差大或日照充足時，會出現明顯的斑塊。

←葉緣處具有強鋸齒緣及硬刺。

■莪蘿屬 *Orthophytum*

鳳梨亞科的成員之一，果實為漿果，莪蘿是耐旱地生型鳳梨，在未開花前，叢生狀外觀，與常見的絨葉小鳳梨 *Cryptanthus* sp. 相似。

花期心部會抽出筆直狀的花序，花序末端具冠芽構造，冠芽下方的苞片內含花苞 1～3 枚。花白色，開花並不明顯，如經授粉後，在苞片內產生白色漿果。

本屬內具有攀緣的類群，如 *Orthophytum vangas*。莪蘿屬可與彩葉鳳梨屬進行遠緣雜交，產生令人驚豔的交種。

屬名 *Orthophytum* 是因其花序抽長的特徵而來。其字根 Ortho，英意為 straight，字意為垂直及升直的意思；Phytum 英意為 plant，即植物之意。多數莪蘿屬僅局限分布在巴西東部。

↑紅莪蘿 *Orthophytum* 'Starlights' 在全日照環境下植株通紅，十分美觀。

↑花序頂端會形成冠芽構造，白色的花朵開放在苞片間。

↑冠芽下方為花序，如經授粉後，會產生白色漿果。

↑種子以鮮播為宜，撒播後發芽近 2 個月的情形。

↑ *Orthophytum* 'Warren Loose' 花期結束後，花序的頂端會形成冠芽。

↑待花序頂端的冠芽個體夠成熟後，可剪取下來繁殖。

↑分株外，冠芽扦插為莪蘿屬的繁殖方式之一。

Orthophytum 'Brittle Star'

繁　殖｜分株、冠芽扦插

據佛羅里達鳳梨協會（FCBS）的資料上查詢得知，Brittle star 為 *Orthophytum* 'Hatsumi Maertz' × 'Hatsumi Maertz' 自交種子，實生栽培選拔的栽培種。本種最大的特徵，葉片上的緣刺巨大、鮮明。

形態特徵

與紅莪蘿外觀相似，但本種生長較為緩慢。劍形葉狹長，反捲；葉緣缺刻大，葉緣硬刺較為鮮明而誇張。光線不足時葉色較為黯淡。心葉基部緣刺色澤較淺略帶黃色。

↑ Brittle Star 莪蘿，為莪蘿中著名的品種。

↑葉緣上的缺刻大，葉緣上的硬刺誇張而明顯。

184

Orthophytum gurkenii
虎斑莪蘿

繁　殖｜播種、分株、冠芽扦插

原產自南美洲巴西，為巴西的特有
種。為中小型的品種，繁殖以分株
及播種為主。

形態特徵

　　叢生狀的劍形葉略有曲度，會向後彎曲；
葉序排列狀似星星。葉片上具有橫帶狀斑紋。
成株後於春、夏季開花，挺拔的花序長達 50 ～
60 公分，花序由綠色的苞片組成，花序末端具
有冠芽構造。白色小花開放在綠色苞片中；
花後自基部產生側芽。

↑虎斑莪蘿為美麗
的原生種。

　　喜好光線直射環境，栽培
時應放置至少有半日照的環境為
佳，性耐旱，不需經常澆水。

↑為種子實生苗，虎斑莪蘿播
種後近 9 月大的小苗，葉片開
始出現橫帶狀斑紋特徵。

←葉片上具有橫帶狀的斑
紋，狀似蛇皮、斑紋圖騰。

185

夏型種

Orthophytum 'Starlights'
紅莪蘿

| **繁　　殖** | 分株、冠芽扦插為主 |

據佛羅里達鳳梨協會（FCBS）資料上查詢得知，Starlights 為虎斑莪蘿（*Orthophytum gurkenii × sucrei*）的雜交種。紅莪蘿為虎斑莪蘿的後代，葉片上仍保留少許的毛狀附屬物；葉色鮮紅。耐旱性佳。栽培以全日照至半日照環境下為佳，光線充足時，葉色表現良好；光線不足時，葉色黯淡。

↑花後自基部會萌發新生側芽。

形態特徵

　　莖不明顯。三角形或劍形葉以蓮座狀方式叢生，葉緣具有硬刺。葉片呈鮮紅色或紅銅色，光線不足時呈青紅色，株形與母本虎斑鳳梨類似，葉片上或基部具有部分銀白色的毛狀附屬物。花序的苞片為黃綠色，花形小，花白色開放在苞片之間。

↑紅莪蘿成株，劍形葉略向後反捲。

↑花序上苞片呈黃綠色，白色小花開放在苞片間。

■普亞屬 *Puya*

又名皇后鳳梨屬。主要分布於南美洲，如哥斯大黎加、巴西、秘魯等地，以秘魯境內分布最多。屬名 *Puya* 是源自印地安語 Mapuche Indian；英文字意為 Point，譯為點的意思。

普亞屬葉片基部會形成緊密的葉環。葉鞘略肉質狀，以保護莖部。花白色、黃色、藍色或綠色，開花時花序龐大，呈放射狀，十分顯目。

夏型種

Puya mirabilis

繁　殖	分株、播種

原產自南美洲阿根廷至玻利維亞。成株在原生地高度可達約 2 公尺，盆植後成株株高約 60 公分左右。栽植容易，常見用於庭園布置，植叢直徑可達 2～3 公尺。

形態特徵

短莖不明顯，細長的葉以蓮座狀排列。葉叢的外觀狀似雜草一般，葉緣具有細刺。

↑ *Puya mirabilis* 為台灣常見的品種，細長的葉具有雜草般的外觀，但葉緣上一樣具有細刺。

→下位葉及葉片基部形成葉環的構造，用來保護短縮莖與防止乾旱。

187

鴨跖草科
Commelinaceae

　　鴨跖草科為一年生或多年生的匍匐性草本植物，分布在全世界熱帶地區，少部分分布在溫帶及亞熱帶地區。部分品種為廣義的多肉植物，常見以莖、葉肉質形態為主。本科植物中以錦竹草屬 *Callisia* 植物最為常見，用於室內觀葉植栽或作為吊盆栽植等。

為常見的紫鴨跖草 *Setcreasea purpurea*；鴨跖草科的特徵除了具有葉鞘包覆在莖節上外，花絲上具有毛。

外形特徵

　　單葉互生，葉片無柄或柄不明顯，葉鞘包覆在莖節上。單花頂生在枝條末端；偶有腋生或呈圓錐狀的聚繖花序。兩性花，花萼及花瓣3枚，但花瓣不整齊。花色以藍、粉紅或白色為主。花絲具毛，著生在花瓣基部。花後會結果，果實為蒴果。

↑小蚌蘭為公園綠地上常用的地被植栽，對環境的耐受性強。

↑紫背鴨跖草（吊竹草）為常見的地被植物，
已馴化在台灣的野地間。

↑鴨跖草葉基部以葉鞘包覆在莖節上。

繁殖方式

以扦插繁殖為主，可取頂芽扦插。部分品種花後會自基部產生大量側芽，待植群夠健壯後，再以分株方式繁殖亦可。

↑鴨跖草科的多肉植物，繁殖帶有頂芽的枝條，進行扦插最為適宜。長度約 5 ～ 8 公分均可。插穗的下位葉應剝除，待傷口乾燥後再扦插。

生長型

夏型種。一般而言，鴨跖草科植物不難栽植，對於台灣的氣候環境適應性極佳，如常見的蚌蘭、吊竹草及翠玲瓏等引入台灣後，處處可見其蹤跡，全日照至陰暗處，甚至是潮濕或乾燥環境亦能生長。

鴨跖草科植物喜好溫暖的環境，冬季生長會趨緩或停止生長，因此為夏季生長型的品種，栽培時可待氣候回暖後，於端午節前後進行換盆、換土或繁殖等作業，以利下一季的生長。對土壤及介質適應性廣，但以富含有機肥及排水良好的介質為佳。

夏型種

Callisia fragrans 'Variegata'
斑葉香露草

異　　名	*Rectanthera fragrans / Spironema fragrans*
別　　名	大葉錦竹草、香錦竹草
繁　　殖	分株

原產自墨西哥。白色花朵具淡淡宜人的香氣而得名。如不具斑葉特性的品種稱為香露草 *Callisia fragrans*。

↑為多年生草本植物，單葉互生。

形態特徵

單葉互生，葉片生長較為緻密，外觀狀似輪生或呈蓮座狀排列。葉片光滑無毛，光線充足時葉緣紫紅色或葉片上會具有不規則紫紅色斑點。成株後易生長走莖。花期冬、春季；花序頂生，長約 50 公分以上；花白色，開放在花序的莖節上。具有香氣。

↑斑葉香露草葉色明亮，適應性強且耐旱性佳，可與其他夏型種的仙人掌與多肉植物合植，作為組合盆栽中的主角。

↑與絨葉小鳳合植於鐵罐中，營造出雜貨風的氛圍。

Callisia repens
怡心草

英 文 名 | Bolivianjew, Chain plant, Inch plant,
Turtle vine

繁　殖 | 扦插

原產自熱帶美洲，常作為觀葉植物栽培，另有錦斑變異的品種，常用於地被及吊盆栽植。對環境適應性強，耐旱、耐濕、耐陰，也能適應全日照環境，雖作為觀葉植物栽植，但應可列為廣義的多肉植物。以春、秋季為適期，繁殖以扦插方式為主。

↑與景天科兔耳合植的情形。

形態特徵

　　為多年生蔓性的地被植物。葉呈長卵形或心形，互生，薄肉質狀，葉表有蠟質，明亮具光澤；光線充足時，葉表及葉背會有紫紅色斑點。

↑全日照下葉片上的紫紅色斑點會明顯些，冬季會出現生長緩慢的現象。

夏型種

Cyanotis arachnoidea
蛛絲毛藍耳草

英 文 名	Grass of the dew
繁　　殖	分株、扦插

原產非洲至亞洲的熱帶地區。根可入藥，具刺激血液循環的功能，可鬆弛肌肉與關節，據說可舒緩風濕性關節炎等。對環境的適應性強，略肉質的葉可耐強光，耐旱性亦佳，因此列入廣義的多肉植物中。特殊的紫紅色葉片，適合與多肉植物合植或用做地被植栽。

↑日光充足時，葉呈紫紅色。

形態特徵

　　為常綠的多年生草本。莖常呈短縮狀，全株披覆白色毛狀附屬物，葉表毛狀附屬物少，葉背較多；長卵形葉片互生，未開花時葉片集中生長於莖頂部。全日照環境下或光照強烈時，葉片呈紫紅色，光照不足時葉形狹長，葉綠色。花期夏、秋季之間，花形特殊，但單花花期僅一天；花期時莖開始匍匐伸展；花序呈蠍尾狀，於莖頂端生出，藍色的花絲具有絲毛狀構造，花呈藍色。

↑蛛絲毛藍耳草，有著絨毛狀的花瓣，藍色的花朵雖然不大，但卻是令人一再注目的地方。

←未開花時莖部短縮，植群較為緻密。

Tradescantia navicularis
重扇

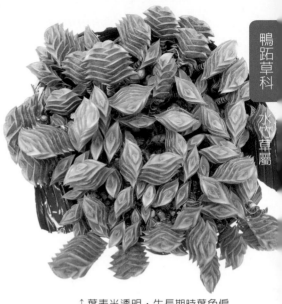

異　　名	*Callisia navicularis*
英 文 名	Window's tears, Day flower, Chain plant, Striped inch plant
繁　　殖	扦插、分株

原產自墨西哥，為多年生的小型草本植物。種名 *navicularis* 源自希臘文，意為船形之意，用來形容其特殊的葉部特徵。

↑葉表半透明，生長期時葉色偏綠。

形態特徵

　　莖匍匐生長。葉披針形，互生。葉片多肉質，生長期葉片的組織會儲水，葉肥厚，呈 2 列互生。夏季生長期時葉片呈綠色；冬季休眠後，葉片會乾縮，呈紅褐色。花期夏季，僅一日的壽命，上午開放，下午即凋謝。開花時莖部伸長且略向下垂，於頂端開花。花紫色或粉紅色。

↑重扇對生且緻密的葉序，因葉片基部抱合像是一艘小船。

←冬季休眠期時，葉色偏紅褐色。應避免淋雨，否則枝條易發生腐爛現象。

193

夏型種

Tradescantia sillamontana

雪絹

英文名	White velvet
別　名	白雪姬
繁　殖	扦插、分株

原產自墨西哥乾燥地區，為多年生的草本植物。

形態特徵

植株呈叢生狀，灰綠色長卵形葉互生。外觀特殊，全株密覆大量白色毛狀附屬物。莖先直立生長，後匍匐生長。株高約 30 ～ 40 公分。花期夏季，單花於莖部頂端開放，花紫色或粉紅色。

↑長卵形葉呈 2 列互生。

→花期夏季，紫色或粉紅色單花，開放在莖部頂端。

變　種

Tradescantia sillamontana 'Variegata'

雪絹錦

為雪絹的斑葉品種。

景天科
Crassulaceae

　　景天科植物品種眾多，約有 30 ～ 35 屬，1400 種左右，主要作為觀賞植物及地被植物使用。本科植物中多數為葉多肉植物，以特殊的葉形、葉序及多變的葉色為觀賞重點。生長棲地環境多樣化，由濕地至乾旱的沙漠；低海拔至高海拔環境都可見到它們的身影，但主要分布在北半球區域；台灣亦有原生的景天科植物，如鵝鑾鼻燈籠草 *Kalanchoe garambiensis*、石板菜 *Sedum formosanum* 及玉山佛甲草 *Sedum morrisonense* 等。

↑台灣原生景天科火焰草 *Sedum stellariifolium* 的小苗，生長於潮濕的水泥坡壁，攝於花蓮慕古慕魚。

↑原生於台灣東北角海岸的石板菜 *Sedum formosanum*，江碧霞攝。

↑石板菜花期春、夏季，金黃色的花呈一大片盛開，讓海岸成為名符其實的黃金海岸。

↑穗花八寶 *Hylotelephium subcapitatum* 台灣景天科原生的特有種植物，又名頭狀佛甲草、穗花佛甲草。分布在台灣海拔 3,000 公尺高山，莊雅芳攝自合歡山。

↑玉山佛甲草 *Sedum morrisonense* 一樣是分布在台灣高海拔山區，全株植物光滑無毛，綠色、肉質披針狀的單葉、互生。於夏季盛開，常見生長在向陽的岩屑地環境，莊雅芳攝自合歡山。

外形特徵

一至多年生的草本植物為主。葉肉質，呈蓮座或十字對生。為繖房或圓錐花序；花為整齊花，呈輻射對稱。花瓣 3 ～ 30 片都有，常見 4 ～ 6 片，以 5 片最為常見。果實為蓇葖果，種子細小如灰塵。但以雄蕊數目作為分類依據，依 Henk't Hart 的分類法景天科再細分成青鎖龍亞科、佛甲草亞科二個亞科：

■**青鎖龍亞科** Crassuloideae

雄蕊數目與花瓣數一樣。以青鎖龍屬 *Crassula* 之波尼亞 *Crassula browniana* 為例，5 片花瓣、5 個雄蕊且葉片對生。

■**佛甲草亞科** Sedoideae

雄蕊數目是花瓣數的 2 倍（部分例外）。大多數景天科均為本亞科中的屬別。其中以景天屬 *Sedum* 的雀利 *Sedum acre* 為例，5 片花瓣，10 個雄蕊。

青鎖龍亞科
雄蕊數目與花瓣數相同，為本亞科植物最主要的特徵。

佛甲草亞科
雄蕊數目為花瓣的 2 倍，此為大多數景天科的主要特徵。

佛甲草亞科因葉片生長方式及花瓣是否分離又區分為伽藍菜族及景天族兩個亞族。

1. 伽藍菜族 Kalanchoeae

葉互生或對生，葉片大多平坦，具有鋸齒葉緣。花瓣基部相黏合生成筒狀花。花瓣數為 4 ～ 5 片。

葉互生的屬別： 天錦章屬 *Adromischus* 等。

葉對生的屬別： 落地生根屬 *Bryophyllum*（有些分類則併入 *Kalanchoe*）、銀波錦屬 *Cotyledon*、伽藍菜屬 *Kalanchoe*。

天錦章屬

天錦章 *Adromischus cooperi*，為葉片互生的屬別，本屬的葉片多半十分肥厚。本種葉緣末端呈波浪狀。

落地生根屬

蝴蝶之舞錦 *Bryophyllum crenatum* 'Variegata'，花萼 4 片合生成花萼筒，並包覆於花朵下方。

燈籠草屬

匙葉燈籠草 *Kalanchoe spathulata* 花萼 4 片未合生成花萼筒；花瓣 4 片，基部合生，花朵向上開放。

伽藍菜屬

江戶紫 *Kalanchoe marmorata*，歸類在葉片對生的屬別。

景天科

2. 景天族 Sedeae

葉片厚實，多為互生或輪生呈蓮座狀排列；葉全緣。花瓣數目 5 ～ 32 片，花瓣基部分離。

葉互生的屬別：如瓦松屬 *Orostachys* 等。

葉序呈蓮座狀排列的屬別：

(1) 花瓣數 5，如景天屬 *Sedum* 等。

(2) 花瓣數多於 5 片，花序頂生。

原生自歐洲、西亞、非洲西北部、高加索地區的屬別：如銀鱗草屬 *Aeonium*、摩南屬 *Monanthes* 及卷絹屬 *Sempervivum* 等。

(3) 葉片具有白粉，原生自北美的屬別：粉葉草屬 *Dudleya* 等。

(4) 原自美洲的屬別：擬石蓮屬 *Echeveria*、朧月屬 *Graptopetalum* 及厚葉草屬 *Pachyphytum*。

銀鱗草屬
夕映 *Aeonium decorum* 葉片頂生，莖部木質化，略呈矮成熟株，自莖頂抽出圓錐狀花序，花白色，花瓣數多於 5。本屬植物花後會全株枯萎死亡。

摩南屬
摩南景天 *Monanthes brachycaulos* 株形矮小，葉片常見密生呈蓮座狀排列，花瓣數多於 5。花瓣數多於 5 的品種多數產自緯度較高及高海拔地區，在台灣平地相對栽培較為不易。

擬石蓮屬
以 *Echeveria* 'Lola' 為例，本屬葉片輪生呈蓮座狀排列。穗狀花序側向一方開放。花穗自葉腋中抽出，鐘形花冠，花橘紅色，花瓣與花萼數目相等，子房上位花。蓇葖果。

朧月屬
以朧月 *Graptopetalum paraguayense* 為例，本屬的花為星形花，花常見白色或黃色；花瓣與花萼數目相等。花瓣常具褐色斑紋（部分品種無）。本屬雄蕊略向後彎曲。

生長型

冬型種。景天科的多肉植物全世界均有分布。各科、屬及品種間栽培管理雖略有不同,但大多喜好生長在冷涼的氣候環境。栽植應以透水性的介質為宜。在台灣常見夏季高溫時會有生長停滯或進入休眠的現象,應移至遮陰處並節水管理,以協助越夏。對高溫較為敏感的品種,可於夜間利用風扇降低夜溫。

繁殖方式

以扦插為主,除剪取頂芽、嫩莖扦插繁殖外,多數品種亦可使用葉插繁殖。

不易扦插及葉插的品種,可使用胴切以去除頂芽的方式,促進下位葉腋間的側芽發生,待側芽苗壯後,再行分株繁殖。若環境適宜時,可收集種子進行播種,或選取合適的父母本進行雜交育種,再收集種子,利用播種的方式創造新品種。

↑大量繁殖時,為讓小苗生長勢較為一致,成苗品質較佳,應取頂芽扦插為宜。

■葉插 Leaf cutting

景天科植物於生長季時,取下完整強壯的葉片,待基部傷口乾燥後放置於乾淨的介質表面,即可於葉基部發根長芽。

上玫瑰之精葉插苗。下白牡丹葉插苗。葉插苗株形較小,生長也較不整齊。

↑「落地生根」是景天科植物繁殖的生存策略。

■莖插 Stem cutting

為縮短育苗期間，可採取莖插方式，建立大量母本後，剪取其枝條頂端，以嫩莖或頂芽為插穗。待枝條的傷口乾燥後，或靜置枝條，待枝條基部發根後再植入盆中。最大的好處是育苗期短，小苗的生長勢較為一致。

↑耳墜草頂芽剪下後約 2～3 周即發根。

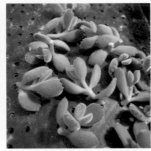

↑熊童子頂芽插穗，待枝條基部乾燥收口後即可插入盆中。

↑千佛手等各類玉綴的多肉植物，剪取頂芽插穗，繁殖速度最快。

■胴切 Budding（去除頂芽）

以玄海岩為例，於冬、春季可利用刀片或魚線，將頂芽（即心部）切除。心部可獨立進行扦插。下半部的葉叢因心部生長點去除，於生長季時下方的葉叢葉腋間會大量發生側芽。

Step1 玄海岩胴切去除心部，約莫 40～50 天後。

Step2 將較大側芽取下扦插，此為約 2 周的情形。

Step3 側芽扦插 4～5 周後。

冬型種

Adromischus cooperi
天錦章

異　　名	*Adromischus festivus*
英 文 名	Plover eggs plant
繁　　殖	扦插、葉插

中名是沿用日名而來。原產自南非開普敦東部高海拔地區。但英名以 Plover eggs plant 直譯，像是鴴科水鳥蛋的植物，形容本種植物葉片、葉形與水鳥蛋的斑紋相近。

↑管狀的肉質葉片具波浪狀葉緣。

形態特徵

　　小型種，生長緩慢。株高約 7 公分，葉片呈管狀或桶狀，帶有暗色斑紋，葉色為灰綠或帶點藍綠的色調。葉長約 2 ～ 5 公分。花期冬、春季，開花時，花穗長約 20 ～ 25 公分，花粉紅色。若澆水過多或氣溫過低時，會大量落葉。

↑天錦章的莖幹粗短，基部有大量葉痕。葉末端具波浪狀緣。

←葉片上的斑紋分布與鴴科水鳥蛋的斑紋十分相似。

冬型種

Adromischus cristatus
天章

英 文 名	Crinkle leaf plant
別 名	永樂
繁 殖	扦插、葉插

中名是沿用日名而來。原產南非開普敦西部地區。英名 Crinkle leaf 形容其特殊波浪狀葉形。

↑光線充足時，株形粗壯，葉片充實、排列緊密。葉緣呈波浪狀極具特色。

形態特徵

為多年生草本植物，斧形葉，肉質。葉緣圓潤呈波浪狀，葉片上具有淺褐色斑紋。短直立莖，莖幹上著生大量的褐色毛狀氣生根。

→光線不充足時，株形較高，葉序排列鬆散，可見莖幹上大量的褐色毛狀氣根。

變 種

Adromischus cristatus var. *schonlandii*
神想曲

為天章的變種，外形與天章類似，但葉片較天章長，葉深綠色。葉緣並無波浪狀，葉片上著生纖細的腺毛。莖幹與天章一樣密生大量的褐色毛狀氣根。

Adromischus cristatus var. *zeyheri*
世喜天章

異　名 | *Adromiscus zeyheri*

　　為天章的變種，外形與天章類似，但葉色淺綠或草綠色。葉末端具有波浪狀葉緣，但皺摺及波浪較不明顯。葉片光滑無毛。莖幹及葉腋處會著生少量毛狀氣根，不似天章或神想曲那樣密生褐色毛狀氣根。

↑世喜天章末端的波浪狀葉緣較不明顯。葉色較天章淡雅，為葉色淺綠的變種。

Adromischus cristatus v. *clavifolius*
鼓槌天章

英 文 名 | Indian clubs

　　為天章的變種，中國俗名為水泡或鼓槌水泡。英名 Indian clubs，沿用自栽培種名而來，部分學名會標註 *Adromischus cristatus* v. *clavifolius* 'Indian Clubs'。為多年生肉質草本至小灌木，株形小但開花時株高可達 30 ～ 40 公分。莖幹和其他的天章

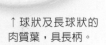

↑球狀及長球狀的肉質葉，具長柄。

一樣，具有棕色的毛狀氣根。特徵在球形或長球形的肉質葉，具長柄互生，葉末端稜形具角質，葉綠色具光澤。光線充足及日夜溫差大的季節，紅褐色斑紋明顯；光線不充足時，葉色較綠斑紋不明顯。花期春、夏季，花淡粉紅色，花筒深處為深紅色。花小不明顯，開放在莖頂。

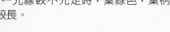

←光線較不充足時，葉綠色，葉柄較長。

Adromischus filicaulis
絲葉天章

異 名	*Adromischus filicaulis* ssp. *filicaulis*
別 名	長葉天章
繁 殖	扦插、葉插

原產自南非。中國俗名為長葉天章。
與其他天章屬植物的葉形不同，但都
保留葉片上具有特殊斑紋的特徵。

↑長梭狀或棒狀葉片
具有紅褐色斑點。

形態特徵

　　多年生肉質草本至小灌木。株高 5 公分
左右，開花時可達 20 公分。葉呈棒狀或長梭
狀，葉末端尖。葉片長 3 ～ 5 公分，無柄、
互生，具有紅褐色斑點及白色粉末。光線充
足時葉片斑紋明顯，光線不足時葉色翠綠。
花期冬、春季，花小不明顯，但花梗長，開
放在莖頂上。

→株形小，開花時因花梗
長，開放在莖頂。

Adromischus marianiae var. *alveolatus*
銀之卵

冬型種

異 名	*Adromischus marianiae* 'Alveolatus' / *Adromischus alveolatus*
繁 殖	扦插、葉插

中名是沿用日名銀の卵而來；中國統稱 *Adromischus marianae* 這類群的植物為瑪麗安，以其種名音譯而來。原生自南非，常見生長在岩屑地或岩壁的隙縫間。銀之卵被認為是 *Adromischus marianiae* 中的變種。

形態特徵

　　株形矮小為多年生肉質小灌木，成株時株高約 10 ～ 15 公分。葉形奇特，為卵圓形、互生。葉片兩側向中肋處內凹，葉銀灰色或灰綠色。花期冬、春季，花小不明顯，僅 1.2 公分左右，開放在莖頂梢。

景天科

天錦章屬

Adromischus marianiae var. *herrei*
朱唇石

| 異　　名 | *Adromischus herrei* |

　　中國俗名為翠綠石、水泡。台灣則沿用日本俗名，稱朱唇石或太平樂。原生自南非，常見生長在岩屑地或岩壁的隙縫間。在異學名上來看，部分分類認為朱唇石為 *Adromischus marianiae* 下的變種（variety；var.）或一個形態（forma；f.），後又獨立成為一個新種。

　　生長緩慢，具有塊根狀的粗根。莖為短直立型，基部肥大。葉為橄欖球狀，葉表具有皺摺及疣狀突起。綠色型的品種，葉形狀似苦瓜；紅色型的品種，則狀似乾燥的葡萄乾或紅色的荔枝。葉片兩側略向內凹。葉色表現受季節及光線條件影響，在光照充足時，新芽會呈現紅褐色或略呈紫紅色。綠色的葉片成熟後，葉表蠟質變厚，使葉色略呈銀灰色的質感。

↑朱唇石的葉片就像是一條條綠色苦瓜所組成。

→酒紅的葉色，除栽培品系不同外，光線充足時酒紅色的葉色會更加明顯。

Adromischus marianiae var. *herrei* 'Coffee Bean'

咖啡豆

異　　名 | *Adromischus marianae* 'Antidorcatum'

　　本種應是選拔後的栽培品種。與朱唇石和銀之卵等，均為 *Adromischus marianae* 下的變種或栽培種。

　　多年生肉質草本植物，為小型種，生長緩慢。外形與銀之卵相似，但株形小，葉色偏紅，卵形葉狀似咖啡豆，具短柄、互生。葉片中肋處內凹或肥葉緣兩側向內凹。葉為紅褐色至灰綠色，弱光則葉色偏淺綠。日照充足時，葉片上的紅色較深，暗紅色斑紋也較明顯。花期春、夏季之間，花小型、花萼綠，5 片花瓣合生成筒狀，先端 5 裂，呈總狀花序開放在莖的頂梢。

↑栽種於 3.5 寸瓦盆中，植株小型。

←葉偏紅褐色，呈卵圓形狀貌似咖啡豆。

211

Adromischus maculatus
御所錦

冬型種

英 文 名	Calico hearts plant
繁　　殖	扦插、葉插

原生自南非。廣泛分布在僅只有夏季降雨的內陸岩石之山脊處。英文俗名均以 Calico hearts plant（印花布的心形植物）通稱。

↑扁平狀互生的圓形葉片，像是一對對由黑巧克力脆片組成的植物。

形態特徵

　　株高可達 10 公分，老株莖基部肥大，具塊根。為生長相對緩慢的植物。葉扁平狀，圓形或卵圓形，葉片上具巧克力色的斑紋。葉緣角質化，看似由銀色的線所包覆。

→葉緣角質化，像是框上了一條銀線的錯覺。

冬型種

Adromischus trigynus var.
花葉扁天章

英 文 名	Calico hearts plant
繁　　殖	扦插、葉插

中名沿用中國俗名而來。為紅葉扁天章 *Adromischus trigynus* 葉片較狹長的變種，但部分資料中兩者並無差異，均歸納在紅葉扁天章學名之下。原產自南非開普敦東北部地區。英名 Calico heart 直譯為印花布心之意，用來形容其具酒紅色斑點的互生葉片，狀似心形而得名。

↑葉序互生，看似由印花布心組成的植物。

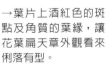

形態特徵

　　為小型種，株高約 3.5 公分，具有塊根以支持短直立莖。葉灰綠色或灰白色，葉片上具酒紅色斑點，葉緣角質狀。

→葉片上酒紅色的斑點及角質的葉緣，讓花葉扁天章外觀看來俐落有型。

■銀鱗草屬 *Aeonium*

　　銀鱗草屬約 35 種。中文屬名沿用國立自然科學博物館的譯名，又稱豔姿屬、蓮花掌屬。主要分布於西班牙的加拿列群島、摩洛哥及葡萄牙等地；部分品種分布於東非。屬名 *Aeoinum* 源自古希臘字 aionos，英文字意 ageless，譯為永恆、不老之意。英文俗名常稱本屬的多肉植物為 Saucer Plant，可能因其頂部叢生的葉片狀似碟或碗而得名。

外形特徵

　　本屬多為灌木狀的多肉植物，莖幹粗壯肉質，於表面有大量明顯葉痕；視品種，有些於木質化的莖幹上易生不定根。葉片質地較薄，以螺旋狀排列並互生於莖幹頂端。光線充足時，葉片會向心部彎曲，葉叢呈碗狀。匙狀的葉形光滑，葉緣具粗毛。株形與葉色特殊，為受歡迎的景天科多肉植物之一。

↑豔姿 *Aeonium* sp. 匙形葉光滑，互生以蓮座排列，叢生於莖頂端；具有特殊的毛狀葉緣。

↑夕映的花序開放在莖端，花乳白色，呈圓錐花序。

↑夕映成株時呈現樹形的姿態。

花期冬、春季，於莖頂開放出大型的圓錐花序，花瓣為 5 或 5 的倍數，花白色或黃色。花後死亡，在凋零前會產生大量種子，種子細小。銀鱗草屬與其他景天科植物最大不同點在於葉片質地較薄，不似其他景天科植物葉片肥厚。具有明顯的主幹，外觀以樹形生長。葉片或葉叢多頂生在枝條頂端。

↑種子細小，播種以撒播為宜，並需進行 3～5 次移植，以利小苗養成。

↑剪取帶有葉序的嫩莖扦插即可。本屬葉插不易成功。

繁殖方式

播種及扦插。剪取頂芽扦插或取分枝的側芽扦插。

生長型

冬型種。栽培時對土壤及介質的適應性高，介質以排水疏鬆為要。多為夏季休眠型的品種，休眠時會大量落葉，越夏時需注意應移至半陰處並限水，保持枝條飽滿，不萎縮乾枯；待秋季氣溫轉涼後，開始給水，枝梢頂端會再開始萌發新葉，開始新一季的生長。

生長期間，適量給水。全日照至半日照均可栽植，視品種不同，依葉色可簡易區分為：葉紫黑色的品種應給予全日照；綠葉的品種則應栽植在半日照或略遮陰處。

Aeonium arboreum var. *atropurpureum*
黑法師

異　　名	*Aeonium arboreum* 'Atropurpureum'
繁　　殖	扦插

可能為 *Aeonium arboreum* 經長期園
藝栽培後產生的變種。栽植時需注
意於生長期間養壯植株，並讓葉
片數增多，將有助於黑法師越夏。
夏季時應節水並移至避光處或夜溫較
涼爽處，若無海拔高低差營造出的日夜溫
差，可於夜間加開風扇並噴水霧，以利夜溫
下降。

↑紫黑色黑法師在景天科多
肉植物中十分搶眼。

形態特徵

　　莖幹直立，分枝性良好，栽培會漸成樹形。紫黑色或淡綠色的匙形葉互生，
螺旋排列莖頂。葉似蓮座狀叢生在枝梢頂端。生長期間葉色較偏綠，開始進入休
眠時，葉開始轉為紫黑色。花期夏季，花鮮黃色，大型的圓錐花序自莖頂端開放，
但在台灣氣候下栽培不易觀察到開花。於冬、春為適期。剪取頂芽或側枝進行
扦插繁殖。

↑光線充足時，心葉會向心部微彎，呈碟子狀。

↑黑法師分枝性良好，成株後會成樹形姿態。

Aeonium arboreum var. *atropurpureum* 'Cristata'
黑法師綴化

為園藝選拔栽培種。

↑紫黑色黑法師在景天科多肉植物中十分搶眼。

↑外觀特殊，狀似由許多的黑法師叢生一處。

Aeonium arboreum var. *artopurpureum* 'Schwarzkopf'
墨法師

為園藝選拔栽培種，自黑法師中選拔出葉色更深紅，葉形較長的品種。

↑墨法師葉色較深。

↑葉形也較為狹長。

Aeonium 'Cashmere Violet'
圓葉黑法師

為園藝選拔栽培種，應自黑法師中選拔出葉形較為圓潤的品種。

↑匙形葉較為圓潤為主要特色。　　　↑黑法師葉形較狹長，且質地較薄。

Aeonium arboreum 'Variegata'
豔日傘

異　　名	*Adromischus maculatus*

　　豔日傘為美麗的斑葉品種之一。源自園藝栽培選拔出來的品種，自學名 *Aeonium arboreum* cv. Variegata 判斷應與黑法師 *Aeonium arboreum* var. *atropurpureum* 同種，僅黑法師為 *Aeonium arboreum* 的變種，而豔日傘則為 *Aeonium arboreum* 斑葉的栽培品種。與近似種曝日及曝月相較，豔日傘更易增生側枝及側芽。繁殖以扦插為主。頂生匙形葉呈蓮座狀排列，葉色具有黃色或粉紅色的變化。葉斑以覆輪或邊斑為主。

↑豔日傘成株後易生側芽。

冬型種

Aeonium castello-paivae 'Suncup'
愛染錦

異 名	*Aeonium* 'Suncup'
繁 殖	扦插

愛染錦中名沿用日本俗名而來，為園藝栽培選拔品種。蓮座狀叢生的葉序與景天屬的萬年草外觀相似。夏季休眠期管理要小心，切記移至避光處並節水管理，必要時可以利用風扇營造低夜溫以協助越夏。

↑愛染錦白色的葉斑表現不規則。

形態特徵

為小型種，株高約 30 ～ 40 公分。葉片具有白色、綠色的雙色葉斑，白色的葉斑表現較不規則，具有毛狀葉緣。花期春季，花淺綠色或綠白色，總狀花序較為鬆散，在台灣不易觀察到開花。

↑為銀鱗草屬中的小型種。

Aeonium decorum
夕映

別　　名	雅宴曲
繁　　殖	扦插

原產自非洲東北部及西班牙加拿列群島。株形較小，葉質地較厚，耐熱性佳，在花市常見。於冬季為繁殖適期，取成熟的側芽扦插即可。

↑夕映的匙形葉。

形態特徵

　　為常綠半灌木或灌木。莖部成熟後木質化，基部易發生氣根以協助植株的支持與固定。葉叢呈蓮座狀排列，嫩葉出現於莖端，老葉則易脫落。匙形葉、葉緣有毛狀或細鋸齒狀突起。花期春季，花白色，圓錐花序開放於莖部頂端。喜好光線充足環境，夏季休眠生長停滯，應移至遮陰、通風處以協助越夏。介質乾燥再澆水。

↑成株美觀，新葉不會轉色。

↑成株後，花序由莖頂端生出。

Aeonium decorum 'Variegata'
夕映錦

異　名 | *Aeonium decorum* 'Tricolor'

　　又名清盛錦、豔日輝，為經由
園藝栽培選拔出的斑葉品種。可能
為夕映 *Aeonium decorum* 或近似種
紅姬 *Aeonium haworthii* 的斑葉品
種。繁殖以扦插為主。外觀與夕映
相似，但新葉的葉色較淺，為淺綠
或奶黃色，成熟後轉為綠色。生長
栽培管理同夕映。

↑成株後，花序由莖頂端生出。

↑夕映錦新葉會轉色。常見花市展售的
三寸盆盆栽。

→生長期間，斑葉的特性鮮明，
休眠後會轉為綠色。

冬型種

Aeonium sedifolium

小人之祭

別　　名	日本小松
繁　　殖	扦插

原產自西班牙加拿列群島。種名 *Sedifolium* 源自拉丁文，英文字意為 with Sedum leaves。種名是依小人之祭的叢生葉片，狀似景天屬 *Sedum* 的葉形而來。在夏季有短暫休眠，期間會大量落葉。依葉形又分成扁葉小人之祭、圓葉小人之祭及棒葉小人之祭等不同的栽培品種，但學名均以 *Aeonium sedifolium* 表示。扦插繁殖適期為冬、春季，剪取小枝或蓮座狀的葉叢進行扦插即可。

形態特徵

　　小型多肉植物，株高最高可達40公分。葉長約1.2公分，分枝性良好，看似群生或叢生狀植群，但其實是一株由大量的分枝構成。葉片光滑無毛，葉緣無毛或呈細鋸齒狀。葉為橄欖綠色，葉緣及中肋處具有紫紅色紋。花期春、夏季，花鮮黃色，小花形成圓錐狀花序，開放於莖頂。

↑ 叢生狀的葉叢，狀似景天屬的萬年草。

↑ 葉光滑無毛，葉片上具有紫紅色斑紋。

↑ 花鮮黃色，圓錐花序較為鬆散。

Aeonium urbicum 'Sunburst'
冬型種

曝日

異　　名	*Aeonium* 'Sunburst'
繁　　殖	扦插

應為園藝栽培選拔品種，亦有學名標註為 *Aeonium decorum* 'Variegatum'。為美麗的斑葉品種，應注意休眠期管理。本種不易葉插繁殖，僅能截取頂芽約帶 2～3 輪葉片葉序扦插。

↑葉形較短且寬厚。葉灰綠色，具乳白的覆輪斑。

形態特徵

　　株高可達 50 公分，成株後會呈樹形，但分枝性較近似種豔日傘低。葉呈匙形，具灰綠色及乳白色覆輪，呈雙色變化，在低溫時，明亮的乳白色葉斑轉為粉紅色。花期夏季，花白色。台灣不易觀察到開花，夏季休眠，下位葉會脫落，葉叢變小，直至秋涼後才漸漸恢復生長。應栽培在疏水性佳的介質，放置在半日照至光線明亮處栽培為宜。

↑台灣平地在夏季休眠時會有落葉現象。

←乳白色的覆輪，低溫期會轉為粉紅色。

223

景天科

銀鱗草屬

Aeonium 'Sunburst' f. *cristata*
曝日綴化

　　栽培選拔出的綴化品種。生長點成線狀時，頂部的葉叢會呈現扇形變化。葉片變小，葉片下半部會出現褐色的中肋；生長緩慢。繁殖以扦插為主。

↑葉叢呈扇形或有點皺縮的表現。

↑綴化的植株，部分會出現返祖現象，還原成曝日的個體。

↑葉片下半部或近 1 / 2 會出現褐色的中肋。

224

Aeonium urbicum 'Moonburst'
曝月

異　名 | *Aeonium* 'Moonburst'

與曝日同種，為不同斑葉的變異品種。曝月為中斑變異的栽培品種，生長速度較曝日佳，若栽培環境適宜，株高可達 100 公分左右，株徑與蓮座狀排列的葉叢都較大。匙形葉具有紅色葉緣，有雙色斑葉的變化，葉以綠色及乳黃色為主，但乳黃色的斑葉表現在葉片中肋處。繁殖以扦插為主。

↑曝月的外觀與曝日相似。

↑斑葉為中斑變異，綠色部分較多。

近似種比較

豔日傘
葉片質地較薄，葉形較為狹長。錦斑以邊斑及覆輪的變化為主，綠色部分較為翠綠。

曝月
葉質地與曝日相同，錦斑變化為中斑或淡斑的表現。

曝日
葉質地較厚實，葉形較短。錦斑變化以邊斑及覆輪為主，葉呈灰綠色。

冬型種

Aeonium undulatum ssp. 'Pseudotabuliforme'
八尺鏡

英 文 名	Saucer plant
繁　　殖	扦插

中名應沿用日本俗名而來；學名表示以 *Aeonium undulatum* ssp. 'Pseudotabuliforme'；為 *Aeonium undulatum* 亞種（subspecies, ssp.）。有些學名直接將亞種提升為品種，以 *Aeonium pseudo-tabulaeformus* 表示。亞種名或種名 Pseudo-tabuliforme 源自拉丁文，字根 Pseudo 中文字意有偽、很像是、假裝是等，說明本種外觀與明鏡 *Aeonium tabuliforium* 外觀相近之意。生長季節可放置於全日照至半日照環境下栽培，但本種在明亮及略遮陰環境也能適應；生長季可定期給水，有利於生長。但夏季應移到遮陰處並節水管理，以利越夏。

形態特徵

　　為大型種，株高 60 ～ 90 公分，環境適合時株高可達 1 公尺以上。本種分枝性良好，成株後樹形外觀優美。匙形葉圓潤、飽滿，葉色綠、明亮。蓮座狀的葉叢美觀。花期春、夏季，花鮮黃色，圓錐花序開放在莖部頂端，但不常見開花。

↑八尺鏡葉色明亮，光滑。葉叢狀似綠色的碟狀物，英名為 Saucer plant。

↑生長期間葉形會長一些，葉序鬆散；進入夏季休眠時葉形變短，葉序較為緊緻。

■落地生根屬 *Bryophyllum*

又名提燈花屬、洋吊鐘屬，落地生根屬 *Brophyllum* 字根源自希臘文，Bryo 為發芽之意，phyllum 為葉片。英文俗名常見為 Air plant, Life plant, Miracle leaf，都在形容其特殊葉片長芽的無性繁殖方式。

本屬植物十分適應台灣的氣候環境，部分已馴化到台灣各地，植物葉緣缺刻處極易發生不定芽，具備落地生根的繁殖策略，能在異地快速的建立族群，如蕾絲姑娘、不死葉、洋吊鐘及不死鳥等，都是台灣常見的落地生根屬植物。於原生地落地生根屬植物為一種紅皮埃羅特 Red pierrot 蝴蝶的食草，會像潛葉蛾的幼蟲一樣，鑽入葉片中啃食葉肉組織。

←落地生根屬名 *Brophyllum* 的 意思，就是會長芽的葉子。

↑蕾絲公主當地被植物，布置的多肉植物花園。

↑錦蝶生命力旺盛，常見在牆角的夾縫裡。

外形特徵

多年生的肉質草本植物，莖幹基部略呈木質化。葉片對生，外觀與伽藍菜屬十分相似，但本屬中多數的品種在其葉緣缺刻內縮處會形成珠芽 bulbils。這些珠芽一旦落地後，即能生根長成新的小植物。花期冬、春季或春、夏季之間，視品種不定。

落地生根屬與伽藍菜屬親緣關係十分接近，後來才併為一屬，如落地生根 *Bryophyllum pinnatum* 早期的學名 *Kalanchoe prinnata* 也使用伽藍菜屬的屬名表示。

落地生根屬與伽藍菜屬外觀特徵比較：

葉

落地生根屬

↑落地生根 *Bryophyllum pinnatum*，長卵圓形的葉緣缺刻內縮處會形成珠芽。

↑蕾絲公主／子寶草 *Bryophyllum* 'Crenatodaigremontianum' 葉緣缺刻內縮處形成大量的珠芽。

伽藍菜屬

↑雞爪黃／伽藍菜 *Kalanchoe laciniata*，為裂葉，葉緣缺刻處不長珠芽。

↑扇雀 *Kalanchoe rhombopilosa*，圓形或扇形葉片的缺刻處不形成珠芽。

落地生根屬：花萼及花瓣 4 枚，合生成筒狀花萼及筒狀花，花下垂狀開放。

↑提燈花，花瓣合生成鐘狀，向下開放，花萼合生不明顯。

↑不死鳥，花梗自莖頂中抽出，小花和花萼均合生成鐘狀，向下開放。

↑落地生根，紅色花萼合生筒狀，黃色或淺橙色鐘狀花，向下開放。

伽藍菜屬：花萼與花瓣 4 枚，花萼不合生；花瓣 4 枚合生成筒狀，向上開放。

↑長壽花，花萼不合生，筒狀花 4 裂瓣向上開放。

↑匙葉燈籠草，花萼不合生，4 枚花瓣基部合生筒狀，向上開放。

↑千兔耳花序，著生白色絨毛，筒狀花 4 裂瓣向上開放。

蝴蝶之舞錦 *Bryophyllum fedtschenkoi* 'Variegatum' / *Kalanchoe fedtschenkoi* 'Variegata' 因不同的分類系統認定，學名表示方式也不同。

本書採以花序及花為鑑別特徵，將部分列在伽藍菜屬的蝴蝶之舞及白姬之舞列入落地生根屬中作說明。

↑蝴蝶之舞錦，圓形葉、對生，葉緣具有波浪狀缺刻，於缺刻處未見珠芽生長。

↑雖葉片上不具有珠芽發生的特性，但開花的方式、花的型式與落地生根屬較為接近，因此列入落地生根屬中討論。

繁殖方式

　　落地生根屬植物繁殖以扦插為主，使用葉插或莖插的方式皆可。因葉片會產生大量的珠芽，亦可將珠芽收集下來後，再將珠芽舖設在小盆器或造型花器上，以類似播種的方式，創造出特殊的趣味盆栽。或取珠芽，塞入多孔隙的石縫或礁岩中，再將礁岩或石頭泡在淺水盤，待珠芽生長，根系竄入石頭或礁岩後，便能營造出附石的野趣盆栽來。

落地生根附石的方式及成品
在礁岩或石頭的縫隙裡填上少許的介質，再將蕾絲公主的小苗及葉片上的珠芽，適度的栽入孔隙間，補上一點苔綠，就能創造出一些野趣。

景天科

落地生根屬

Bryophyllum 'Crenatodaigremontiana'
蕾絲公主

英 文 名	Mother of thousands, Mother of millions
別　　名	蕾絲姑娘、森之蝶舞、子寶草
繁　　殖	扦插、珠芽

為蝴蝶之舞與綴弁慶（*Bryophyllum crenatum* × *daigremontianum*）雜交而來。栽培種名 'Crenatodaigremontiana' 以其親本的種名組合而成。適應性強，栽培管理容易，全日照到半日照處皆能生長。環境較乾旱或光照較強時，除株形縮小外，葉片會略自中肋處向內反捲，減少受光面積。

↑蕾絲公主葉緣上的小珠芽就像是蕾絲花邊一樣。

形態特徵

　　為多年生的肉質草本。莖短、粗壯較不明顯，分枝性不佳。肉質化的葉片略革質，葉片長卵圓形或長三角形，葉身呈弧形，葉有短柄，以十字對生於莖幹上。具鋸齒緣於其內縮處著生珠芽。花期冬、春季，成株後，莖頂梢開始向上抽長，花序開放於莖頂，花梗及鐘形花萼筒呈紫紅色，萼筒4裂呈三角形。花長筒形，4裂，裂瓣較圓。

左開花時，會自莖頂抽出長花梗，花及花序均為紫紅色。
右珠芽成熟後輕觸即脫落。接觸土面後可迅速發根，長成一株獨立的個體。

冬型種

Bryophyllum daigremontianum
綴弁慶

英 文 名	Alligator plant, Evil genius, Mexican hat plant
繁　　殖	扦插、珠芽

↑耐旱性強，光照強烈及乾旱時，葉片內摺減少受光面積。

中名沿用日本俗名而來。外形就像是放大版的不死鳥或瘦長版的蕾絲公主，因綴弁慶為前兩種的親本。產自非洲馬達加斯加島，是少數景天科中的有毒植物，全株含有特殊的有毒物質，如強心配糖體 daigremontianin（cardiac glycoside）及其他如類固醇毒素蟾蜍二烯羥酸內酯 bufadienolides 的物質，因此種名以 *daigremontianum* 稱之。栽種時需注意避免小動物或嬰兒不慎取食，嚴重時會有致命危機。

形態特徵

　　為多年生的肉質草本植物，株高近 1 公尺，基部略木質化。光照不足時株形會徒長，葉片較大。光線充足或乾旱時，葉片會向內摺，減少受光面積。長披針形的葉片、大型，最長約 20 公分左右；葉背有不規則的深色狀條紋。葉緣缺刻內縮處會形成大量的小苗。花期春、夏季，花梗開放在枝條頂端，聚繖花序由小花組成，鐘形花向下開放。

↑雖沒有不死鳥普及，但偶見在台灣的鄉土間，需注意的是它為有毒植物。

Bryophyllum daigremontianum × tubifloraum
不死鳥

英 文 名 | Hybrid mother-of-millions

　　可能是綴弁慶與錦蝶（*Bryophyllum daigremontianum × tubiflorum*）雜交而成。繁殖以扦插、珠芽為主。多年生草本植物，株高 80 ～ 90 公分，莖幹基部略木質化。葉對生，葉形則綜合了親本特色。葉片小，較接近錦蝶的筒狀或棒狀葉片，但又融合了綴弁慶的長三角形葉或長披針形葉的特徵。灰綠色的葉，花背及葉面具有深色不規則的斑點及花紋，葉質地變厚葉形小，略呈短披針形，葉緣兩側向內摺，狀似船形。葉緣具細鋸齒狀缺刻，於其內縮處生長著珠芽。另有錦斑栽培品種。花期冬、春季，不常見開花，花梗於莖頂部抽出，聚繖花序由小花組成，筒狀花萼淺紫色，鐘形花向下開放。

↑花序開放在枝條頂端，花梗上有小葉對生或輪生，鐘形花呈淺橙色或淺黃色。

上光線不足時，株形與葉形皆變大，葉色淺綠，葉面仍具有不規則斑點及花紋。
下光線充足環境下生長的不死鳥，株形與葉形小，葉色淺，近褐色。

Bryophyllum daigremontianum × *tubiflorum* 'Variegata'

不死鳥錦

　　不死鳥錦沿用日本俗名フシチョウニシキ而來。由不死鳥中選拔出來具桃紅色或粉紅色的錦斑變異栽培種。特徵在其新葉的葉緣及不定芽，皆為鮮嫩的粉紅或桃紅色，有時會產生近乎白色的斑葉品種，錦斑的變異讓不死鳥單調的葉色變的十分豐富有趣。在冬、春季日溫差大及光線充足時，葉色的表現更為良好，但栽培上需注意，若嫩葉處積水，在全日照或露天環境下易發生葉燒現象。扦插繁殖為主。因珠芽失去葉綠素，無法以珠芽大量繁殖。

↑錦斑的表現在其粉紅色的葉緣處。

↑不死鳥錦桃紅色的珠芽十分美觀。

↑對生的葉序，以近輪生的方式排列。

↑老葉的葉緣錦斑較不明顯，但一樣會產生粉紅色的珠芽。

冬型種

Bryophyllum fedtschenkoi 'Variegata'
蝴蝶之舞錦

異　　名	*Kalanchoe fedtschenkoi* 'Variegata'
英文名	Varigated lavender scallops
別　　名	錦葉蝴蝶、蝴蝶之光
繁　　殖	扦插

原產自馬達加斯加島。蝴蝶之舞錦為園藝栽培選拔的錦斑變異栽培種。本種生長強健，又因葉色美觀、繁殖容易等特性，廣泛分布全世界熱帶地區，台灣有歸化的野生族群；常見生長在屋頂或屋簷上

↑ 向下開放的花型與伽藍菜屬向上開放的方式不同，因此併入落地生根屬中。

形態特徵

　　為常綠的多年生肉質草本或半灌木。株高約 25 ～ 30 公分，莖易木質化及倒伏；莖幹易生細絲狀不定根及側芽。莖過長倒伏接觸地面後，族群會向外擴散，因此地植或大盆缽栽植時，植群外觀常呈地被狀覆蓋在地表上。全株具有白色蠟質粉末。葉圓形或橢圓形、肉質；具短柄、對生呈側向生長，葉緣有明顯圓齒缺刻，但缺刻處不著生珠芽。錦斑為白色的不規則葉斑，偶有覆輪的錦斑，於日照充足、日夜溫差大時，白色錦斑會呈現美麗的粉紅。花期冬、春季，花序自莖端伸出，粉紫色鐘形花萼筒，萼片 4 裂、三角形，橘紅色筒狀花 4 裂，裂片較圓。花後於花序節間處，會形成珠芽或不定芽。

↑ 蝴蝶之舞錦的錦斑變異大，常見葉片為綠粉紅或具白色錦斑變異，若生長環境良好，錦斑的變異會更明顯。日夜溫差大及日照充足時，葉色的表現良好。

冬型種

Bryophyllum marnierianum

白姬之舞

異　　名	*Kalanchoe marnieriana*
英 文 名	Marnier's kalanchoe
別　　名	馬尼爾長壽花
繁　　殖	扦插

中名沿用日本俗名而來，馬尼爾長壽花則譯自英文俗名。因鐘形花及向下開放的特性將其列入落地生根屬中，但仍常見歸伽藍菜屬下。本種原產自非洲馬達加斯加島，十分耐旱、生性強健，適應台灣氣候，可以露天栽培。

↑ 葉色為特殊的藍綠色或灰藍色。

形態特徵

　　為多年生的肉質小灌木，莖幹木質化，外形與蝴蝶之舞錦相似，但葉全緣，不具波浪狀。株高約 30 ～ 45 公分。扁平狀的藍綠色葉片，具短柄、對生。葉片常朝向一側生長，具有白色蠟質粉末，葉緣紅色。花期冬、春季，花色為玫瑰紅至橙紅色，花序開放在莖枝頂梢。

↑ 對生的葉片，會朝向一側生長，具紅色葉緣。

↑ 花形與落地生根相似，玫瑰色或橙紅的鐘形花末端具有 4 片裂瓣。

Bryophyllum pinnatum
落地生根

英 文 名	Air plant, Life plant, Miracle leaf
繁 殖	扦插

產自非洲馬達加斯加島，現已廣泛分布世界熱帶地區。美國夏威夷因影響到當地原生植物生態，列為入侵種植物（invasive species）。台灣有野生族群，引入後已歸化在鄉野間。因葉片產生珠芽或不定芽的能力強，是國小自然觀察中常用的自然教材，也因為落地即生長的特性，得名「落地生根」。另有葉生根、葉爆芽、晒不死等名。另以其下垂開放的花形而有倒吊蓮、燈籠花、天燈籠等稱呼。常作為民俗藥用植物，據說全草可清熱解毒，外用時可治癰腫瘡毒、跌打損傷、外傷出血、燒、燙傷等功效。

↑台灣常見的落地生根之一，成株後會形成複葉特徵，另以「複葉落葉生根」稱之。

形態特徵

莖直立，高約 40 ～ 150 公分。葉對生，單葉或羽狀複葉。羽狀複葉的落地生根在成株後或達開花的株齡時，新生的葉片會變成複葉，小葉 3 ～ 5 片。具葉柄，橢圓形葉，葉緣具圓齒狀缺刻，缺刻處內縮處易生成珠芽或不定芽。花期冬、春季，大型的圓錐花序開放在植株頂梢，花梗長，花萼及花冠合生呈筒狀，呈紅色、淡紅色或紫紅色。

↑光線充足時，葉色較淺偏黃色，光線不充足時，葉色較翠綠。

景天科

落地生根屬

冬型種

Bryophyllum 'Wendy'
提燈花

異　　名	*Kalanchoe* 'Wendy'
英 文 名	Wendy Kalanchoe
繁　　殖	扦插

為雜交選育出的園藝栽培種。本種為冬、春季常見的小型盆花，在平地越夏時需注意，應移至遮陰處並減少給水，秋涼後再剪嫩梢扦插，更新植株。

↑嫩莖紫紅色，花萼 4 瓣不合生。

形態特徵

　　為多年生肉質草本植物。嫩莖直立，呈紫紅色。葉呈濃綠色長橢圓形、對生，具有鈍鋸齒葉緣，葉片光滑。花期春季，聚繖花序開放在枝條頂端，花萼 4 瓣不合生，花瓣合生成紅色的鐘形花向下開放，4 裂瓣黃色，花色對比鮮明。

↑花瓣合生成鐘形花或筒狀花，向下開放，末端為黃色的 4 個裂瓣。

↑花序開放在枝梢頂端。

Bryophyllum tubiflorum
錦蝶

英 文 名	Chandelier plant
別　　名	洋吊鐘
繁　　殖	扦插、珠芽

英文俗名 Chandelier plant 可譯為吊燈花，用來說明其狀似吊燈的鐘形花。原產馬達加斯加島，生長強健、繁殖容易，歸化在全球熱帶地區，台灣亦然，常見於屋頂、遮雨棚、牆角或乾旱等環境，為雜草級的多肉植物之一。在環境惡劣或長期乾旱時，葉片短縮呈簇生狀。與落地生根一樣，被認為

↑外觀與不死鳥相近，但葉片呈筒狀或棒狀。

是民俗藥用植物，據說全草具有治療咽喉痛、肺炎、肚子痛及下痢；外用時可治輕微燒燙傷、外傷出血及瘡癤紅腫等。

形態特徵

多年生肉質草本，莖幹基部略呈木質化，莖直立不易分枝。葉片呈筒狀或棒狀、對生，葉面有暗褐色不規則斑紋，末端具缺刻，內縮處易生珠芽或不定芽，珠芽掉落接觸到地面發根後繁殖。花期春季，花序於莖端伸出，花莖健壯，紫色的鐘形花萼，萼片 4 裂，呈三角形；橘色鐘形花 4 裂、裂瓣圓鈍。

左 葉片上具有不規則的黑褐色斑紋，葉末端缺刻處著生不定芽。
右 錦蝶的花色鮮明，紫色花萼及橘色鐘形花，與植株形成強烈對比。

■青鎖龍屬 *Crassula*

青鎖龍屬約 200 種，株形大小差異極大，有株高達 180 公分的灌木，也有僅 3 ～ 5 公分的多年生草本植物。廣泛分布全世界，作為觀賞栽培用的品種主要以分布在南非開普敦東部的品種為主。

→ 翡翠木 *Crassula ovata*，肉質的卵圓形葉片，十字對生。翠綠色的葉片具紅色葉緣，外形討喜。

外形特徵

葉片多肥厚、肉質。葉形外觀差異大，有卵圓形、三角形至近長披針形等。葉幾乎無柄或有不明顯的短葉柄；葉序排列緊密，葉片由上而下，以十字對生為主。部分品種葉片具有毛狀附屬物或白色蠟質粉末；部分品種葉片無毛具光澤。

↑ 紀之川 *Crassula* 'Moonglow'，毛茸茸的葉片往上堆疊。

↑ 夢巴 *Crassula setulosa*，葉片呈十字對生，層層堆疊。

→ 火祭 *Crassula capitella* 'Campfire' 紅通通的葉片也是呈十字對生。

花瓣與雄蕊數為 5，花白色或紅色；花型小，合生成圓球狀的花序，於莖頂上開放。

↑ 都 星 *Crassula mesembryanthemopsis* 白色的小花合生成球狀的花序開放在莖頂。

↑ 波尼亞 *Crassula browniana* 的小花，自葉腋開放，花白色，花瓣數 5，雄蕊 5。

↑ 呂千繪 *Crassula* 'Morgan's Beauty' 粉紅色小花形成圓球狀花序開放在莖頂。

青鎖龍屬耐旱，太冷或太熱都會造成葉片損傷或死亡，部分品種可耐低溫及霜凍，栽培管理與其他的多肉植物一樣，應使用疏鬆且排水良好的介質栽培，並放置在溫暖、乾燥及陽光充足或半日照的環境下栽培。於夏季休眠或生長停滯的高溫期應注意通風，遮陰或避免陽光直接曝晒。在生長季節則應提供充足光照並定期給水，都能有利植群生長。

繁殖方式

扦插為主，以莖插常見，繁殖以冬、春季為適期。取頂芽進行扦插，視品種，將長約 3～9 公分的頂芽剪下後，放置陰涼處，待傷口乾燥後再插入盆中即可。

冬型種

Crassula browniana
波尼亞

異　　名	*Crassula expansa* ssp. *fragilis*
英 文 名	Fragile crassula
繁　　殖	扦插

中文名音譯自種名 *browniana* 而來。本種枝條纖細易斷裂，英名 Fragile crassula 可譯成易碎的景天。原產自南非坦尚尼亞至馬達加斯加島等地，在台灣生性強健，繁殖容易，栽培管理粗放，半蔓性的枝條及株形可作為地被栽植。繁殖上，以冬、春季為適期，可剪取 3 ～ 5 節頂芽，待傷口乾燥後扦插。波尼亞需要陽光充足、涼爽乾燥的環境，耐半陰，怕水澇，忌悶熱潮濕；具有冷涼季節生長，夏季高溫休眠的習性。

↑小型花呈白色，於冬、春季開放。

形態特徵

　　為小型的多年生草本，植群常叢生成墊狀。莖暗紅色呈細柱狀，纖細易斷裂。葉卵圓形、對生，葉片上滿布細毛。光線充足時植物葉片排列較為緊密，葉色偏黃。花期冬、春季。花白色，花瓣 5 片。

→波尼亞外觀十分細緻，對光度的適應性佳，半陰至光線明亮處皆可栽植。

Crassula capitella ssp. *thyrsiflora*
茜之塔

異　　名	*Crassula corymbulosa*
英 文 名	Sharks tooth crassula
繁　　殖	扦插

中名應沿用自日名。原產自南非，生長強健，栽培容易，為花市常見的品種。茜之塔的葉片外形像十字狀的飛鏢，堆疊而生，英名以 Sharks tooth 鯊魚牙齒來形容。繁殖可剪取嫩莖頂端 3 ～ 5 公分為插穗，待傷口乾燥後再插入介質即可。

↑葉片十字對生，葉緣具白色細鋸齒狀。光線充足時葉片平展，向上堆疊，光線不足時葉片會向上生長。

形態特徵

　　植株矮小，株高約 5 ～ 8 公分。寶塔狀的株形略叢生，平貼於地表或略匍匐狀生長，族群直徑可達 10 ～ 12 公分。葉呈心形、長三角形；葉無柄，基部交疊；葉序向上生長，呈十字對生；葉色濃綠，葉緣具細鋸齒緣。

↑圓錐狀的聚繖花序，開放於莖頂端。

變　種

Crassula capitella ssp. *thyrsiflora* 'Variegata'
茜之塔錦

茜之塔的錦斑品種。錦斑的表
現在冬、春季較為明顯

→錦斑的表現於心葉或
嫩莖處較為明顯。

栽培種

Crassula 'Campfire'
火祭

| 異　　名 | *Crassula* 'Flame'/ *Crassula* 'Blaze' |
| 英 文 名 | Campfire crassula |

又名秋火蓮。原生自南非，本種應是
園藝選拔出的栽培品種，部分學名與茜之
塔 *Crassula capitella* 學名互用。栽培種應以
Crassula 'Campfire' 或 *Crassula* 'Flame' 表示。

根莖短、根系粗壯，常呈叢生狀。葉序排列
緊密，以十字對生方式生長；葉片有毛點。
生長期間，日照充足，溫差大時，
葉色鮮紅如火；若光線較不充足，
葉色會轉為綠色或黃色。

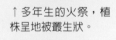

↑多年生的火祭，植
株呈地被叢生狀。

→火祭錦。

Crassula deltoidea
白鷺

繁　　殖 | 扦插

產自南非，納米比亞、卡魯等地區。常見以單株生長在開放的乾旱礫石地，株形與棲地周圍的石礫相似，植群能融入自然環境的背景裡，具擬態特性。乳白色的花具有蜜汁，可吸引蛾類授粉。

↑葉白色，葉面具小點。

形態特徵

　　多年生肉質草本，生長緩慢，需栽種數年後才會開花，在原生地成株至少需 5 ～ 7 年才具備開花能力。株高約 5 ～ 8 公分，最高也不及 10 公分。葉形變化大，呈長三角、匙形或菱形，葉無柄，葉序排列緊密，以交互對生的方式生長。葉白色，葉面具小型凹點。花期冬、春季，花白色，花序開放在莖部頂端。花後會結果，蒴果小，內含黑色細小如塵的種子，成熟後開裂藉由風力傳播。

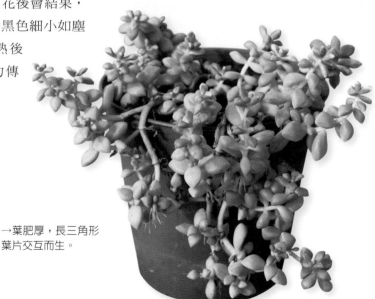

→葉肥厚，長三角形葉片交互而生。

冬型種

Crassula exilis

花簪

別　　名	乙姬
繁　　殖	扦插、分株

產自南非開普敦東北部地區，常見生長在乾旱地區或壁面岩石縫隙間。種名 *exilis* 源自拉丁文，英文字意有 small, delicate, meager and of weak appearance 等。中文可譯為小巧精緻及外觀纖細等意思，說明本種具有迷你及秀氣的外觀。繁殖取嫩莖扦插或以分株方式皆可。

↑葉表具有深色斑點。

形態特徵

　　為多年生肉質草本的地被植物，外觀呈叢生狀。單葉呈披針狀、長卵形或匙狀，以十字互生或近輪生方式著生於枝條上。葉灰綠色，葉背紅色或紫紅色，葉表具有深墨綠色或紅褐色斑點，葉緣絨毛狀。花期冬、春季，花粉紅色，聚繖花序，具白色柔毛，開放在枝條頂端。

↑葉片互生或近輪生著生在具匍匐性的枝條上。

↑叢生狀的花簪雖然外觀秀氣，但其實生長強健，對環境的耐受性佳。

Crassula 'Frosty'
松之銀

| 繁 殖 | 葉插、分株、扦插 |

中名沿用自網路上的俗稱，形容其葉片像撒上白色粉末狀的特色。可能為 *Crassula deceptor* × *tecta* 的雜交品種。

↑灰綠色的葉表具有白色細顆粒狀附屬物。

形態特徵

多年生肉質草本植物，成株後易形成叢生姿態。株高約 5～6 公分，花開時，連花序長度，株高可達 15 公分。卵圓形灰綠色的葉片、肥厚、無柄，葉序十字對生排列緊密，葉面粗糙具有白色的細顆粒狀附屬物。花期為冬、春季，花乳白色，雄蕊花粉黃色，花小形花瓣 5 片，花序開放在莖頂端。需異株授粉，才能結果產生種子。

←松之銀易生側芽，成株呈叢生狀。

Crassula hemisphaerica
巴

異　名	*Crassula alooides*
繁　殖	葉插、分株

原產自南非，原生地常見生長在乾燥的灌叢下方。株高 5 ～ 15 公分，為常綠的多年生肉質草本植物。冬、春季為主要生長期，入夏後會進入休眠；宜保持通風及略遮陰，並減少澆水次數，協助越夏。秋涼後開始生長，澆水以介質乾透後再澆水為原則。可葉插或自基部分株新生側芽。

↑葉緣白，為白色毛狀附屬物所構成。

形態特徵

具短莖，半圓形葉、肉質，上下交疊呈十字對生。葉綠色具光澤，葉面略粗糙，具有密生的小突起。葉緣白，實為白色毛狀附屬物。基部易生側芽。花期春、夏季，異株授粉，自花不易產生種子。聚繖花序，花白色，於莖頂處開放。

↑葉序以十字對生為主。

↑白色小花聚合成聚繖花序，開放在莖頂。

Crassula mesembryanthemopsis
都星

| 繁　殖 | 播種、扦插、分株 |

原產自南非及納米比亞等地。為許多青鎖龍屬雜交栽培種的親本。栽培時應注意通風乾燥，可減少病菌入侵，維持葉片的美觀。

形態特徵

生長緩慢，為多年生小型的肉質草本植物，株高約 2.5 公分。葉片對生，葉序緻密狀似輪生，灰綠色的葉片約 1 ～ 2 公分長；0.3 ～ 0.6 公分寬，葉面上具凸起顆粒。

↑ 5 片花瓣基部略合生成筒狀，花萼上具毛狀附屬物。

花期冬、春季，小花筒狀，花白色，簇生狀的聚繖花序開放於莖頂，具香氣。

↑ 葉序以十字對生為主。

↑ 白色小花聚合成聚繖花序，開放在莖頂。

Crassula muscosa
青鎖龍

英 文 名	Watch chain, Princess pine, Lizard's tail, Zipper plant, Toy cypress, Rattail crassula, Clubmoss crassula
繁　　殖	扦插

產自非洲納米比亞。外觀與近似種若綠十分相似，常見共用學名，若綠 *Crassula muscosa* var. *muscosa* 或以 *Crassula muscosa* 'purpusii' 表示，可能為其變種或是選拔出來的栽培種。另有大型若綠 *Crassula muscosa* 'Major' 的栽培品種，部分資料會將若綠與青鎖龍兩者的中文名稱混用。英文俗名多共用，統稱這類植物，因本種或這類群的植物外觀就像是縮小版的龍柏鱗狀葉一樣，英文名以 Toy cypress 表達的最為傳神。莖枝斷裂後易萌發不定根，剪取頂梢 3～5 公分扦插即可；若不扦插，僅將枝條橫放於排水良好的介質表面，亦能發根存活。

↑青鎖龍株形較大具鱗片葉，排列緻密，花較少見。

→大型若綠，除株形較大之外，鱗片葉呈圓柱狀，較無法緊密排列。

←若綠葉色淺，鱗片葉排列較鬆散。

形態特徵

　　不論是青鎖龍或若綠，均為多年生肉質亞灌木，易自莖基部萌發新生的側枝，成株時易成為叢生狀外觀。枝條上均緊密排列，三角形的鱗片葉以對生方式排列，但青鎖龍葉片排列整齊，且三角形的鱗片葉葉色較深；而若綠則排列較鬆散，葉色較淺。整體而言這類群的植物，莖枝外觀具 4 稜排列緻密的葉片。花期冬、春季，花極小，不明顯，開放在三角形的鱗片葉腋間。

Crassula ovate
翡翠木

英 文 名	Jade plant, Friendship tree, Lucky plant, Money tree
別 名	花月、玉樹、發財樹
繁 殖	扦插

原生於南非，為常綠的肉質灌木或亞灌木，株高可達 90 公分。台灣 50～60 年代，常見在肉質葉片結上紅蝴蝶結綴飾，以發財樹之名盛行栽培過一陣子。因橢圓形的葉片肥厚、具光澤，狀似玉得名 Jade plant。性耐旱，可待介質乾燥後再澆水。喜好在光線充足及空氣流通的環境生長，經光度的馴化，可栽培至室內或光線明亮處；但光照不足時，不易開花。環境不適時，過熱或太乾燥會以落葉方式減少水分散失。常見剪取一段頂生枝條，待傷口乾燥後扦插，以冬、春季為扦插適期。

形態特徵

嫩莖呈紅褐色；基部木質化後呈灰褐色。單葉對生橢圓形至卵形葉、對生。葉全緣，質地肥厚，葉色濃綠具光澤。葉緣常紅褐色；不具托葉，葉柄短而不明顯。花期冬、春季，聚繖花序於枝條頂端開放，花白色，花瓣 5 片。

↑ 橢圓形至圓形的肉質葉、對生，具光澤。

↑ 葉片具紅色葉緣。

251

景天科

青鎖龍屬

Crassula ovata 'Gollum'
筒葉花月

　　台灣花市因筒葉花月的葉形奇趣，又名為「史瑞克耳朵」，形容其奇殊的葉形。

↑筒葉花月仍保留紅色葉緣的特徵。

↑葉形為圓柱狀變異的品種。

Crassula ovata 'Himekagetsu'
姬花月

　　為小型種。株形迷你，葉片為橄欖綠。

→具有紅褐色葉緣。

Crassula 'Morgan's Beauty'
呂千繪

又名赤花呂千繪，中名應沿用日本俗名而來。為神刀 × 都星（*Crassula falcata* × *mesembryanthemopsis*）雜交選育出來的栽培品種。本種與其親本神刀及都星，葉片都易發生鏽色的斑點，尤其濕度高時好發，可能為病菌感染於好發季節，適時噴布殺菌劑控制外，應將植栽放置於光線充足及通風良好的地方，減少發病的機會。繁殖以扦插為主。

多年生肉質草本植物，兼具神刀與都星的外形，株高約 10 ～ 15公分。葉略呈圓形，灰綠色，葉面粗糙，葉表有白色粉末。花期春、夏季，小花略呈筒狀，花紅色；圓球狀的聚繖花序開放於莖頂。

↑灰綠色的葉片，如環境濕度較高時易發生鏽色的斑點。

↑紅色的花序具觀賞價值。

↑花色較淡的個體。

↑花萼上具有毛狀附屬物。

Crassula 'Moonglow'
紀之川

　　中名應沿用自日本名。為 1950 年代左右，由美國以稚兒 × 姿神刀（*Crassula deceptor × falcata*）為親本育成的雜交後代，植株外觀以叢生或柱狀為主。喜好充足光線，可栽植於窗邊。介質選擇排水性佳，易栽培，於生長期間施用緩效性肥。可取莖頂一小段進行扦插繁殖。

　　葉灰綠色或淺綠色，呈三角形、肉質的葉片，十字對生向上交疊構成柱狀的植物體外觀，葉片具有短又緻密的銀灰色毛狀附屬物。

↑ 具有柱狀外觀，老株會自基部增生側芽，略呈叢生狀。

→ 肉質的葉片在陽光下會有光澤感。

Crassula perforata
星乙女

英 文 名	Baby nacklace, Necklace vine, String of buttons
別　　名	十字星
繁　　殖	扦插

原產自非洲南部、南非北部及開普敦的東部等地區。星乙女相對生長快速的品種。光線充足及日夜溫差較大時，紅色葉緣及斑點較為明顯。英名為 String of buttons 或 Necklace vine，譯成一串鈕扣或項鏈藤。除剪取頂梢 3 ～ 5 公分長的枝條進行扦插外，也可以剪取一對葉片的單節進行扦插。

↑光線不充足時，葉色偏綠，紅色葉緣不鮮明。

形態特徵

多年生肉質草本，株高達 50 ～ 60 公分。莖直立、灰綠色的三角形肉質葉片對生，抱合於莖節上，具細鋸齒狀葉緣，全株披有白色蠟質粉末。花期春季，開放時間較不整齊，花黃色；花序開放在枝條頂梢。

變　種

Crassula perforata 'Variegata'
星乙女錦

為星乙女的錦斑變異，錦斑較不穩定，如栽培環境不適時，會因返祖現象變成全綠的星乙女，必要時可剪取斑葉的枝條來繁殖，或將返祖的全綠枝條移除。

→又名南十字星。

冬型種

Crassula rupestris
博星

英 文 名	Rosary plant, Sosaties, Bead vine
繁　　殖	扦插

中名博星可能沿用日本俗名而來。原產自南非乾燥地區，在 1700 年左右引入英國及歐洲，而被廣泛栽培在溫室及庭園。種名 *rupestris* 英文字意為 rock-loving，說明本種喜好生長在乾燥的石礫或岩石地。本種有許多亞種（subspecies, ssp.）及形態（forma, f.）。另具有葉色偏黃且葉緣紅色的品種，如愛星 *Crassula rupestris* f.。

↑人工栽培環境下，常見不具細鋸齒狀的綠色葉緣，葉片中間較白。

博星在原生地為蜂類的蜜源植物，藉由蜜蜂及部分蛾類授粉後，可產生大量細小的種子。

形態特徵

　　多年生的肉質草本，外形與星乙女一樣。葉片較為厚實，呈三角形至卵圓狀，但較為狹長。葉色淺綠，不具紅色葉緣，因葉片中間部分較白，就外觀而言，看似具有綠色葉緣的錯覺；但在原生環境，博星族群還是會出現紅色葉緣，然而在人工栽培環境下紅色葉緣的特徵並不明顯。

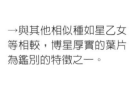

→與其他相似種如星乙女等相較，博星厚實的葉片為鑑別的特徵之一。

Crassula rupestris ssp. *marnieriana*

數珠星

異　　名	*Crassula marnieriana*
英 文 名	Jade nacklace

　　在台灣，花友戲稱為「烤肉串」；中國俗名為「串錢景天」。部分分類上認為是博星的亞種，但亦有以栽培品種 *Crassula* 'Baby Nacklce' 方式標註；兩者外觀相似，與小米星一樣視為雜交選育出的栽培種，親本為博星與星乙女（*Crassula. rupestris* × *peforata*）的雜交後代，是由日本雜交選拔出的栽培種，亦稱為姬壽玉。

　　扦插繁殖適期以冬、春季為佳，除剪取頂端枝條扦插繁殖外，和星乙女、博星、小米星等，均可剪取單節，帶一對葉片的方式扦插。

　　成株時株高可達30～50公分，外形雖與小米星相似，但株高較高，枝條易因莖生長而呈匍匐狀，厚實的葉片以十字堆疊，葉片排列更為緻密，葉形較為渾圓，狀似念珠，英名以 Jade nacklace 稱之。葉片呈圓形或卵圓形，無柄，對生且基部合生，葉片上下交疊生長在枝條上。花期春季，花白色，花序開放在枝條的頂端。

↑數珠星外觀特殊，進行組盆時為極佳的配角或主角。

↑數珠星葉片較圓潤，葉幅較寬。成株後因枝條生長而略呈匍匐狀。

Crassula rupestris 'Tom Thumb'
小米星

異　名｜*Crassula* 'Tom Thumb'

　　小米星應是博星與數珠星（*Crassula rupestris* × *marnieriana*）雜交後選育出的栽培品種。繁殖以扦插為主。

　　成株時株高為 20 公分左右，莖枝直立，易生側枝形成叢生的外觀，就像是縮小版的星乙女或博星。葉片呈三角形或卵圓形，無柄，對生且基部合生，葉片以上下交疊的方式長在枝條上。冬季光線充足且日夜溫差大時，紅色葉緣的表現更為鮮明。花期春季，花白色，具香氣。

←細看十字對生的葉片，葉形較長，具有紅色葉緣。

→株形直立，不因枝條延長而呈現匍匐狀。

Crassula sarmentosa 'Comet'
錦乙女

異　　名	*Crassula sarmentosa* 'Variegata'
英 文 名	Showy trailing jade
別　　名	長莖景天錦、彩鳳凰、錦星花
繁　　殖	扦插

栽培時常見因返祖現象，還原失去錦斑的綠葉枝條，需適時修剪，避免全綠葉的枝條生長迅速，替代掉具有斑葉的枝條。對台灣的氣候適應性佳，生長強健，明亮的葉色極具觀賞價值。冬、春季為生長期間，光線充足時，莖節短，葉色表現良好。不耐低

↑葉對生是景天科青鎖龍屬的特徵之一。

溫，應栽培在 5℃以上環境為佳。繁殖可取頂芽 3～5 節，長度約 5～6 公分插穗，待傷口乾燥後，扦插即可，以冬、春季為繁殖適期。

形態特徵

莖呈紅褐色。葉肉質、光滑，呈卵圓形，對生。葉基圓，葉末端漸尖，具短柄。葉緣有細鋸齒緣。葉綠色；斑葉品種黃、綠色相間。花期冬季，繖形花序，花白色。

←錦乙女的花序開放在枝條末梢，陽光下枝葉緻密，葉片也較為飽滿。

Crassula setulosa
夢巴

冬型種

| 繁　殖 | 分株、葉插 |

原產自南非開普敦東方及南方，海拔約 600 公尺地區。常見生長在乾燥的石礫地及壁面的岩石縫隙裡，以地理區隔方式避免動物取食。外觀像是放大版的花簪，雖易生側芽，但不似花簪呈現叢生狀植群，且花簪葉片光滑無毛。常見以側芽分株，或剪取對生的葉片進行葉插。

↑灰綠或橄欖綠的葉色與花簪相似。

形態特徵

　　株高約 5 ～ 10 公分，花開時株高可達 25 公分。葉呈長卵形或卵形，十字對生，與多數的青鎖龍屬植物一樣，有著飛鏢的外觀。葉呈灰綠色或橄欖綠色，具有毛狀葉緣；葉片具深色凹點，質地粗糙，具短毛。花期冬、春季，小花直徑約 0.3 公分，花白色，5 片花瓣略合生呈筒狀，聚繖花序開放在莖梢頂端。

→夏季休眠時，應節水並移置陰涼處栽植。

Crassula volkensii
雨心

繁　　殖	扦插

原產自非洲東部，如肯亞及坦尚尼亞等地。繁殖以冬、春季為適期，剪取嫩梢 3 ～ 5 公分長扦插即可。

↑雨心是青鎖龍屬中好栽植的品種之一，開放的小花和波尼亞相似。

形態特徵

　　為多年生肉質草本植物，株高約 15 ～ 30 公分，不易叢生，主枝與副枝明顯，成株時略呈樹形。卵圓形的葉片對生，無葉柄；葉片上具紅褐色斑點及葉緣，光線充足時，葉色表現較佳，光線不足時葉色轉綠。花期冬、春季，花白色；小花開放在頂梢的葉腋間。另有錦斑品種。

→橄欖綠色的卵圓形葉，葉片上具紅褐色斑點及葉緣。

■伽藍菜屬 *Kalanchoe*

又名燈籠草屬、長生草屬。本屬約 125～200 種，產自熱帶，主要分布在舊世界，僅 1 種產自美洲，主要分布在非洲，東非及南非約有 56 種；馬達加斯加島約 60 種左右；少部分分布在東亞及中國等亞洲熱帶地區。伽藍菜屬的屬名源起仍成謎，據說源自中國的伽藍菜 *Kalanchoe ceratophylla* 中名而來，屬名與伽藍菜的廣東話發音相似。

本屬適應台灣氣候條件，屬內許多品種均適合新手栽種，其中又以長壽花最為著名，是國內年節前後重要的盆花之一。經由園藝栽培及雜交選育的結果，長壽花品種豐富。

外形特徵

為灌木或多年生肉質草本植物，少部分為一、二年生的草本植物。多數品種株高可達 1 公尺左右。莖的基部略木質。單葉，對生，葉柄短，葉片除呈卵圓形外，部分為羽狀裂葉或羽狀複葉。

↑兔耳為長卵圓形葉片，葉片上具有大量白色毛狀附屬物。

↑斑葉燈籠草，葉片圓形或近匙形，葉光滑，具有乳黃色的錦斑變異。

↑大本雞爪癀，綠色的葉片為羽狀裂葉。

↑虎紋伽藍菜，葉片卵圓形，上頭具有不規則紫色斑紋。

　　鵝鑾鼻燈籠草又名鵝鑾鼻景天，為台灣特有種，分布於台灣南部恆春半島，常見生長於海岸礁岩上的縫隙中。株高 10 公分左右，單葉或三出葉，對生；葉片有綠葉及褐色葉等形態，具葉柄，葉全緣略具有鈍齒狀。耐旱性強，耐陰性也佳。

↑姬仙女之舞，葉片十字對生，滿布褐色絨毛。

↑原生的鵝鑾鼻燈籠草具有褐色葉的形態。

↑經實生繁殖，亦有綠色葉的形態。

　　伽藍菜屬的多肉植物花期多半集中在冬、春季或春季，花後部分一、二年生的品種會死亡，如鵝鑾鼻燈籠草。花有黃色、粉紅色、紅色或紫色等；小花成頂生的聚繖花序；萼片及花瓣 4 片或 4 裂，向上開放；花瓣基部合生呈壺狀或高腳碟狀；雄蕊 8。果實為蓇葖果 4 裂，內含大量細小種子。

↑黑褐色的細小種子。

↑ 4 裂蓇葖果，內含大量種子。

↑千兔耳的花序具有短毛，淡粉紅花瓣 4 枚基部合生，略呈壺狀。

↑長壽花，花紅色，花瓣4枚。花合生成圓錐狀聚繖花序。

↑匙葉燈籠草，花瓣4枚，花序開放在枝條頂稍。

↑仙女之舞，白色小花開放在頂端、葉腋間。

繁殖方式

扦插與播種，繁殖適期以冬、春季為佳。除以帶頂芽的枝條扦插之外，與擬石蓮花及朧月屬一樣，可行葉插，但再生小苗的速度會較慢一些。

生長型

冬型種。夏季會生長緩慢或停滯，但本屬中的多肉植物都能適應台灣平地的氣候環境。在夏季休眠季節，以節水並移置陰涼處的方式因應即可；待秋涼後，可取頂芽扦插更新老化的植株，若是一、二年生的種類，以重新播種的方式建立族群。

上唐印錦使用胴切以去除頂芽方式促進側芽發生，再將側芽切下，待傷口乾燥後扦插。
下月光兔錦以頂芽扦插進行商業生產的現況。

Kalanchoe bracteata
白蝶之光

英 文 名	Silver teaspoons
別　　名	白姬之舞、銀之太鼓
繁　　殖	扦插

產自非洲馬達加斯加島。外觀與 *Kalanchoe hildebrandtii*（綠白色的苞片）極為相近，兩者僅有花色上的差異。種名 *bracteata* 形容本種花序其火紅色引人注目的苞片之意。又與仙人之舞 Copper spoon 外觀相似，但葉呈銀灰色，英文俗名稱為 Silver teaspoons，可譯為銀色茶匙。

↑在原生地可形成近 5 公尺高的灌叢。

形態特徵

　　為大型的多年生肉質灌木，在原生地及地植時，莖幹直立；灌叢狀的株形，株高可達 5 公尺。葉卵圓形，有柄，葉片密布銀灰色細絨毛，略向內凹，有淺中肋。視環境條件，部分新葉或幼株會具有褐色葉緣。花期冬、春季，花白色，花序開放在枝梢頂端。

→卵圓形葉具有淺中肋，露天栽培時具有淺褐色的葉緣。

Kalanchoe beharensis
仙女之舞

英 文 名	Velvet leaf
繁　　殖	葉插、扦插

原產非洲馬達加斯加島南部地區。株
高可達 3 公尺，莖幹木質化，為多年
生肉質灌木之一，因全株滿布絨毛，
就連觸感也接近觸摸到絨毛布或毛毯
一般，英名以 Velvet leaf 稱之。
仙女之舞適應台灣的氣候環境，在中
南部地區常見露地栽培的植株，即便
是夏日，在外觀上也看不出生長緩慢
或有停滯的現象。

↑仙女之舞類群的小苗枝
條，與兔耳外觀相似，但
葉形不同。

形態特徵

　　褐色的莖幹粗壯，上頭留有葉片脫落後的葉痕，其鈍刺狀葉痕質地堅硬，
栽種時不慎也會刮傷皮膚。葉片三角形或長橢圓形，具有波浪狀或深裂狀缺刻。
具葉柄，對生，葉面及葉背滿布絨毛，葉片顏色視品種不定，有銀白色、紅褐色
或無毛的亮葉品種。花期春季，圓錐花序於莖頂葉腋間抽出，鐘形花花冠 4 裂。

←葉片具深裂狀缺刻，葉色變化多，
圖為葉片具褐色絨毛的品種。

景天科

伽藍菜屬

Kalanchoe beharensis 'Fang'
方仙女之舞

　　方仙女之舞的中名乃沿用中國俗名，以栽培種名 'Fang' 音譯而來。因本種葉背具有尖刺狀突起，又有「遼牙仙女之舞」之名；在日本或台灣以方仙女之舞統稱。常見株高 80 ～ 100 公分左右，葉形接近三角形，缺刻不明顯。新葉平展，成熟的老葉會向內凹或略向內包覆。葉片具有尖刺狀突起，葉緣棕色或褐色。花期春季，花序長 50 ～ 60 公分。

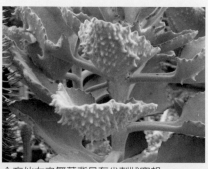

↑ 方仙女之舞葉背具有尖刺狀突起。

←成熟的老葉略向內凹，葉片深裂狀缺刻或波浪狀葉緣較不明顯。

Kalanchoe beharensis 'Maltese Cross'
姬仙女之舞

英文名 | Maltese cross

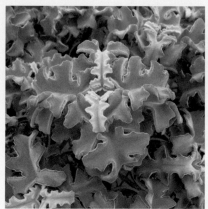

　　又名「馬爾他十字仙女之舞」，以栽培種名 'Maltese Cross' 音譯而來。為仙女之舞的小型變種，株高可達 80 ～ 90 公分。單葉，深裂具短柄，葉片十字對生，排列緊密，全株滿覆金色至黃褐色絨毛。花期不明，在台灣栽培並未觀察到開花的情形。

↑ 姬仙女之舞葉片深裂，呈十字對生。

冬型種

Kalanchoe blossfeldiana
長壽花

英 文 名 | Flaming katy, Christmas kalanchoe,
Florist kalanchoe, Madagascar widow's-thrill

繁　殖 | 播種、扦插

原產自非洲馬達加斯加島。台灣冬、春季常見的盆花植物，花期長達 4 個月左右，得「長壽花」之名。又因長壽一詞討喜，且本種耐旱及耐陰性佳，栽培管理容易，因而成為聖誕節及年節時最應景及饋贈親友的盆花小品。

↑較早引入台灣的長壽花品種，花色鮮紅討喜。

形態特徵

　　為多年生肉質草本植物，株高約 30 ～ 40 公分，近年因雜交選拔的結果，有許多矮性及重瓣花品種。深綠色、肉質的橢圓形或長橢圓形葉具有蠟質和光澤，葉緣淺裂，十字對生。花期冬、春季，經由短日照處理可以提前開花，小花原生種為紅色，雜交品種花色則多變，有紅、粉、黃、白等，小花組成圓錐狀的聚繖花序於頂端葉腋間抽出。

↑矮性及重瓣長壽花的雜交品種。

↑雜交的長壽花園藝品種，花色豐富，重瓣花型使長壽花狀似一束束縮小版的玫瑰花束。

Kalanchoe eriophylla
福兔耳

英　文　名	Snow white panda plant
繁　　　殖	扦插

原產自非洲馬達加斯加島。和月兔耳是同屬不同種的植物，但外觀十分相似，而葉片上的毛狀附屬物更為顯著，狀似羊毛。英名以 Snow white panda plant 稱之，形容它具有雪白的外觀。生長較為緩慢，十分耐旱。

↑ 成株後自基部橫生側枝，形成地被狀。

形態特徵

　　為多年生肉質草本植物，株高約 15 ～ 20 公分，不似月兔耳可以長成灌木狀的外形；成株後會自基部側向長出橫生枝條，且節間間距較長，株形呈地被植物般叢生。葉形披針狀，成株後，三出的齒狀葉緣較為明顯，葉末端及齒狀葉緣處具有褐色斑點；葉片上具有長絨毛狀附屬物。花期冬、春季，花開放在枝條頂端，花大型，花粉紅色或紫蘿蘭色，為 4 瓣的筒狀花。

↑ 葉末端及齒狀葉緣處具褐色斑點，全株密布白色長絨毛狀附屬物。

↑ 4 瓣的筒狀花，花粉紅色或紫蘿蘭色。

Kalanchoe luciae
唐印

冬型種

異　　名	*Kalanchoe thyrsiflora*
英 文 名	Paddle plant, Flapjacks plant, Desert cabbage, White lady
別　　名	銀盤之舞、冬之濱
繁　　殖	分株

↑冬、春季的唐印紅色葉緣明顯。

異學名 *Kalanchoe thyrsiflora*，但兩者外觀十分相似，有些分類認為兩種為不同的植物，但就外觀上並不易區分，因此以異學名的方式標註。銀盤之舞、冬之濱等名是沿用日本俗名銀盤の舞、冬の浜而來。

原產自南非荒漠草原及石礫地環境。因對生的大型圓形葉狀似船槳或煎餅，常見英文俗名以 Paddle palnt 及 Flapjacks plant 稱之。易自基部產生側芽的特性，看來狀似葉片包覆甘藍菜，英名稱為 Desert cabbage；因全株密覆白色的蠟質粉末，又名 White lady。常見以分株或取花梗上的不定芽繁殖。

形態特徵

　　為多年生肉質草本植物，莖粗壯，全株灰白色，易自基部產生側芽。倒卵形或圓形的葉先端鈍圓，全緣，葉序排列緊密，對生。葉淡綠色或黃綠色，全株覆有白色蠟質粉末。在冬、春季生長季節，陽光充足及日夜溫差大時，葉緣紅色。花期冬、春季，花梗高達 1 公尺；4 瓣的筒形花呈白色；花梗及花序上全密布銀白色蠟質粉末，開花後母株即死亡；花梗上會產生不定芽散布後代。

↑花白色，總狀花序開放在莖頂，筒狀花裂瓣 4 片，披有白色粉末。

Kalanchoe 'Fantastic'
唐印錦

異　　名	*Kalanchoe luciae* 'Variegata'
英文名	Variegated paddle plant

　　唐印的錦斑變異栽培種，葉片上具有乳黃色斑葉變化。當光照充足、日夜溫差大時，葉色有近乎血紅色的表現。與唐印一樣，生性強健，適應台灣的氣候環境，栽培並不困難。夏季生長稍緩慢，僅注意節水管理即可；光線不足時易徒長。

↑光線稍不足時，葉片較大且葉序較為開張；若光線充足時，葉片較小但飽滿，葉序緊緻。

↑春季光線充足、日夜溫差大時，唐印錦葉色近乎血紅。

←栽培於半日照及光線充足環境，冬、春季時，葉片開始出現乳黃色錦斑。

273

Kalanchoe millotii
千兔耳

夏型種

英 文 名	Millot kalanchoe
繁　　殖	扦插

原產自非洲馬達加斯加島等地區。喜好全日照環境。本種耐熱性佳，在台灣適應良好，生性強健，病蟲害少，可露地栽植。

↑叢生狀的千兔耳，銀白色外觀很討喜。

形態特徵

　　為多年生肉質草本或小灌木。全株滿布白色細絨毛，株高約 30 ～ 50 公分。莖與枝條直立，木質化。葉呈倒三角形或略圓形，十字對生；灰綠色葉片具鋸齒狀葉緣。花期冬、春季，花淺粉色或淺黃色，呈鐘形或管狀花。長花序開放在莖的頂梢。

↑花呈鐘形或管狀，具 4 裂瓣；花粉紅色或淺黃色。

←生命力旺盛的千兔耳，相當適合新手栽種。

→花序開放在枝條頂端。

Kalanchoe orgyalis
仙人之舞

英 文 名	Copper spoons
別　　名	天人之舞、銀之卵、金之卵
繁　　殖	扦插

原產自非洲馬達加斯加島南部及西南部，常見生長在沿海地區乾燥的岩礫地。別名是沿用日本俗名而來。本種新葉滿覆紅銅色細絨毛，英文俗名以 Copper spoons 稱之，可譯為銅色湯匙。種名源自於希臘字 orgaya，為一種丈量的距離，約兩臂展開的長度（約 6 尺），形容本種植株高度可達 180 公分。

↑葉片呈十字對生。

形態特徵

　　多年生肉質草本或亞灌木，莖幹木質化。葉呈卵圓形，有柄，葉全緣，新葉兩側略向內凹。新葉滿布銅紅色細小絨毛，葉序十字對生。花期冬、春季。花亮黃色，花序開放在枝梢頂端。

←葉片滿布銅紅色細小絨毛，特殊的葉色令人印象深刻。

↑ 具鋸齒狀葉緣。

Kalanchoe rhombopilosa

扇雀

冬型種

英 文 名	Pies from heaven
別　　名	姬宮
繁　　殖	扦插、葉插

原產自東非及馬達加斯加島，中文別名沿用日本俗名而來；英文俗名 Pies from heaven 更是有趣，可譯為來自天堂的派。在台灣花友更喜歡以巧克力碎片戲稱，貼切的形容本種葉片上不規則的咖啡色斑點。對台灣的氣候適應性佳，僅生長較為緩慢。

形態特徵

　　為多年生肉質草本或小灌木，莖幹基部略木質化。生長緩慢。三角形或扇形葉片呈灰白色，鋸齒葉緣有短柄，對生。花期春、夏季，但成株才會開花。花小型，筒狀花黃綠色，具有紅色中肋；圓錐花序開放在莖的頂部。

↑ 成株約 20 ～ 30 公分高。

↑ 葉片上有不規則的咖啡色斑點。

Kalanchoe rhombopilosa var. *argentea*

碧靈芝

　　扇雀的變種，外形與扇雀相似，但株形小，生長更為緩慢。葉呈三角形，不具有鋸齒狀葉緣；葉末端中央處具有尾尖；葉呈灰白色，不具咖啡色斑點。俯看時對生的葉片狀似玫瑰。

Kalanchoe rhombipilosa var. *viridifolia*

綠扇雀

　　扇雀的變種，外形與扇雀相似。相較於扇雀生長較為快速。葉綠色，光滑；葉緣灰白色，近看遺留有咖啡色小斑點。

↑葉綠色質地光滑，不具有粉末狀物質，圖為葉插苗。

←鋸齒狀葉緣呈灰白色，葉背處可觀察到咖啡色小斑點。

Kalanchoe sexangularis
朱蓮

| 繁　殖 | 扦插 |

原產自南非辛巴威及莫三比克一帶，常見生長岩石緩坡上，或半遮陰處，如樹下或大型灌叢下方。外觀與 *Kalanchoe logiflora* var. *coccinea* 相似。種名 *sexangularis* 源自拉丁文 sex，為 six（即數字 6）的意思；angularis 則為 angled，措述朱蓮莖幹外觀略呈六角狀的意思。

↑具鋸齒狀葉緣。

形態特徵

為多年生肉質草本至亞灌木。株高約 80 公分左右。葉片卵圓形，有柄，具鋸齒狀葉緣；葉序以十字對生。於冬、春季生長期間，若日照充足、日夜溫差大時，全株會出現令人驚豔的紅彩光澤。花期春季，具長花梗，花鮮黃色。

↑紅色葉片呈十字對生排列，葉片質地厚實具光澤。

→伽藍菜屬中少數具有紅色葉片的品種。

Kalanchoe synsepala
雙飛蝴蝶

英 文 名	Cup kalanchoe, Walking kalanchoe
別　　名	趣蝶蓮
繁　　殖	扦插

原產自非洲馬達加斯加島及科摩羅等地，是少數產生走莖的多肉植物。英名以 Walking kalanchoe 稱之。形容它是會走路的伽藍菜屬植物。成株的雙飛蝴蝶會產生走莖，前端會形成不定芽。大型的對生葉狀似飛舞的蝴蝶。生長強健適應台灣氣候環境，栽培管理並不困難，是可以露天栽培的品種之一。取走莖上的不定芽進行扦插。

↑走莖上的不定芽只要輕觸地面即可發根，建立新的族群。

形態特徵

　　多年生常綠的肉質草本植物。株高約 40 ～ 50 公分，主莖短縮不明顯。具有大型的卵圓形葉片，若栽培得宜，單片葉直徑可達 50 ～ 60 公分，葉片十字對生，生長在莖幹，具角質化鋸齒狀葉緣。成株後，會於葉腋產生走莖，走莖具有不定芽。花期冬、春季，花小不明顯，生長在走莖前端，萼片合生。

→走莖上的不定芽，就像一隻隻蝴蝶圍繞在母株周圍飛舞著。

279

冬型種

Kalanchoe tomentosa
月兔耳

英 文 名	Panda plant, Pussy ears
別　　名	褐斑伽藍、兔耳草
繁　　殖	扦插

原產非洲馬達加斯加島。對台灣氣候
的適應性高，生性強健，耐旱及耐熱
性佳，栽培管理容易。全株被有白色
絨毛，長卵形葉片狀似兔子的耳朵，
但英文俗名卻是以貓熊 Panda plant
及貓耳朵 Pussy ears 來形容它。喜好
在光線充足環境下栽培，光線不足
葉形狹長株形鬆散，易徒長而生長不
良。取莖頂約 5 ～ 9 公分的枝條扦插
繁殖為主；亦可使用葉插，但小苗的
生長速度較慢。

↑灰白色的月兔耳易管理，是新手必栽的品種之
一。

形態特徵

　　多年生肉質草本或小灌木，分枝性良
好，易呈樹形或灌木狀。全株灰白色，密
布白色絨毛。葉片長卵形，上半部具有齒
狀葉緣，葉緣有褐色斑點；葉序對生或近
輪生方式緊密排列。花期春、夏季，開花
時頂端枝條會向上抽高，花序密布絨毛，
小花為管狀花或鐘形花，具有 4 裂瓣；花
淡褐色至褐色，花瓣上著生褐色絨毛。在
台灣不常見到花開；以月兔耳 *Kalanchoe
tomentosa* 學名下標註的變種或形態不少，
自園藝選拔的結果，另有錦斑的變異品
種，像是黑兔耳、閃光兔耳等。

↑光線充足及長期缺水，下位葉偏黃。

→齒狀葉緣處具有褐色斑點，
光線充足時斑點色澤較深。

Kalanchoe tomentosa 'Varigata'
月兔耳錦

　　為月兔耳的錦斑變異品種，其錦斑變異為黃覆輪較多，成熟葉表現較新葉鮮明。

→黃色錦斑於葉片兩側，於成熟葉較為明顯。

Kalanchoe tomentosa f. *nigromarginatas*
黑兔耳

　　為月兔耳的一種品型 forma（f.），在學名表示上可以省略不寫。品型在學術分類上多半是指族群中還未能提升為變種的一個族群，為了便於園藝分類的整理，使用 forma 作區分，但在國際分類規約上僅接受種 specieas 及亞種。*nigromarginatas*，字根 nigro 為黑色或指黑人之意；字根 marginatas 為邊緣的意思，形容其具有特殊連成一線的黑色葉緣，與光線充足下生長的月兔耳呈現近乎褐黑色斑點不同。

↑整個葉片均布有連成一線的黑色葉緣。

↑葉形較月兔耳狹長。

景天科

伽藍菜屬

Kalanchoe tomentosa 'Laui'
閃光月兔耳

　　為月兔耳的變種，又名達摩兔耳，沿用日本俗名ダルマ月兔耳而來；台灣則又以閃光兔耳或長毛兔耳等俗名來稱呼。其最大特徵在全株密布較長的白色絨毛，背光下，看來像是會發光。

　　→本種生長較為緩慢。

Kalanchoe tomentosa 'Chocolate Soldier'
巧克力兔耳

　　巧克力兔耳為園藝栽培種 cultivar（cv.），但 cv. 可以省略不寫，而以單引號 'Chocolate Soldier' 不斜體的方式標註栽培種名。栽培種名可譯為巧克力戰士，但台灣又名孫悟空。巧克力兔耳在外觀上株形較小，葉片著生褐色絨毛，且齒狀葉緣不明顯。

Kalanchoe tomentosa 'Golden Girl'
黃金月兔耳

　　黃金月兔耳為園藝栽培種 cultivar（cv.），如不省略 cv. 時應以 *Kalanchoe tomentosa* cv. Golden Girl 表示。主要的特徵在其葉片上著生金色絨毛，而非銀白色絨毛，黃澄澄的外觀特別討喜。

　　→新葉及成熟葉片均覆有金色絨毛。

Kalanchoe 'Moon Light'

月之光

又名月光兔耳。為月兔耳 *Kalanchoe tomentosa* 的雜交種（*Kalanchoe tomentosa × dinklagei*）。繁殖以剪取頂芽扦插的方式，有利於錦斑的保留。本種生長快速，分枝性良好。

多年生草本植物，成株後略呈灌木狀，株高約 50 ～ 80 公分；灰綠色的葉片呈長橢圓形，上半部具鈍齒狀葉緣，葉緣末端具褐色斑。

↑月之光生長健壯，具有鈍齒狀葉緣，葉緣末端具有褐色斑。

↑月之光在台灣適應性良好，為新手栽植的入門種之一。

Kalanchoe 'Moon Light' varigated form

月之光錦

月之光的錦斑變種，以糊斑變異較多，偶見黃覆輪或黃斑個體。本種易出現返祖現象，栽種後易出現全綠的個體，若為保存錦斑特性，除提供光線充足的良好栽培環境外，出現全綠的枝條應剪除，以防止錦斑變異消失。

→新葉及新芽因葉片內凹的特性，讓新芽有蜷縮感，看來像一團包覆住的葉片。

■朧月屬 *Graptopetalum*

又名風車草屬、縞瓣屬，屬名 *Graptopetalum* 字根源自希臘文 graptos（painted, engraved 繪畫及標記）和 petalon（petal 花瓣），形容本種花瓣具有斑紋特徵。本屬約 15 個品種，主要產自墨西哥及美國亞利桑納州洛基山脈一帶，部分品種分布在海拔 2400 公尺山區。為多年生葉序叢生或蓮座狀排列的草本植物。

外形特徵

肉質葉平滑，無波浪狀葉緣，葉色以灰綠色、粉紅色或帶有蠟質的綠色為主。花瓣 5 ～ 6 片，雄蕊為花瓣數的 2 倍；花瓣上具有斑點或斑紋（部分品種則無）。為避免自花授粉，其雄蕊具有向後彎曲的特性。

朧月屬與擬石蓮屬外觀相似，但親緣上與景天屬 *Sedum* 較為接近；早期在分類上，朧月屬曾一度歸類在景天屬中。

↑ 銀天女的花瓣末端也具有特殊的斑紋。

↑ 朧月的花盛開後，雄蕊向後彎，避免自花授粉。花萼、花瓣 5 片，呈星形花，花瓣上有特殊的斑紋。

↑ 美蓮麗具有美麗的花色，花型也大，但卻不具有本屬花瓣上特殊斑紋的特徵。

朧月屬的多肉植物常以石蓮來通稱。分別可與擬石蓮屬及景天屬植物進行跨屬的遠緣雜交，若與擬石蓮屬屬間雜交學名則以 × *Graptoveria* 表示，（由朧月屬 *Graptopetalum* 與擬石蓮屬 *Echeveria* 的屬名組成）；若是與景天屬進行屬間雜交，屬名則以 × *Graprosedum*（由朧月屬 *Graptopetalum* 與景天屬 *Sedum* 的屬名組成）。

黛比
與擬石蓮屬的屬間雜交種。保留了朧月屬葉色會轉為紫色或粉紅色調的特性。

秋麗
與景天屬的屬間雜交種，綜合兩屬葉片特徵，但葉片肥厚碩大，呈地被狀生長。

厚葉草屬的東美人 *Pachyphytum oviferum* 'AZUMABIJIN' 與朧月外觀十分相似，同樣在台灣大量栽培作為食用的品種，兩者的葉形、花朵構造及色彩略有不同。

↑於生長期及日夜溫差較大時，葉色轉為紫紅色調。葉片大且較為平展，葉末端漸尖。

↑ 5 片花瓣平展開張，花瓣上有特殊的暗色斑點分布。

東美人

↑為匙狀葉，葉末端較圓潤，且略向中央彎
曲。

↑5片花瓣開張時花瓣不平展，且間隔較遠；
花瓣上沒有特殊的縞斑，僅有紅色斑。

朧月屬相較於擬石蓮屬來說，在台灣適應性佳，栽培也容易。多數品種及其屬間的雜交品種，在台灣平地夏季栽培並不困難，越夏較為容易。

繁殖方式

扦插及葉插繁殖為主。除剪取帶頂芽的嫩莖進行扦插外，本屬的多肉植物葉插繁殖容易，由葉片扦插的小苗生長也較為快速，是初學栽培石蓮較易入門的一個屬別。

↑大盃宴，大量繁殖時以帶頂芽的嫩莖扦插，盆栽的品質較為一致。

↑白牡丹葉插近3～4個月後的情形。

↑白牡丹，莖插繁殖的成品。

Graptopetalum bellum
美麗蓮

異 名	*Tacitus bellus*
英 文 名	Chihuahua flower
繁 殖	葉插、分株、播種

1972 年 Alfred Lau 先生於墨西哥西部奇瓦瓦州及索諾拉州邊界，海拔 1,460 公尺的山區發現；分布於陡峭的地形，生長於石縫間，僅部分時段可以接受到直射的光線，因此不需強光或全日照環境，可栽培於半日照至光線明亮環境下。喜好乾燥、排水良好的土壤。因葉序緊密好發粉介殼蟲，應定期噴藥防治。繁殖可取成熟的下位葉放置於砂或蛭石上，以利葉片發芽成苗。

↑ 美麗蓮植株平貼於介質表面，葉呈匙狀至三角形。

形態特徵

　　莖不明顯或短，植株外觀像似貼於介質表面生長。葉灰綠色或紅銅色，呈匙狀至三角形，葉末端尖，葉尖略帶紅色；葉片平展；葉序緊密呈蓮座狀排列，單株直徑可達 10 公分以上。易生側芽，呈叢生姿態。花期春、夏季之間；花形大，單花直徑約 2 公分，為朧月屬中花形最大的一種。可自花授粉產生種子。

↑ 花朵為鮮麗的粉紅色至鮮紅色，花瓣不具特殊斑紋，為朧月屬中的例外，早年歸類在 *Tactius* 屬下。

287

Graptopetalum mendozae
姬秋麗

冬型種

英 文 名	Mendoza succulent
繁　　殖	葉插、頂芽扦插

原生於墨西哥，分布於海拔 100 ～ 1150 公尺地區。中名應沿用日名而來。為朧月屬中的小型種。葉片易掉落，輕觸或不慎碰撞，都易使姬秋麗葉片掉落。掉落的葉片易發根再生成新生的植株。繁殖以冬、春季為佳。

↑光線不足時葉色較綠，株形不緊密，莖易有徒長現象。

形態特徵

　　株形小，單株直徑約 1 ～ 1.5 公分左右。葉匙形，尾尖不明顯，葉呈灰白色或灰綠色，具有珍珠般的光澤。強光或光線充足時葉片較短，葉形更加飽滿，而葉色轉為橘紅色。

↑光線充足時葉色豐富，株形較為緊密。

Graptopetalum macdougallii
蔓蓮

繁　　殖｜分株、扦插

種名 *macdougallii* 源自美國植物學家
Tom Macdougall 先生之名，紀念其耗
盡半生的時光在研究墨西哥植物。繁
殖以分株為主，可將走莖上的小芽剪
下後，再扦插發根。

↑光線充足下葉尖略呈粉紅色，夏季高溫時進入
休眠期，株形會較為閉合。

形態特徵

　　為小型生長快速的品種，單株直徑約 5 ～ 6 公分。易自基部增生走莖，呈
現叢生姿態。葉青綠色或淺綠色，葉末端具尾尖，葉片平滑，質地透明；葉面
覆有白粉。生長期間株形較為開張，休眠期間，株形較為閉合，且無光澤。光
線充足時葉尖略呈粉紅色。花期春、夏季。5 瓣的星形花，花底色為白色或乳黃
色，花瓣上具有紅色斑紋。

→冬、春季生長期間水
分供應要充足，株形才
會大且較為開張。

Graptopetalum paraguayense

朧月

英 文 名	Ghost plant
別 名	石蓮、風車草
繁 殖	葉插、頂芽扦插

1965 年自日本引入台灣後，廣泛栽培在台灣各地，近年在台灣更將其入菜，成為餐桌上佳餚，以生食厚實的葉片為主。葉插或取頂芽扦插均可，繁殖適期以冬、春季為佳。

↑在台灣，朧月有商業栽培以提供食用。

形態特徵

為多年生草本。根部纖細，莖健壯，成株後莖部木質化，初為灌木狀，成熟後匍匐狀。菱形或匙狀的葉片肉質，葉序蓮座狀。葉呈銀灰色或灰綠色；光線充足及環境溫差大時，葉序緊密，葉色灰白（或帶有淡淡的紫紅色澤），葉面上覆有白色蠟質粉末，以減少水分蒸散並折射過強的光照。花期春季。

←朧月的花於春季盛開，花萼及花瓣均為 5 片。

冬型種

Graptopetalum pentandrum 'Superbum'
超五雄縞瓣

繁　殖 | 葉插

原產自墨西哥，本種最大特徵是葉序排列非常平整，看似扁平狀。在中國俗稱「華麗風車」。日照充足時葉色鮮麗，株形緊緻，葉片肥厚；光線不足時，葉較狹長，葉色偏綠。

↑ 葉序扁平或平整，生長緩慢，老株莖部會呈灌木狀。

形態特徵

　　葉片肥厚呈廣三角形或廣卵形，葉末端有尾尖，葉緣圓弧狀。葉序扁平呈蓮座狀排列。葉呈粉色或紫粉色，葉片上有白色蠟質粉末。莖幹初為灌木狀，隨株齡增加，木質化的莖會略呈匍匐狀。花期春、夏季之間，花序長約 30 ～ 50 公分，5 瓣的星形花，花序會分枝呈簇狀，花白色或淡黃色，花瓣末端呈暗紅色，有斑點。

→ 光線充足時葉色有粉紅色及紫紅色質地，上頭覆有白色蠟質粉末。

Graptopetalum rusbyi
銀天女

繁　殖 | 分株

原生長於美國亞利桑那州東南部至墨西哥中北部，為朧月屬中的小型品種。生長緩慢，喜好全日照環境，夏季休眠，此時要減少給水並移至通風處或增設遮陰網等方式協助越夏。以分株繁殖為主，自基部會產生蘗芽，或以去除頂芽誘發基部葉腋上的側芽發生後，再以分株方式繁殖。

↑葉片長卵形，葉末端有尾尖，葉尖微紅。

形態特徵

　　莖不明顯，株形扁平。葉長卵形叢生，蓮座狀葉序平貼。中心嫩葉略帶粉紅色，葉呈灰綠色或灰藍色，並帶有紫色或紅色調；葉序呈蓮座狀排列，葉末端具尾尖，葉尖微紅並向上生長。葉片表面具有規則小凸起。花序從葉序間抽出，向上生長開花；花黃色，花瓣上帶有暗紅色花紋，花瓣末端呈紅色。

←花瓣 5～7 片，花色以黃色為基底，帶有暗紅色斑紋。

× *Graptoveria* 'Amethorm'

紅葡萄

別　　名	紫葡萄
繁　　殖	分株、葉插

耐乾旱，介質乾透後再澆水為佳。
日照充足時葉色豔麗，株形飽滿，
若光線不足，葉色偏綠，且株形因
徒長而鬆散。易於基部產生匍匐
莖，於母株附近再萌發新芽，可以
分株繁殖。葉插或取厚實葉片於生
長季進行葉插。

↑葉片飽滿厚實，具有短尾尖。

形態特徵

　　葉呈灰綠色或灰藍色，匙狀葉呈蓮座狀排列。葉形肥厚飽滿，葉
緣紅暈或淡暈，葉有淡淡中肋。葉末端具有短尾尖。葉背具有紫色小
斑點及突起。葉面具蠟質，不具有白色粉末。花期夏季。

→光線充足時株形飽
滿，葉色豔麗。

× *Graptoveria* 'Bainesii'
大盃宴

別　　名	厚葉旭鶴、伯利蓮
繁　　殖	葉插

中名應沿用自日本名；中國則稱為厚葉旭鶴，又名伯利蓮。大盃宴為屬間雜交的品種，親本已不詳。大盃宴適應台灣的氣候環境，成為花市常見品種之一。另有縞斑品種，名為銀風車或大盃宴縞斑。

↑大盃宴是台灣花市常見的品種，葉呈銀灰色或灰綠色。

形態特徵

　　與朧月外形相似，但葉幅較寬，葉形較為渾圓，葉末端有尾尖（突起）；葉片兩側略向上微升，葉面略呈 V 字形。葉銀灰色或灰綠為主，但光線充足及溫差較大時，在生長期間全株略帶酒紅色或有紅暈般的葉色。

←光線充足或溫差大時，葉色會略帶紅暈或呈酒紅色。

294

× *Graptoveria* 'Debbie'
黛比

別　　名	粉紅佳人
繁　　殖	葉插

黛比在冬季日夜溫差較大時，葉片泛
有粉紅色調，十分美觀。
本種適應台灣氣候。夏季休眠時，節
水並移至遮光處以利越夏。

↑日照充足時葉序緊緻，葉
片具有粉色蠟質粉末。

形態特徵

　　匙形葉呈灰綠色或灰紫色，互生，以蓮座狀排列。葉末端具有短尾尖，全
株被有白粉。冬季低溫或日夜溫差大、光線充足時，全株轉為粉紅色。花期冬、
春季之間，花梗自葉腋間抽穗，花鐘形，花色淺橘。

→黛比的葉片肥
厚，環境適宜時全
株轉為粉紅色。

× *Graptoveria* 'Silver Star'
銀星

繁　殖 | 分株

菊日和 *Graptopetalum filiferum* 與東雲 *Echeveria agavoides* var. *multifida* 的屬間雜交種。在台灣適應良好，生長強健。葉片的排列十分有趣。銀星易爛根，栽培時要注意水分的管理。光線充足有利株形及葉序的展現，但露天直射光下栽培，葉片易發生晒傷。基部易增生側芽，待側芽夠大時切離母株，以分株方式繁殖。

↑葉末端具有紅色長尾尖。

形態特徵

　　葉多數，葉序以蓮座狀堆疊。灰綠色葉呈長卵形，質地光滑；葉緣淡暈；葉末端具有長尾尖，葉尖紅。葉片具光澤感，乃因葉肉組織結構的關係，葉片反射光線形成銀色光澤。

←葉呈灰綠色，十分明亮，為屬間雜交種。

× *Graproveria* 'Titubans'
白牡丹

異 名	× *Graproveria* 'Acaulis'
別 名	玫瑰石蓮
繁 殖	葉插

朧月 *Graptopetalum paraguayensis* 與靜夜 *Echeveria derenbergii* 屬間雜交種。對台灣氣候適應性佳，生性強健，栽培管理容易，生長迅速。

↑葉色灰白，葉片肥厚。

形態特徵

　　老莖易因葉片重量，生長呈一側傾斜。全株有白粉，葉倒卵形，互生，葉末端有尾尖;葉序呈蓮座狀排列。葉灰白色至灰綠色，冬季葉緣略具有淺褐色暈。花期春季，花黃色，花瓣 5 片，具紅色細點。

→老株易傾斜一側生長。

297

冬型種

× *Graptosedum* 'Bronze'
姬朧月

異　　名	*Graptopetalum paraguayensis f. bronz*
繁　　殖	葉插、扦插

姬朧月的親本為朧月 *Graptopetalum paraguayensis* 與玉葉 *Sedum stahlii* 間的屬間雜交品種。在台灣適應性強，栽培管理容易，生長迅速。部分則認為是朧月下的一種品型。

↑外觀像是縮小版的紅色朧月。

形態特徵

　　外觀與朧月相似，但株形變小，葉片不具有白色粉末。葉匙形，呈紫紅色、珊瑚紅或銅紅色等，光線充足下葉色越鮮豔；蓮座狀葉序叢生，莖會向上延伸生長；葉末端有短尾尖。花期春、夏季之間，花黃色。

↑適應性強，群生後十分美觀。

× *Graprosedum* 'Francesco Baldi'
秋麗

異 名	× *Graptosedum* 'Vera Higgins'
繁 殖	莖頂扦插、葉插

親本極可能是朧月 *Graptopetalum paraguayense* 與乙女心 *Sedum pachyphyllum* 間的屬間雜交種。對台灣氣候適應性高，生長強健。

↑夏季或高溫季節，葉呈灰綠色。

形態特徵

全株外觀具有白色蠟質粉末。葉長披針形，互生。夏季或溫度較高的季節，葉呈灰綠色；冬、春季低溫時期，葉黃綠色，葉片末端黃色或呈淺紅色。花期冬、春季，花黃色，具 5 片花瓣。

→夏季或高溫季節，葉呈灰綠色。

■摩南屬 *Monanthes*

屬名 *Monanthes* 源自希臘文，其字意為單花的意思。摩南屬植物株形矮小，為景天科中的小型種。本屬僅有 10 種左右，具一年生及多年生品種。與銀鱗草屬及山地玫瑰屬一樣產自北非、西班牙、加拿列群島及野人島（Canary islands and Savage islands）。

多數分布在海拔 150 ～ 2300 公尺地區，但摩南屬植物卻不耐霜凍，與銀鱗草屬、山地玫瑰屬及卷絹屬的親緣關係較為接近。

摩南屬－摩南景天

銀鱗草屬－黑法師

山地玫瑰屬－山地玫瑰

卷絹屬－卷絹

外形特徵

　　葉片密生呈蓮座狀排列，花瓣數多於 5 的品種占多數，在台灣平地栽培相對上較為不易；然而少數品種在台灣平地若是管理得宜也能越夏。

繁殖方式

　　分株或取側芽扦插繁殖為主。

←於秋涼季節取走莖不定芽直接扦插後，生長 3 ～ 4 月情形。光線充足時，摩南屬景天葉柄短，葉色較淺。

↓自短縮的莖基部橫生走莖，走莖末端形成不定芽。光線不足時葉柄較長，葉色翠綠，株形較為鬆散。

冬型種

Monanthes brachycaulos

摩南景天

繁　殖｜扦插

原產自北非、西班牙、加拿列群島。
本種可耐 1°C 低溫。於台灣栽培不
困難，建議可以淺盆栽植，使用排水
良好的介質。越夏時稍加注意管理，
節水並移至遮陰處即可；生長期間可
充分給水。春、秋季為繁殖適期，取
走莖不定芽扦插即可。

↑生長旺盛時，容易滿溢出盆外。

形態特徵

　　株高約 1 ～ 2 公分。圓卵形的葉具長柄，葉片輪生於短縮莖上。葉光滑、
全緣。成株後於莖基部會橫生走莖，走莖前端會形成不定芽，生長旺盛時，呈
地被狀或滿溢出花盆之外。花期春、夏季之間；花瓣為 5 的倍數；花色淺綠呈
半透明狀。

↑花色淺綠，質地半透明，花瓣為 5 的倍數。

Monanthes polyphylla
瑞典摩南

繁　殖 | 分株

種名 *polyphylla* 為多葉片的意思，形容本種具有大量的葉片。產自北非、西班牙、加拿列群島。台灣花市常見。栽培與摩南景天相似，但生長緩慢。每 2 ～ 3 年應換盆或更新介質為佳。分株繁殖為主，可於秋涼後進入生長期時進行。

形態特徵

　　株高可達 10 公分左右。生長旺盛時外觀呈地被狀。小葉綠色至褐色，肉質具短柄，輪生。

↑堆疊狀的輪生葉序，一株株像綠色的小花簇。

303

苦苣苔科

Gesneriaceae

目前已知全世界有 150～160 屬，3220 種以上，原生熱帶及亞熱帶地區，少數生長在溫暖地區，分布遍及美洲、非洲、亞洲、東南亞等地。石吊蘭又稱吊石苣苔、岩豇豆，廣泛分布在中國、日本、北越及台灣等地，為著生型小灌木，莖長 7～30 公分，莖無毛或披細柔毛；葉對生，常見著生在中、低海拔潮濕的岩石、樹幹上。俄氏草為台灣原生的苦苣苔科植物，常見生長在季風雨林內陰涼處的潮濕石灰岩壁上，1864 年由英國人 Richard Oldham 在台灣發現後並於同年蒐集到 Royal Botanic Gardens Kew，常見為溫帶或冰原植物的生殖行為，卻發生在亞熱帶植物上。

本科植物在花市最常見的盆花為大岩桐 *Sinningia speciosa* hyb. 及非洲堇 *Saintpulia* hyb.，但部分苦苣苔科植物因生長環境較為嚴苛，具有球狀根莖及葉片肉質、肥厚的特性，也列入廣義的多肉植物，像斷崖女王及小海豚就常被收錄在各類多肉植物圖鑑中。

■報春苣苔屬 *Primulina*

原為唇柱苦苣苔屬 *Chirita*，後因分類更名為報春苣苔屬。本屬主要分布在熱帶亞洲及亞熱帶地區，像是尼泊爾、印度、緬甸、中國、中南半島、馬來半島等地；中國分布近 150 種左右。本屬植物有亞洲非洲堇的雅稱，多為岩生的喜鈣植物，常見生長在石灰岩地區，生存環境的土壤大多淺薄且貧乏，因分布區域狹隘，被中國列為一級的重點保護野生植物。品種常與苔蘚及耐陰濕的植物伴生，喜好高濕環境，能生長在相對弱光的環境（約正常光照的 1／4 照度），偏鹼性的硬質水才能生長，但少數品種能生長在石灰岩洞外或崖上，較耐乾也能適應全日照環境，葉肉質，可列為廣義的多肉植物。

延伸閱讀

http://www.dollyyeh.idv.tw/
http://www.gesneriadsociety.org/
http://www.brazilplants.com/

Primulina ophiopogoides
條葉報春苣苔

異 名	*Chirita ophiopogoides*
繁 殖	播種、分株、扦插

原產自中國，分布於廣西扶綏及龍洲，生長於海拔 160～600 公尺的石灰岩山林陡峭崖壁上。與刺齒報春苣苔 *Primulina spinulosa* 及文采報春苣苔 *Primulina wentsaii* 都具有肉質化葉片，以因應廣西西南部石灰岩地區乾熱少雨的環境。因數量少，種群分布局限，面積少於 500 Km²，本種列入

↑春季若光照充足，開花性良好。

《中國物種紅色名錄》6 種報春苣苔中之一。

本種怕冷，喜好溫暖環境，冬季若低於 10° C 需進行防寒措施，喜好疏鬆、偏鹼性且排水良好的介質，忌積水；可生長在全日照環境下，通常應放置在光線充足至半日照環境下栽培為宜。本種以側芽分株及葉插繁殖。

形態特徵

多年生草本植物，莖短縮不明顯，根狀莖粗壯、木質化，株高約 30 公分。常見葉多數簇生，著生於莖上；葉無柄，呈長披針狀至線形，深綠色；葉緣具有疏刺狀小鋸齒；葉片上常有灰白色的粉狀物質，易自莖基部萌發側芽。花期春季，花序腋生，盛花時可同時萌發 3～5 支花序，花梗長約 6～8 公分，呈二回分枝，小花 5～7 朵。花瓣粉白，略帶淡紫色暈。

↑條葉報春苣苔易生側芽，呈群生狀。

■岩桐屬 *Sinningia*

新世界苦苣苔科中最大的一屬，近 75 種，均具有塊莖形態；花市常見的大岩桐多由 *Sinningia speciosa* 雜交而得。原產自南美洲，下胚軸膨大形成圓球狀的塊根，用來儲存水分及養分，以利越過不良的季節。岩桐屬植物常見生長在石灰岩的岩壁縫隙中，部分品種則生長在樹幹。花瓣 5 片合生成筒狀或呈鐘形花。蒴果 2 裂，種子細小，呈咖啡色或黑色。喜好生長溫暖及光線充足的環境，當氣溫低於 15 ℃地上部會枯萎進入休眠。

夏型種

Sinningia bullata
泡葉岩桐

繁　　殖 | 播種、扦插

原產自巴西聖塔納洲的大西洋森林內（Atlantic forest in Santa Catarina State），常見生長在半遮蔭環境的岩石地或岩壁縫隙中。中文名是參考產自中國廣西的泡葉報春苣苔 *Primulina bullata* 而來。種名 *bullata* 源自拉丁文，英文語意為 knob 或 bubble 之意，中文譯為「鼓起」或「泡泡」的意思，形容本種特殊的葉片質地。可播種或扦插繁殖，但以播種為主。

形態特徵

具有根莖的多年生草本植物，株高約 25 公分。翠綠色的卵形葉對生，葉背及莖節上密覆白色絨毛。花期春、夏季之間，筒狀花 5 瓣，花約 4 ～ 5 公分大小，呈橘色。

→花萼滿布絨毛，橘色的花色鮮明亮麗，花筒處有暗色斑點。

→ *bullata* 形容其皺摺般的葉片質地。

Sinningia cardinalis

繁　殖｜播種、扦插

原產自巴西聖塔納洲的大西洋森林內（Atlantic forest in Santa Catarina State）。常見生長在半遮蔭環境的岩石地或岩壁的縫隙中。紅花的栽培品種日本稱為斷崖之緋牡丹。*Sinningia cardinalis* 有許品種內的雜交種。繁殖以播種為主。

↑台灣常見橘色花品種，紅色及白色品種較不易種植。

形態特徵

　　具有根莖的多年生草本植物，株高約 25 公分。翠綠色的卵形葉對生，葉背及莖節上密覆白色絨毛。花期春、夏季之間，筒狀花 5 瓣，花約 4 ～ 5 公分大小。花色白、橘、紅三種，並有許多的種間雜交。

↑花序開放在莖部頂端。

→全株密布毛狀附屬物。

夏型種

Sinningia insularis

| 繁　殖 | 播種、扦插 |

原產自巴西聖堡羅洲（Sao Paulo
State）。常見露天生長在裸露的岩石
地區。繁殖可以播種或扦插方式，但
以播種為主。

↑小花橘紅色，具有長花　。

形態特徵

　　具有根莖的多年生草本植物，株高可達 35 公分。翠綠色的卵形葉對生，全
株披有絨毛。與斷崖女王一樣為有限生長型，每只新芽都會開花。花期春、夏
季之間，筒狀花 5 瓣，花約 4 公分大小；花橘紅色。

↑葉色較深，葉緣具淺裂。

→冬季休眠後，於春、夏
季會於塊根上增生新芽。

Sinningia iarae

繁　　殖｜播種、扦插

原產自巴西。常見分布在半日照或全
日露天的岩石地區。

形態特徵

　　具有根莖的多年生草本植物。株
高可達 35 公分。翠綠色的卵形葉對
生，全株披有絨毛。與斷崖女王一樣
為有限生長型，每只新芽都會開花。
花期春、夏季之間，筒狀花 5 瓣，花
約 5 ～ 6 公分大小，呈桃紅色。繁殖
以播種為主。

↑花呈桃紅色。

↑可將基部的球狀塊根半露在地表
上，作為莖幹型的多肉植物欣賞。

←外觀與 *S. cardinalis* 相近，但
球狀塊根較大，對台灣的環境
適應性更高。

309

夏型種

Sinningia leucrotricha
斷崖女王

英 文 名	Brazilian edelweiss
別　　名	月之宴、巴西雪絨花
繁　　殖	播種

產自南美洲巴西等地的多年生草本植物，原生地常見生長在石灰岩地形的石縫或石壁空隙上，冬季進入休眠或生長緩慢。因塊莖形態優美，為著名的根莖型多肉植物之一。以種子繁殖為主。

↑銀絨色的葉片與橙紅色的花對比強烈，十分美觀。

形態特徵

　　葉全緣略呈橢圓形，呈十字對生。株高約 20 ～ 30 公分。下胚軸肥大形成塊根，塊根呈球形具多數鬚根。春、夏間於球形塊根抽出當年度的新芽。成株後，於新芽頂端開放橙紅色花序。若未成株時，休眠不明顯或不開花，會於頂梢再生長出次年生長的新芽。

生 長 型

　　斷崖女王喜好栽培於半日照或光線明亮環境，介質以排水良好及富含礦物質的介質為宜。每年春季開始萌芽，萌芽後定期給水，施予通用性的緩效肥一次。當年度的新芽於花後或入秋時會枯萎進入休眠，可剪除枯萎的地上部；休眠的植株以節水或保持介質乾燥協助越冬。

←全株披有白色絨毛。

→雖然斷崖女王種子量大，但育苗期長且損耗率高。

Sinningia sellovii
鈴鐺岩桐

英 文 名	Hardy red gloxinia
別　　名	紅鈴鐺、一串鈴鐺、沙漠岩桐
繁　　殖	播種

原產於南美洲阿根廷、巴西等地。為無限生長品種，花序會不斷生長開花，花期長達一季以上。

形態特徵

　　全株密布白色毫毛。塊莖肥大。單葉對生，偶有三葉輪生，葉卵狀，不分裂，葉端漸尖，葉基截形，葉緣鋸齒，葉面粗糙，雙面具毛，網狀脈，葉脈明顯。兩性花，聚繖花序，細長花梗呈紅色，披有白毛；花萼翠綠色，先端4、5裂，密披白毛；花冠吊鐘形，花有紅、橘或黃等色。

↑光線充足時，節間充實不徒長；若光線較不足則莖幹徒長，株形略呈蔓生。

↑鈴鐺岩桐的花為無限花序，若生長狀況良好，隨著花序的生長會一直開放。

←具有肥大塊莖，栽培時可將其露出以欣賞特殊的株形。

311

■旋果花屬 *Streptocarpus*

又稱海角櫻草屬、好望角苣苔屬等，不外乎是根據產地南非好望角（海角）及植物花朵外形酷似櫻草科植物而來。*Streptocarpus* 字根源自希臘文 Streptos 字意，為扭曲的、螺旋狀的；字根 Karpos 字意則為果實。本屬植物蒴果 2 裂，具有旋轉、螺旋狀特性，稱為旋果花屬較為貼切；其可再細分 2 個亞屬，*Streptocarpus* 亞屬為冬型種，喜好冷涼環境。莖短縮不明顯，葉子自短縮莖上萌發，外觀僅有 1 片或數片的葉子自地表展開，應栽培在光線明亮散射光為佳；*Streptocarpella* 亞屬為夏型種，喜好溫暖的氣候環境，具有明顯的莖，葉片圓形或橢圓形，以對生或輪生方式生長於莖上，栽培在光線充足至明亮的環境為佳。

夏型種

Sterptocarpus saxorum
小海豚

異　　名	*Streptocarpella saxorum*
英 文 名	False african violet, Cape primrose
繁　　殖	扦插

與苦苣苔科中著名的室內盆花植物非洲堇一樣，產自非洲肯亞及坦尚尼亞等地。為直立性堇蘭的一種。小海豚則收錄在日本佐藤勉著《2300 カラー図鑑世界の多肉植物》廣義的多肉植物中。種名 *saxorum* 字意為「岩石上生長的」意思；說明本種喜好生長於岩石或岩隙間環境。於春、夏季繁殖為適期，剪取頂芽扦插即可。

↑ 小海豚光線充足時株形緻密，肉質圓形葉對生或輪生，具螺旋狀的蒴果。

形態特徵

為多年生草本植物，分枝性佳，易群生成叢狀。圓形或長橢圓形的葉肉質。葉對生或輪生；葉色淺綠，全株密覆絨毛。株高 15 ～ 30 公分不等。花期長，冬、春、夏季均會開花。單花，腋出，具有長花莖，花瓣 5 枚合生成筒狀，花形狀似櫻草；花淺藍色。螺旋狀果莢細長。

風信子科
Hyacinthaceae

外觀為多年生草本植物，鱗莖具毒性。不慎誤食會引發頭暈、胃痙攣、拉肚子等過敏症狀，體質敏感或嚴重時可導致人體癱瘓致命。

本科下約30屬近300～700種，為多年生草本植物，多數具有鱗莖，部分屬別內的植物被列為廣義的莖幹型多肉植物，以欣賞其特殊的鱗莖造型及細絲狀、之字形生長的蔓生莖。生長型有夏型種及冬型種。花白色或黃色等，部分具有特殊氣味。

繁殖除以種子播種之外，常見以分株繁殖。風信子科的鱗莖可使用鱗莖表皮進行扦插繁殖。

↑天鵝絨是風信子科中常見的盆花及花壇植物。

↑風信子科植物具有鱗莖，列為廣義的根莖型多肉植物，圖為髮葉蒼角殿。

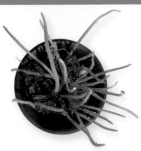

↑以種子播種繁殖為主。幼株為直線形蔓生莖，成株後蔓生莖分叉或呈之字狀生長。圖為嘉利仙鞭草小苗。

■哨兵花屬 *Albuca*

又名彈簧草屬。在風信子科中彈簧草屬植物約有 100 種，主要產自南非。本屬與虎紋萬年青屬 *Ornithogalum* 十分相近。彈簧草屬的植物，英名常見以 Slime lilies 統稱。

延伸閱讀

http://pacificbulbsociety.org/pbswiki/index.php/Bowiea
http://www1.pu.edu.tw/~cfchen/index.html
http://www.plantzafrica.com/plantab/boophdist.htm
http://www.cactus-art.biz/schede/LEDEBOURIA/Ledebouria_socialis/Ledebouria_socialis/Ledebouria_socialis.htm
http://www.pacificbulbsociety.org/pbswiki/index.php/Ledebouria_socialis
http://zh.wikipedia.org/wiki/%E9%A3%8E%E4%BF%A1%E5%AD%90%E7%A7%91
http://www.bihrmann.com/Caudiciforms/subs/orn-sar-sub.asp
http://desert-plants.blogspot.tw/2009/06/ornithogalum-sardienii.html

冬型種

Albuca humilis
哨兵花

繁　殖	分株

原產自南非東部山區，生長在海拔
2800 公尺的岩屑地環境。台灣花市
常見的品種，生性強健、耐旱，栽培
時介質以排水性佳為主，光照以全
日照至半日照環境為宜。本種易生子
球，繁殖以分株為主。

↑ 多年生的球根植株，易生子球，植群常見叢生
狀生長。

形態特徵

　　多年生球根植物，具有鱗莖。肉質線狀或近絲狀葉片自鱗莖中心抽出，株
形外觀狀似禾草。花期集中夏、秋季。星形花，花瓣 6，外瓣白綠色，內瓣黃色，
具有淡淡香氣。

→光線充足時肉質的
絲狀葉片會較短，具
有雜草狀的外觀。

■蒼角殿屬 *Bowiea*

本屬原產自南非和非洲納米比亞及坦桑尼亞等地。多年生的單子葉植物，具大型肉質鱗莖，鱗莖露出地面，表皮光滑呈綠色或白色。屬名為紀念英國皇家植物園 Kew Garden 的植物收藏家 James Bowie（1789～1869）先生命名。全株具有毒性，如人畜誤食，會引發心臟衰竭而亡，在原生地作為藥用，以治療眼疾、皮膚病、不孕症等，更能煉製作為強心劑使用。除藥用外，在民俗上更相信本屬植物能使戰士無懼更有勇氣，所向匹敵；能守護旅人；見證愛情等。

冬型種

Bowiea gariepensis
嘉利仙鞭草

異　　名	*Bowiea volubilis* ssp. *gariepensis*
英 文 名	Climbing onion, Sea onion, Zulo potato
繁　　殖	播種、扦插

原產非洲納米比亞及南非開普敦的西北地區。原歸納在大蒼角殿 *Bowiea volubilis* 內，後因外觀明顯不同，花白色，於冬季生長，而自大蒼角殿中區分開來。繁殖以播種為主，亦可剝去外表受損的鱗片葉進行扦插，會於基部產生新生的小鱗莖。

↑ 花大型，白色，花瓣平展，具有漂白水或消毒水的氣味。

形態特徵

生長期間自鱗莖頂端有灰綠色或銀灰色的蔓生莖。花大型，白色；於冬、春季開花，具有類似漂白水的特殊氣味。花後會結出蒴果，內含 2～3 顆黑色種子。

315

Bowiea volubilis
大蒼角殿

英 文 名	Climbing onion, Sea onion, Zulo potato
繁　　殖	播種、分株、鱗片扦插

廣泛分布在非洲烏干達至南非等地，為夏季生長型的風信子科球根植物。大蒼角殿成株後，如心部受損，易自行分裂成 2 ～ 3 球，可使用分株的方式進行繁殖。

↑花綠白色或黃綠色，花瓣會反捲，氣味較不明顯。

形態特徵

具綠色鱗莖，直徑最大可生長至 25 公分。生長期間自鱗莖頂端生長出翠綠色、質地較纖細的蔓生莖。綠白色或黃綠色的小花氣味較不明顯。花期春、夏季之間。蒴果，內含 2 ～ 3 顆黑色種子。

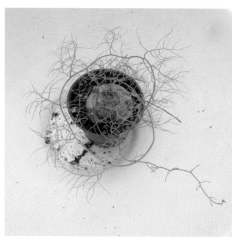

↑大蒼角殿夏季生長型的球根，翠綠色的蔓生莖具有浪漫氛圍。

↑具有肥大塊莖，栽培時可將其露出以欣賞特殊的株形。

■斑點草屬 *Drimiopsis*

　　原產自熱帶和南非，與紅點草屬 *Ledebouria* 外觀相似，但其兩屬之子房的形狀除外。斑點草屬為無皮鱗莖，而紅點草屬的球莖為有皮鱗莖，在球莖外會包覆一層鱗皮構造。

冬型種

Drimiopsis maculate
潤葉油點百合

異　　名	*Ledebouria petiolata*
英 文 名	Little white soldiers, African hosta
繁　　殖	分株

　　栽培容易生長迅速，可栽培於全日照環境下用小盆栽植或旱培，以呈現其球根擁擠，營造出盆景感。可自異學名的種名 *petiolata* 得知，本種具有明顯而較長的葉柄。易生子球且生長迅速，以分株為主要繁殖方式，亦可使用球莖的鱗片進行扦插繁殖。

形態特徵

　　心形的葉片具葉柄，自鱗莖中抽出；葉片互生；葉表具有黑褐色斑點，光線充足時斑點明顯且株形矮小；若光線不足時斑點不明顯，株形較為巨大。亦有斑葉品種。

↑又名寬葉油點百合，但與大葉油點百合不同屬。

↑花具香氣，花苞為白色，成熟時轉變。

317

■紅點草屬 *Ledebouria*

本屬植物原列在綿棗兒屬 *Scilla* 內，後自綿棗兒屬中區分出來。為多年生的球根植物，主要分布在非洲撒哈拉、南非乾旱草原及夏季降雨的地區，少部分分布在印度及馬達加斯加島。 需異株授粉才能結果，多為夏季生長型的球根植物，冬季則休眠。

夏型種

Ledebouria crispa

英 文 名	Squill
繁　　殖	分株

原產自南非。冬季休眠期間易爛根，除節水外，栽植時應將球莖露出土表，可避免爛根。種名 *crispa* 即有捲曲、皺摺之意，形容本種具有特殊的波浪狀葉緣。

形態特徵

球莖約 1.5 ～ 2.5 公分。長披針形葉於生長期自球莖中抽出，葉長約 5 公分，具有波浪狀葉緣。光線充足時，波浪狀葉緣明顯。葉片上無斑點。花期春、夏季之間。

↑本種為具有特殊波浪葉緣的品種，葉片上不具有斑點。

→在半日照下的植株，葉片上的波浪緣較不明顯，且葉片較長。

Ledebouria socialis
油點百合

異　　名	*Scilla violacea*
英 文 名	Silver squill, Violet squill
繁　　殖	分株

原產自南非，夏季降雨的乾旱地區。本種葉片上的斑點乃模擬灌叢下的陰影，以擬態方式融入原生地環境中。為根莖型的多肉植物，對環境的適應性廣，栽培容易。

↑葉表具紅褐色斑點，球莖會生長在地表上，外覆乾燥的鱗皮，為有皮鱗莖。

形態特徵

　　為小型的常綠型球根，葉長約 10 ～ 15 公分，葉寬約 2 公分，光線充足時葉形較小；長卵形葉自鱗莖抽出，互生，葉片姿態向上生長；葉肉質，呈銀灰色或灰綠色，葉表具紅褐色斑點；葉背紅色。花期為春、夏季之間；小花鐘形，十分可愛，每梗花序約有 20 朵花。

↑淺綠色的花瓣與紅色花心近觀時很美麗。

↑如經授粉，會產生果實。

■綿棗兒屬 *Scilla*

主要分布在歐洲、亞洲和非洲的森林、沼澤、海岸及沙灘等地區，常見於春、夏季開花，僅少數品種於秋、冬季開花。

冬型種

Scilla paucitolia
大葉油點百合

| 繁 殖 | 分株 |

中名常與寬葉油點百合名字混淆。外觀上本種不具有葉柄，在自然狀態下，球莖會埋在地表下方，不外露或生於地表上。

形態特徵

葉片自球莖中心抽出，葉序互生，葉片平展，貼於地表或盆面上。葉灰綠色或淺綠色，葉片上具有深綠色斑點。另有斑葉變異品種。

↑具錦斑變異的栽培品種，若環境不適，錦斑變異會消失。

↑淺綠色或灰綠色的葉片，葉末端圓潤，葉表有深綠色斑點。

←大葉油點百合的球根常埋在介質中，不會外露於地表上。

■裂紋蒼角殿屬 Schizobasis

本屬於 1873 年由 John Gilbert Baker 先生所創立，與辛球屬 Drimia 相近，有些分類將本屬列在辛球屬中。本屬植物為球莖植物，幼年期僅生 1～2 片葉，但葉片壽命不長，很快就枯黃凋零。待分枝狀的蔓生莖生長出來後，表示成株可開花，於夜間開放；花被 6 瓣，花白色。花後會結出蒴果，種子小型黑色。

夏型種

Schizobasis intricata
髮葉蒼角殿

繁　殖｜分株、播種

原產南非的風信子科小型球根植物，屬廣義的多肉植物，為夏季生長型的球根植物。半透明的白色球莖狀似燈泡，翠綠色絲狀的綠色蔓生莖外觀奇趣。播種後需經 3～5 年的養成，球莖直徑達 1.5～2 公分後可開花。

形態特徵

球莖直徑 5～8 公分之間。蔓生莖半透明，綠至褐色；成株後蔓生的莖呈「之」狀生長；未成熟的植株蔓生莖為直線型。冬、春季開花，花瓣白色花徑小，易自花授粉。蒴果內含 3～5 顆紙質的黑色種子。

↑綠白色的球莖半透明，幼年期，蔓生莖為直立型。

→成株後蔓生莖分枝。絲狀的蔓生莖細如髮絲。

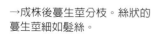

321

■虎眼萬年青屬 *Ornithogalum*

本屬原產南非開普敦西、北部地區，又名天鵝絨屬或聖星百合屬。本屬中有許多美麗的品種，其中最為著名的為用做切花生產的怕利恒之星 *Ornithogalum saundersiae* 及球根的盆花植物天鵝絨 *Ornithogalum thyrsoides*。其中有部分品種為廣義多肉植物。本屬植物在原生地多半為冬季休眠，但在北半球溫、亞熱帶地區栽培時，則多數夏季休眠。

冬型種

Ornithogalum caudatum
海蔥

異　　名	*Ornithogalum longibracteatum*
英 文 名	False sea onion, Pregnant onion
繁　　殖	分株

原產自南非海拔 300 公尺以下地區。外觀與洋蔥相似，但易自鱗莖上產生子球，得名 Pregnant oinon（懷孕的洋蔥）。在原生地海蔥的葉片用來治療割傷或瘀傷，據說其功能與蘆薈類似，更相信使用其葉片與冰糖烹煮成糖漿可治療感冒。本種易生子球，以分株繁殖為主。

形態特徵

綠色的球莖，大型，表皮光滑，直徑可達 10 公分左右，在球莖的四周易生小球。綠色肉質的帶狀葉片約 40 公分左右。花期夏、秋季，花梗長約 50 ～ 70 公分。花白色，花瓣上具綠色中肋紋。

↑ 易生小球，在表皮下常見增生的小球莖。

↑ 海蔥為有皮鱗莖，具一層薄薄的褐化表皮。

Ornithogalum sardienii
迷你海蔥

繁　殖 | 播種、分株

原產自南非開普敦，常見生長在乾旱
地區或石縫上。喜好排水良好及光線
充足的環境，待介質乾了再澆水。

形態特徵

　　球莖小型，易增生子球，球莖多
生長於地表上，群聚成塔狀。肉質近
絲狀的葉片長約 3 ～ 5 公分之間。花
期夏、秋季，花梗長約 10 公分；花
白色。

↑夏季開花。

↑迷你海蔥常呈群生狀。

桑科
Moraceae

琉桑屬又名臭桑屬。本屬植物全世界將近 170 種左右，自阿拉伯半島、非洲東北部、印度及熱帶美洲雨林內都有分布。本屬的葉片呈長圓形或披針形，葉緣具波浪狀；葉互生但生於粗大的莖枝頂端，近似簇生。

外形特徵

莖呈圓柱形，具明顯葉痕，株高 30 ～ 40 公分。部分品種根莖肥厚，莖基部呈圓球狀，為廣義的多肉植物之一。本屬葉片形態多變，但共同特徵即具有盤狀的花序。

↑ 葉片形態多變，共同特徵為具有盤狀花序。

繁殖方式

以種子繁殖，可於盤狀構造的花序上套上網袋、封口袋或絲襪等方式，收集種子。取得種子後於夏季或溫度 21℃以上播種。若不收集種子，於母株四周常可觀察到自生的小苗，使用移植方式亦可取得新苗。另可使用扦插繁殖，但根莖的姿態較不美觀，因此常以播種繁殖為主。

生長型

夏型種。琉桑屬的多肉植物主要鑑賞其特殊的莖幹姿態。栽培時以排水良好的介質即可，放置於全日照至半日照的環境為佳，如滿足喜好強光的生長需求，株形表現較佳。本種管理容易，於夏季生長期間可定期給水並略施磷鉀含量較高的緩效肥一次。給水以介質乾了再澆水即可；冬季減少給水次數或保持乾燥均可。

延伸閱讀

http://www.plantoftheweek.org/week183.shtml
http://www.cactus-art.biz/schede/DORSTENIA/Dorstenia_foetida/Dorstenia_foetida/Dorstenia_foetida.htm

Dorstenia foetida
琉桑

異　　名	*Dorstenia* sp. 'Foetida Form'
繁　　殖	播種

中名以屬名代之，統稱為琉桑或臭
桑。本種廣泛分布於非洲、葉門、肯
亞、坦尚尼亞、阿曼及阿拉伯等地，
常見生長在海拔 100 ～ 210 公尺的荒
漠灌叢、岩石地等開放區域。在阿曼
當地人會食用煮熟後的琉桑塊莖。但
並不建議食用。

↑本種因葉形變化及葉柄長短，個體變異多樣。

形態特徵

　　多年生常綠亞灌木，本種依葉柄長短、葉片型式而有不同，形態豐富多變。
株高約 30 公分。綠色的葉片具有波浪狀葉緣。植株受傷會分泌無色、無味、無
毒的汁液。花期春、夏季之間；花黃綠色，呈特殊的盤狀構造，種子嵌在盤狀
構造的花序表面。種子成熟後會以彈射方式自力傳播。

變　種

Dorstenia foetida 'Variegata'
琉桑錦

異　　名	*Dorstenia foetida* f. *variegata*

琉桑錦為琉桑的斑葉變種。

Dorstenia elata

夏型種

厚葉盤花木

英 文 名	Congo fig
別　　名	黑魔盤、剛果無花果
繁　　殖	播種

又名黑魔盤，因其特殊的盤狀花序而來，另譯自英文，稱為剛果無花果，但並不產自非洲剛果，而是原生自南美洲巴西熱帶雨林中。為草本植物，不像無花果為木本植物。本種喜歡潮濕環境，對於光線的適應力強，強光至及弱光環境下皆可生長。

↑因特殊的盤狀花序構造，台灣園藝名為黑魔盤。

形態特徵

　　多年生肉質草本植物，株高約 20 ～ 40 公分。葉片著生莖頂上，近輪生，葉紙質。尖形的葉片深綠具光澤；葉末端尖銳葉基微向內凹，葉背淡綠色，葉面深綠具蠟質；葉柄紅褐色。花期集中於春、夏季，溫室栽培時全年可開花；花開放於葉腋間。特化成盤狀構造，花盤上密布雌花。種子深埋在盤狀構造中，成熟後會向四周彈射。

↑葉為矛狀葉，葉末端銳尖，葉面具蠟質。

↑花柄及葉柄為紅褐色。

胡麻科
Pedaliaceae

　　胡麻科下有 13 屬近 50 餘種，主要分布在非洲、澳洲等熱帶地區。胡麻科中原產於非洲的芝麻 *Sesamum indicum*，營養價值極高，更是重要的油料作物。

　　本科多為一年生的草本植物，極少數為木本植物。胡麻科中的黃花豔桐草為莖幹型的多肉植物之一。

↑ 北部栽植，只有冬季落葉不開花。花季長，花色鮮黃。

夏型種

Uncarina decaryi
黃花豔桐草

異　　名	*Harpagophytum grandidieri*
別　　名	黃花和尚頭
繁　　殖	播種、扦插

　　原生自非洲馬達加斯加島，屬莖幹型的多肉植物。為夏型種，冬季休眠，在台灣北部冬季會大量落葉，進入休眠；中南部休眠不明顯，可全年開花。繁殖時以枝莖段扦插的植株，不具有肉質及粗大根基部；播種的實生小苗因下胚軸肥大，成株後較具有粗壯肥大的根基部，莖幹姿態較為奇趣有型。

形態特徵

　　多年生木本植物，具肥大莖基部。近掌狀葉、淺裂，具長柄，對生或互生。葉片上具有絨毛，絨毛具有腺體，因此以手觸摸具有黏膩感。花大型、腋生，花瓣 5 裂，花萼 4 ～ 5 片。花鮮黃色。蒴果縱裂，外具有倒鉤刺。種子黑色。

胡椒科
Piperaceae

椒草屬（豆瓣綠屬）*Peperomia* 的植物近 1500 種左右，廣泛分布在熱帶及亞熱帶地區，少部分產自非洲地區，但主要集中在中南美洲一帶。英文名稱為 Radiator plant，可能因其肉穗狀的花序於冬、春季花期時，自莖頂部抽出，像是雷達的天線般而得名。本科中有幾種葉片肉質化的品種，被歸類在廣義多肉植物中，與蘆薈科的多肉植物一樣，在肉質的葉片上會具有窗（Window）的構造。

椒草屬的多肉植物為小型的多年生草本植物，莖直立或叢生，常以著生的方式生長在樹幹或岩壁上。耐陰性佳，是少數可栽培在室內環境的多肉植物之一，光線充足時植株節間短，株形緊緻；若光線不足，節間會徒長，株形較為鬆散，室內栽培時，應以放置在光線充足或明亮處為佳。

台灣原生的椒草 *Peperomia japonica* 生長於台灣低海拔石壁上的情形，攝於花蓮砂卡礑步道。

栽培管理

生長適溫 25 ～ 30℃之間，常歸納在冬型種的多肉植物中，雖喜好在較為冷涼季節生長，但其實極不耐低溫，低於 5℃時，易發生凍傷而死亡。台灣北部冬季低溫期間應注意保溫，溫度過低或過於乾旱時，下位葉會出現黃化凋落現象。

生長季期間應充足給水，但忌積水，栽培時可增加透水性的介質比例，以利排水。夏季高溫期間生長緩慢，溫度高於 35℃時，生長停滯。在夏季生長緩慢或略呈休眠期間，則應減少給水，移置陰涼處保持通風，有利於越夏。

↑肉穗狀花序自莖頂處開放。

↑氣溫過低或是嚴重缺水時，下位葉片會有黃化現象。

繁殖方式

　　扦插繁殖方式為主，於冬、春季為繁殖適期。可剪取頂芽長 3 ～ 5 公分的枝條插穗；多數椒草也可以葉插方式繁殖，但成苗的速度較慢。

Step1
於冬、春季生長期間，剪取帶有頂梢的強壯枝條 5 ～ 8 公分長。

Step2
去除花序及下位枯黃葉，靜置待傷口乾燥或略收口後即可。

Step3
將枝條插入盛有乾淨介質的 2 寸盆中。約 3 ～ 4 周後長根。

冬型種

Peperomia asperula
糙葉椒草

別　　名	灰背椒草、銀背椒草、雪椒草
繁　　殖	扦插

產自秘魯。株高 10 ～ 15 公分之間。葉對生，葉片肉質化，葉面凹陷半透明，具窗的構造。葉背灰綠色或灰白色，質地粗糙。花期為春、夏季。具黃綠色的肉穗花序。

冬型種

Peperomia 'Cactusville'
仙人掌村椒草

別　　名	山城莉椒草、小葉斧葉椒草
繁　　殖	扦插

經雜交選育出的栽培品種。莖直立，肉質葉翠綠光滑。葉片肉質化，葉面凹入呈半透明狀。外觀與斧葉椒草類似，但株形與葉形明顯縮小。以塔椒草為母本育成的栽培品種。

Peperomia columella
塔椒草

英 文 名	Pearly columns
繁　　殖	扦插

產自南美洲西部沙漠地區，為典型的旱生植物，葉片極度肉質化，並具有明顯的葉窗構造，以利光合作用進行。可於生長季節適度修剪，調整株形，或將修剪下來的枝條進行扦插繁殖。

形態特徵

　　肉質化的葉片聚集合生，向上排列呈塔狀而得名。成株後因枝條生長略呈蔓性而倒伏。

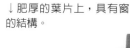
↓肥厚的葉片上，具有窗的結構。

↑粗短狀的肉穗狀花序，生長在枝條的頂梢。

331

冬型種

Peperomia dolabriformis
斧葉椒草

英 文 名	Prayer pepper
別　　名	大葉斧葉椒草
繁　　殖	扦插

產自南美洲、秘魯。英名則因其葉形狀似合十的雙掌稱為 Prayer pepper。本種為多肉椒草中最為大型的一種，枝幹肉質化。適度修剪，具有盆景的姿態。葉色翠綠光滑，葉面凹入處呈半透明。

形態特徵

　　常綠多年生草本植物，莖、葉肉質化。株高約 24 ～ 30 公分。莖肉質，中名是因葉形狀似豌豆莢或斧頭而得名。

冬型種

Peperomia graveolens
紅椒草

異　　名	*Peperomia* 'Ruby Glow'
英 文 名	Clusia leaved peperomia
繁　　殖	扦插

厄瓜多爾的特有種植物。葉形像彎曲狀的香蕉，葉片肉質化，葉肉透明中央凹入，葉背紅褐色是最大特徵。因造型、色彩美麗，為多肉椒草中普及的種類。

Peperomia ferreyrae
刀葉椒草

英 文 名	Pincushion peperomia
別　　名	柳葉椒草
繁　　殖	扦插

與斧葉椒草同為中大型的多肉椒草，
但莖幹的肉質化較不明顯。葉狹長，
先端尖，葉面處凹入，呈半透明狀。

↑刀葉椒草的葉片。右
圖為斧葉椒草的葉片。

→刀葉椒草輪狀生的葉序；
葉片中肋有透明的窗結構。

馬齒莧科
Portulacaceae

共計約 19 ～ 20 屬，近 500 種左右，廣泛分布於全球，美洲分布最多。兩性花，花瓣輻射對稱或左右對稱；萼片通常為 2；花瓣數不定，常見 4 ～ 6 片，花瓣壽命不長，僅開放一日就凋萎。雄蕊數多枚，常見 10 枚，為花瓣數的 2 ～ 4 倍。雌蕊柱頭 2 ～ 5 裂。具蒴果；蒴果開裂或以 2 ～ 3 瓣方式開裂。

外形特徵

常見為肉質草本或亞灌木。葉片互生或對生，葉肉質，葉全緣（即葉片無特殊的葉緣結構）。除亞灌木的品種外，多數肉質草本的馬齒莧科，肉質莖平舖於地表而生，為地被植物。

↑ 毛馬齒莧 *Portulaca pilosa* 來自美洲，已馴化於台灣各地，其特色在生長的頂梢有毛狀附屬物。

↑ 馬齒莧科的果實為蒴果。種子小、色黑，具有頂蓋，向上開裂後種子借雨水噴濺之力傳播。

繁殖方式

播種及枝條扦插為主。喜好溫暖的氣候環境，春末當氣溫回暖後，可以開始進行播種繁殖，或將越過冬季的植株取其強壯的頂梢重新扦插繁殖。夏季為主要生長季節，對於環境及介質適應性高，但以半日照至全日照的環境以及排水良好的介質為佳。可於小苗定植前施用適量的緩效肥作為基肥，以利生長季的生長。

生長型

多數為夏型種，夏、秋季為主要生長期。

Anacampseros alstonii
韌錦

異　　名	*Avonia alstonii* / *Avonia quinaria* sp. *alstonii*
繁　　殖	播種、扦插

原產南非開普敦省 Namaqualand 北方地區，生長在岩石的空洞處及富含石英的岩屑乾旱地區。地上部密集生長或局部群落。地下部為肥大的根莖，半埋在地表下，需經過數十年生長，地上部植群株徑才能達 8 ～ 10 公分左右。十分耐旱，忌積水，以顆粒狀、排水性佳的介質栽植為宜。生長期為冬、春季，生長期間也不需要經常澆

↑初學者栽種韌錦，栽培介質要以顆粒狀介質為佳，避免過度給水，如發生積水或過濕時易自根莖處腐爛。

水，介質乾透後再澆即可。夏季應保持乾燥及通風的環境，以利越夏。播種為主，但生長十分緩慢。亦可剪取其白色的莖進行扦插，以冬、春季為適期，扦插時會先自枝條基部長出小小的根莖後再發根。

形態特徵

　　多年生的根莖型多肉植物，外觀狀似蘿蔔、蕪菁外觀。根莖上部扁平，地上部則叢生或密生大量的莖。外披銀白色、三角形的紙質托葉。葉片則縮小，如球狀突起，包被在銀白色托葉基部，以 5 列縱向排列在莖上生長。花期夏季，花白色或略呈粉紅色，花朵直徑 3 公分，花瓣 5 枚狀似梅花，可自花受粉。蒴果長約 0.7 公分。種子咖啡色、細小。

↑生長十分緩慢，因此價格不菲。

夏型種

Anacampseros baeseckei
葡萄吹雪

繁　殖 扦插

中名沿用自台灣花市俗名，形容其球形、肉質葉狀似葡萄而得名。葉片上著生白色的毛狀附屬物。扦插繁殖為主。剪取枝條頂梢插入排水良好的介質中，待發根後成苗。以春、夏季為適期。

形態特徵

　　葉綠色或橄欖綠色；球狀或短圓柱狀葉片輪生，密生於枝條上；葉片表面在光線充足環境下，滿布白色毛狀附屬物；光線不足時白色附屬物較少。花期於春、夏季，花粉紅色。

↑球形的肉質葉密生於枝條上，狀似一串串的葡萄。

夏型種

Anacampseros crinita
茶笠

繁　殖 扦插

沿用日本俗名；日文俗名為茶傘或數珠之輪。扦插繁殖為主，或局部剝除枝條基部的葉片，可促進側芽發生。

形態特徵

　　圓形或短柱狀的肉質葉排列緊密，近輪生於枝條頂端。葉基處有毛狀附屬物。光照充足時葉片上深色斑點較為明顯，光線不足時葉色較綠。

↑忌潮濕，栽培時選擇排水性佳的顆粒狀介質較好。

Anacampseros rufescens
吹雪之松

繁　殖 | 扦插

中名沿用自日本俗名。回歡草屬為原
生於南非的一群馬齒莧科多肉草本植
物。屬名 *Anacampseros* 字意為一種古
老的草藥名，用於拯救失去愛情，失
戀時使用的藥草，譯成回歡草屬十分
貼切。生長期為夏季，冬季低溫期間
生長緩慢或休眠。生長期間可充分給
水，缺水時葉片表面會發皺。休眠期
間則減少水分，保持介質乾燥協助越
冬。扦插繁殖為主；剪取枝條頂梢插
入排水良好的介質中，待發根後成苗。以春、夏季為適期。

↑綠色的稜形葉片輪生於枝條上，葉基處著生毛
狀附屬物。

形態特徵

　　植株矮小或略成匍匐狀，葉綠色
或橄欖綠，矛形、近圓形或稜形肉質
葉輪生在枝條上。葉基處有毛狀附屬
物。花期春、夏季，自枝條頂端生長
出長花梗，杯狀花，粉紅色或紫紅色
花向上開放，可自花授粉。

→春、夏季生長期間充足
給水生長會較為快速，葉
片具光澤。

Anacampseros rufescens 'Sakurafubuki'

櫻吹雪

中名沿用自日本俗名，應是日本選育出的斑葉栽培種。又名吹雪之松錦或斑葉回歡草等名。葉片有紅、黃色等變化，葉色豐富為台灣花市常見的品種。

↑葉片具有紅、黃的變化。

↑光線不夠充足時，葉色會較不鮮明。

←春、夏季期間，成株於莖部頂梢抽出花梗。

338

夏型種

Portulacaria afra
樹馬齒莧

英 文 名	Elephant bush
別　　名	銀杏木
繁　　殖	扦插

原產於南非，對生的葉片及葉形與銀
杏相似又名「銀杏木」。耐旱性佳，
栽培管理粗放，肉質狀的枝幹古樸，
經由造型及修剪可製成小品盆栽欣
賞。繁殖容易，全年皆可進行，但以
春、秋季為佳，剪取枝條進行扦插於
排水良好的介質中，保持濕潤約 1 個
月左右可發根成苗。

↑對生的倒卵形或三角形葉，狀
似銀杏，又名銀杏木。

形態特徵

　　為肉質亞灌木，莖幹肉質化，株高可達 1 公尺。葉肉質，單葉對生，倒卵
狀或三角形。葉光滑具光澤、對生。花期夏、秋季，花極小，於頂梢開放，花
粉紅色，但不
常見開花。

　　對台灣氣
候適應性佳，
但常見在冬、
春季萌發新
梢。

→樹馬齒莧栽
培於露天的狀
況。

339

Portulacaria afra 'Foliis-variegata'
雅樂之舞

英 文 名 | Rainbow bush, Variegated elephant bush

雅樂之舞應沿用自和名，又名斑葉樹馬齒莧或花葉樹馬齒莧。葉色明亮，葉片有黃色或白色的錦斑變化，為樹馬齒莧的斑葉變種。栽培管理與樹馬齒莧一樣，因斑葉變種的緣故，本種生長較為緩慢。

↑雅樂之舞為葉色美麗的錦斑變異品種。

Portulacaria afra 'Aurea'
金葉樹馬齒莧

中名譯自栽培種名 'Aurea'，與 aureus、aureum 同義，為金葉之意。與雅樂之舞一樣是樹馬齒莧的斑葉變種，但金葉樹馬齒莧斑葉的表現在嫩葉較明顯，若栽培在光線充足環境，金葉可保持更長久，特徵也更加明顯。

↑金葉樹馬齒莧新葉為明亮的金黃色。

Portulacaria afra 'Medio-picta'
中斑樹馬齒莧

中文名是因其葉斑特徵而來。樹馬齒莧的斑葉變種之一，與雅樂之舞葉緣出現的錦斑特徵不同。本變種較雅樂之舞更易出現全白化的枝梢，若出現全白化的枝條，建議可剪除，避免植群弱化。

↑ 'Mediopicta' 一詞常指葉片中脈或中肋處出現白化或錦斑的特徵。

Portulaca grandiflora
松葉牡丹

英文名	Bigflower purslane, Mose rose, Rose moss
別　名	大花馬齒莧、半支蓮、龍鬚牡丹、洋馬齒莧、太陽花、松葉玫瑰
繁　殖	播種、扦插

原產自南美洲阿根廷，南至巴西及烏拉圭等地區。種名 *grandiflora* 表示具大花特徵的意思。在台灣適應性良好，管理粗放、耐乾旱，喜好全日照環境，成為夏、秋季重要的花壇及地被植物。花朵壽命不長，僅半日而已，上午開放，午後即凋謝。播種以春播為宜，

↑紅、白色及紅白雙色的松葉特丹為台灣夏季花壇上常用的品種。

於清明節後進行播種；以撒種、不覆土方式進行，待小苗長大後，可移植分株育苗，夏初時可定植於花圃或花槽中。扦插法較快，可於春末、初夏取頂梢約5～9公分長，插入排水良好的介質中，約2周即發根成苗。

形態特徵

　　一、二年或多年生的肉質草本植物，莖葉肉質，株高 10～15 公分，莖多分枝，具匍匐特性，外觀呈地被狀蔓生在地表上。圓柱狀或線形葉、互生，簇生狀的葉片狀似松葉，頂梢及嫩莖之葉片基部具毛狀附屬物。單花頂生，花色有紅、白、黃、紫等色彩，亦有雙色花品種；花單瓣、重瓣品種都有；花期夏、秋季。全日照環境下開花良好，半日照開花量變少，開花性也較差。

↑黃花及橘色花品種。

341

夏型種

Portulaca gilliesii
小松葉牡丹

別　名	紫米飯、紫糯米、米粒花、流星
	馬齒莧（沿用日本俗名而來）
繁　殖	播種、扦插、葉插

原產自南美洲玻利維亞、阿根廷及巴西等
地。葉紫紅色，又因短圓柱狀的線形葉，狀
似米粒外觀而得米粒花、紫米飯、紫糯米等別
名。與松葉牡丹同屬不同種，管理粗放、耐乾
旱，喜好全日照環境，為夏型種的多肉植物。
小松葉牡丹的葉片易脫落，但掉落的葉片易發
根再生成小苗。全日照環境下生長及開花良好，

↑冬季生長緩慢或進入休眠。待春
暖後穩定供水，有利於小松葉牡丹
的生長。

半日照則易徒長，葉色較綠；若適逢雨季徒長現象更為明顯，雨季時應節水或
移至防雨處，可減緩徒長的現象。

春、夏季為扦插適期，可取頂梢約 3～5 公分長插入排水良好的介質中，約 1～
2 周左右即發根成苗；葉插則可
取掉落的葉片，撒播在介質表面，
不需覆土，可自葉基處發根後再
生小苗。

形態特徵

　　多年生肉質草本植物，莖葉
肉質，株形小，莖多分枝呈地被
狀蔓生在地表上。米粒狀的線形
葉互生，頂梢及嫩葉呈綠色，成
熟葉呈紫紅色。單花頂生，花紅
色，開放在枝梢頂端。花期夏、
秋季。

→紫紅色的米
粒狀線形葉。

Portulaca 'Hana Misteria'
彩虹馬齒牡丹

英 文 名	Summer purslane, Moss rose 'Hana Misteria'
別　　名	彩虹馬齒莧
繁　　殖	扦插

為日本選育出的馬齒牡丹斑葉的園藝
栽培種。與松葉牡丹一樣，喜好生長
在溫暖地區，冬季常因低溫而大量落
葉，僅存枝條。冬季栽培時宜移至防
風處，減少水分協助越冬。春暖後再
剪取嫩梢更新植群。取嫩莖進行扦插
繁殖即可，春、夏季為繁殖適期。

↑葉片具有黃白色或乳白色錦斑，外常有紅暈，
具粉紅色葉緣。

形態特徵

　　莖具匍匐性，植株外觀常呈地被狀生長。莖
肉質、紅色。葉卵圓形、互生，葉末端鈍
圓，全緣；葉片色彩豐富好
看。托葉退化成毛狀附屬
物或無。花期集中在夏、
秋季，兩性花，單出或簇生，
花瓣 5 枚，桃紅色。

→彩虹馬齒牡丹即便不開
花，葉色也十分豐富好看。

343

夏型種

Portulaca molokiniensis

雲葉古木

英 文 名	Ihi
別　　名	圓貝古木
繁　　殖	扦插

夏威夷的特有種植物，僅局限
分布在夏威夷 Molokini island 及
附近島嶼的鬆散火山碎石陡坡
上。種名 *Molokiniensis* 即以發現地
Molokini island 命名。英名沿用夏威夷
語 Ihi。性耐旱，喜好光線充足環境，叢生
狀的肉質枝幹及對生的圓形葉片外觀很吸睛。
喜好全日照至半日照環境。應栽植在排水良好

↑雲葉古木淺綠色圓形的對生
葉片叢生在枝梢頂端。

的介質中為佳，介質乾透再澆水。耐低溫，但冬季期應節水，避免濕冷
的環境易自莖基部發生腐爛。雲葉古木好發粉介殼蟲危害，少量時應以
移除方式處理，如害蟲族群量大時，可噴布水性殺蟲劑防治。扦插繁殖
為主，適期為春、夏季，剪取頂梢枝條，待傷口乾燥後插入排水良好介
質即可。

形態特徵

　　肉質的亞灌木或小灌木，株高
30 ～ 40 公分。莖幹會自基部分枝，
枝條直立向上生長。淺綠色的圓形葉
對生於枝梢頂端，葉全緣葉柄不明顯。
花期春、夏季之間。鮮黃色的杯狀單
花，於頂梢開放。

→花期春、夏季之間，鮮黃色
的杯狀花開放在枝條頂端，花
朵壽命僅半日，午後就凋謝。

夏型種

Talinum napiforme
蕪菁土人蔘

| 繁　　殖 | 播種 |

原產自墨西哥，為根莖型的多肉植物
之一。冬季低溫期間會大量落葉，進
入休眠，休眠期間應節水。以播種繁
殖之實生苗具有肥大的根基部，較具
觀賞價值。

↑ 光線充足下的植株枝葉
繁茂，株形緊緻好看。

形態特徵

　　多年生肉質草本，全株無毛，因下胚軸肥大，根基部粗大。莖褐色、肉質，
稍木質化。肉質的線形葉全緣、無葉柄，著生於莖枝條頂端。花白色，花梗自
葉腋抽出，自花結果。種子小型呈黑色。

→肉質的線形葉密生於莖
梢頂部，光線較不充足處，
新梢葉片較長且軟弱。

蕁麻科
Urticaceae

依據不同分類方法,全世界約有 54 ～ 79 屬,大約 2600 種,大多為草本植物,少部分為灌木,廣泛分布在世界各地,其中以冷水花屬下的物種最多。

本種植物不具乳汁,莖皮具有較長的纖維,表皮細胞具有鈣質結晶體,因此在葉片及枝幹上具有點狀或長形淺色斑紋。單葉,常兩側不對稱。花細小,多單性,聚成二級頭狀或假穗狀花序。果實為堅果或核果。

■冷水花屬 *Pilea*

冷水花屬 *Pilea* 植物約 250 ～ 400 種,廣泛分布在全世界熱帶和亞熱帶地區。多數生長在潮濕的森林陰影低處,本科植物十分耐陰,常見為多年生草本植物或者亞灌木,極少數為灌木。

外形特徵

為莖肉質的多肉植物,莖易折斷或斷裂,折斷後的莖易生根,再獨立形成一株。常見葉片於兩側成對而生;有托葉,但有些品種托葉早落。葉片具三出脈,自葉基部延伸至葉尖。為單性花或兩性花,但通常花細小及花瓣不明顯,只見合生的花序。

↑ 以小葉冷水麻 *Pilea microphylla* 為例,花朵細小不易分辨,只能看見葉腋下方合生的花序。

↑ 蕁麻科植物多為草本植物,在台灣原生植物中,原產自蘭嶼的紅頭咬人狗 *Dendrocnide kotoensis* 是蕁麻科中少數的木本植物。半透明的紫色漿果,可食。

Pilea glauca
灰綠冷水花

異　　名	*Pilea glauca* 'Greizy'
英 文 名	Silver sprinkles, Gray artillery plant, Gray artillery fern
繁　　殖	扦插

原產於中美洲哥斯大黎加等地，為廣義的莖肉質多肉植物。常用於多肉植物的組合盆栽作品中，可與景天科及蘆薈科等冬型種多肉植物合植，使組合盆栽增加飄逸及動態的趣味。

形態特徵

植株低矮，匍匐密貼於地面生長，莖略肉質呈褐色，纖細易分枝生長。蔓生的莖接觸介質易發根。灰綠色的小葉卵圓形、闊卵形或略呈圓形，直徑約 0.5 公分，單葉十字對生，葉全緣略肉質，灰綠色的葉具有細小白毛及托葉二枚，但早落。

生 長 型

本種生性強健，但於夏季生長緩慢，並有落葉現象，應移至陰涼處以利越夏。

冬型種

Pilea globosa
露鏡

異 名	*Pilea serpyllacea* 'Globosa'
繁 殖	扦插

原產自南美洲,中名是沿用日名而來。以扦插為主,秋涼後或於春季進行為宜。自莖頂剪下 3 ～ 5 公分的莖段,去除下位莖節上的葉片後,插入乾淨的介質中即可。

形態特徵

　　莖肉質,直立。圓形小葉飽滿,肉質、無托葉,葉對生,葉紫紅色,葉背半透明。花期春、夏季,於葉腋間開放紅色小花,因花瓣退化,不明顯。

生 長 型

　　冷水花屬的植物耐陰性佳,但若光線不足時徒長的很快,應視株形調整放置的地方,光線充足株形較為緻密。平地越夏需注意遮光及濕度的維持。

Pilea peperomioides
中國金錢草

英 文 名	Chinese money plant, Chinese missionary plant
繁　　殖	分株

原生長在中國雲南一帶的多年生草本植物，英名 Chinese missionary plant 譯為中國傳教士植物，極可能是由傳教士引入西方而得名。為廣義的多肉植物，外觀很難使人聯想到是蕁麻科植物。以分株為主；於秋涼後進行。在木質莖上具有新生側芽，自母體上分離下來即可。

↑葉片基部具有褐色的托葉。

形態特徵

　　具有棕色圓柱形的木質莖，株高約 3 ～ 5 公分。綠色圓盤狀的盾形葉，革質略帶肉質。嫩葉具有光澤，老葉則失去光澤。花期春季，微小的白色花序於葉腋間開放。

生 長 型

　　夏季生長緩慢或停滯，會出現下位葉大量黃化及凋落的現象。應移至陰涼處，節水但仍要維持較高的濕度才有利於越夏。

↑於涼季可進行分株，自木質的莖幹基部將側芽自母株上分離即可。

←分株後的側芽，先以較小的盆器栽植為佳。

仙人掌科
Cactaceae

　　多肉植物種類繁多，仙人掌科僅只是多肉植物中的一個科別，但因內含栽培種及變種，總數超過 5000 種以上，在多肉植物中的種類及數量最為龐大，因此常將仙人掌科的植物自多肉植物中獨立出來討論。

　　仙人掌科植物原產自美洲，廣泛分布在美洲地區。生長的棲地環境可不是刻板印象中的沙漠或半沙漠地區，其實在草原、高山的荒漠環境以及熱帶雨林地區都有仙人掌科植物分布。由美國德州往南，包含墨西哥、阿根廷、秘魯、玻利維亞、烏拉圭、巴西等地都有其踪跡，其中又以墨西哥地區分布的種類及數量最多，是仙人掌科植物主要的分布中心。在美洲地區分布最為廣泛的是團扇屬 *Opuntia*（仙人掌屬），僅少數的仙人掌，如絲葦 *Rhipsalis baccifera* 分布在非洲大地上，極有可能是因為洲際間鳥類遷徙、洋流，或因早期水手意外攜入造成。

↑士童屬的小獅丸是產自草原地區的仙人掌，夏季適逢雨季或濕度高時會開花。

↑團扇屬（仙人掌屬）的仙人掌是美洲地區分布最廣泛的一屬。

↑絲葦是少數分布在美洲以外地方的仙人掌科植物。

外形特徵

　　在植物分類上仙人掌科植物屬種子植物門、被子植物綱、石竹目，為多年生雙子葉植物，屬於莖多肉植物之一。植株外觀多數葉片已退化，為適應乾旱地區，經長期演化後與一般植物的外觀已經大大不同。退化的葉子演化成針狀的刺，無葉子的構造，以直接減少蒸散器官，縮減全株表面積來降低水分的散失。肉質化的莖幹，增加水分與養分的儲存空間。

　　為增加行光合作用的面積以及製造足夠使用的養分，外觀具有稜（ribs）或是疣狀突起（tuberlce）的構造，增加綠色的體表面積，利於光合作用進行。根部則以淺根並向四周廣泛分布的方式，來吸收截取生長季期間少量的降雨。

1. 刺座（Areoles）

為仙人掌科的主要特徵之一。

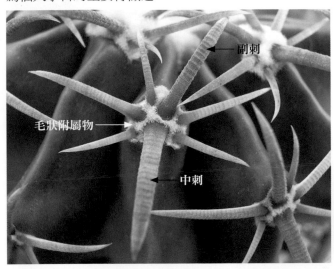

←刺座由中刺、副刺（邊刺、幅射狀刺）和毛狀附屬物所組成，形形色色的刺座形式也是仙人掌鑑賞的特徵之一。

中刺（Central spine）

↑一本刺成株，1枚黑色的中刺十分鮮明。

↑各類凌波個體。刺座上具1枚扁平微向下彎的中刺。

副刺（Radial spine）

↑多數乳突球屬的仙人掌中刺退化，僅存大量的副刺。圖為金手指綴化。

↑明星，大量放射狀的副刺，構成刺座的主體及仙人掌的外觀。

↑杜威丸，具有羽毛狀的副刺，偶見中刺 1～2 枚。

毛狀附屬物

↑許多無刺的仙人掌，刺退化後僅存毛狀附屬物。

↑琉璃兜刺座，點狀的毛狀附屬物十分可愛。

↑銀冠玉的刺座。長毛狀的附屬物。

　　植物學上看待「刺」這個構造，可簡單分為 3 種：

Spines：指的是由葉變態而成，為葉的部分組織所形成，視為葉片的一部分，可能由葉片或托葉變態演化出來，像是仙人掌科植物的葉片變態成刺；刺槐葉柄基部的刺乃由托葉演化而來。

Prickle：由植物表皮組織變態演化而成。通常在夾竹桃科的多肉植物上常見，其莖幹上的刺是由表皮組織特化而來；不具有維管束組織，較易自枝條下分離。

Thorns：指的是由枝條、莖變態而成，像是九重葛的刺由花序變態而成；美國櫻桃－卡利的刺乃由枝條變態而成。

↑仙人掌科的刺為葉片變態而來。

↑縞馬。夾竹桃科中的蘿藦亞科多肉植物，肉質莖幹上的刺由表皮組織特化而成。

↑九重葛為刺軸花序，若未開花則花序會變成刺。

■仙人掌科的主要特徵－刺座構造

　　有刺的植物並不能通稱為仙人掌，仙人掌的「刺」與其他植物的「刺」在結構上大大不同，雖然有許多植物會形成刺，但卻不具備「刺座」的構造。

　　刺座為仙人掌科植物的主要特徵，由葉腋的生長組織特化而成；刺座更是仙人掌科植物與其他植物最大不同的地方。如從仙人掌科木麒麟屬的月之薔薇葉片構造來看，數枚刺以叢生方式生長於葉片上方葉腋處，為腋芽組織的一部分。經演化過程，葉片退化，這生長出刺的腋芽構造最後演化成刺座。刺座如同其他植物腋芽組織一樣，可長出刺、花或者側芽，這是其他科別植物沒有的構造。

↑月之薔薇刺座的構造，於節位上方長出新生枝條，側芽下方則生長著刺座。

　　除刺座外，仙人掌科植物還有一些其他不同的特徵，如：以多年生的喬木或灌木為主、具有肉質化的莖。多數喜好陽光，能在全日照至光線充足的環境下生長。

2. 稜（Ribs）

仙人掌科植物主要外部形態之一，簡單來說其外形就像楊桃一樣，主要目的除增加莖部儲水的空間外，也有助於增加光合作用的表面積，協助散熱與水分的吸收等功能，因此多數仙人掌多半具稜的外觀。

↑緋牡丹錦球狀莖由7稜組成。　↑龍神木的柱狀莖由5稜組成　↑振武玉具有特殊的波浪狀稜。

3. 疣狀突起（疣粒）（Tuberlces）

為稜或刺座的特化形態，目的在增加儲水空間及增加光合作用面積，有些仙人掌其疣狀突起如牡丹類的仙人掌，特化成扁平三角狀的結構；另有梅杜莎仙人掌，特化成枝條狀的突起。

↑象牙丸為疣狀突起鮮明的品種。　↑岩牡丹屬的仙人掌具有三角形的特殊疣狀突起。　↑梅杜莎仙人掌為特化的枝條狀疣狀突起。

仙人掌科的花

　　仙人掌科植物為觀花植物，花期集中在春、夏季之間，盛花期的仙人掌十分美觀，很難想像奇貌不揚的它能開出這麼美麗的花朵來。

從花的結構來看，花萼與花瓣的區分較不明顯，花萼與花瓣具有漸進式的變化，而其他常見的植物花瓣與花萼具有倍數關係，常為兩性花，但雄蕊多數，子房下位。

■花萼與花瓣不易區分，雄蕊多數，花瓣具有特殊的珍珠光澤。

↑振武玉

↑瑞昌玉

↑兜

↑苦苣苔科非洲菫，花瓣數為5片。

↑鳶尾科青龍鳶尾，花萼及花瓣數為3。

↑石蒜科的孤挺花，花瓣數為3，雄蕊數為3的倍數。

■其他的植物花萼與花瓣具有倍數的關係。

■仙人掌科植物的果實為單室漿果，由一個心皮發育而來，種子多數散布漿果之中。

↑巨鷲玉，黃色漿果。

↑胭脂掌的紅色漿果。

↑一本刺，漿果成熟後開裂，內含大量黑色種子。

繁殖方式

1. 播種（Seeding；Sowing）

　　大量繁殖仙人掌最好的方式之一。仙人掌果實為單室漿果的形態，只要採取成熟的漿果，將具黏液的果肉清洗乾淨，再把種子晾乾，即可進行播種作業。有些仙人掌的漿果黏液並不多，成熟後會自然開裂，釋放出大量種子，可以在成熟開裂前採下果實，置放於白紙上，以便於收集種子。

　　若未能馬上播種，可將種子儲存在封口袋中，置於冰箱中冷藏，多數仙人掌科植物的種子壽命約1～3年左右。

↑播種是大量繁殖仙人掌最好的方法。

↑仙人掌的小苗，多數不需直晒光，必要時應加蓋黑網保護。

↑種子繁殖時，需加蓋保濕，以利種子發芽。

　　仙人掌科植物播種適期以春、夏季為宜。生長季時不需特別處理，播種後予以保濕、盆上加蓋或封保鮮膜即可。種子如新鮮，播種後約7～14天內能發芽。唯多數仙人掌生長緩慢，以種子播種的實生方式養至成株，少則3年多則5年，有些可能需要6～8年以上的育成期才能養至成株。

Step1 雪晃漿果成熟時為黃綠色，在果實開裂前採收。

Step2 具有多數黑色種子。漿果乾燥開裂會釋出種子，或以直接清洗果肉，晾乾種子的方式取得。

Step3 種子直播不必覆土，保濕下約 7～10 天發芽。

Step4 播種 3 周後可見幼苗具有一對子葉。

Step5 播種 8～9 周後具備雪晃的雛形。

Step6 播種約 1 年後的小苗。

2. 扦插（Cutting）

　　仙人掌科植物繁殖常用的方式之一。做法很簡單，只要剪取一段仙人掌的莖節，靜置 30 分鐘至數日不等，待傷口結痂、乾燥或收口後，再將這段莖節插入乾淨的介質土壤中即可。居家常見的火龍果、瓊花、蟹爪仙人掌以及團扇仙人掌等都可使用這樣的方式繁殖出一株新的個體來。

　　仙人掌科植物多數為夏季生長型，在春、夏季之間進行扦插繁殖最為適宜。

　　然而，仙人掌科植物除了剪取莖段之外，有些品種易在刺座上長出子球（一種不定芽的形態）。常見的金盛丸、牡丹玉、麗蛇丸、象牙丸等，均易於仙人掌球體上產生子球，因此可使用子球扦插的方式繁殖。

↑疣插
疣狀仙人掌（如象牙丸）可剪取球體上的疣進行扦插。

Step1
麗蛇丸錦，花市常見的裸萼屬仙人掌之一，本種易生子球。

Step2
自母球上摘取適量的子球，子球成熟的判定，以容易脫落者為佳。

Step3
取下子球後，將子球基部朝下，平均放置於介質表面。

Step4
扦插約 2 個月後的情形，子球已發根，恢復生長。

　　此外，像柱狀仙人掌金晃這種不易發生子球，但商業上需大量繁殖時，可使用胴切，以去除生長點的方式，刺激莖幹上環狀排列的刺座長出新生的側芽（子球），接著再將側芽剪下，進行扦插。

3. 嫁接（Grafting）

　　仙人掌嫁接的技術一點都不難，趣味栽培上廣泛運用，常見生長緩慢的石化、綴化品種，及幾乎全錦的仙人掌（紅色或黃色的緋牡丹）多半都會使用嫁接方式，讓砧木穩定提供養分，使那些失去葉綠素的仙人掌球能夠保留難得的美麗。

↑生長緩慢的美杜莎仙人掌以蒲袖仙人掌為砧木，利用嫁接方式促進生長。

↑牡丹錦的小苗利用嫁接方式，促進生長之外還能保留美麗的錦斑變異。

↑牡丹類仙人掌以麒麟團扇作為砧木；其他常見的砧木還有火龍果（三角柱仙人掌）、蒲袖、龍神木等。

　　嫁接在仙人掌栽培上，多半是為了創造栽培的趣味性，或是為了育種選拔；以及縮短仙人掌的育苗時間而採用。嫁接仙人掌並不難，成功的關鍵除了嫁接動作的熟練性之外，嫁接時期也很重要，常見是在生長期進行，以春、夏季之間為宜。

　　此外，砧木的選擇也很重要，不同的仙人掌有其適合的砧木。砧木選擇生長強健，適應台灣氣候的仙人掌種類，不同的砧木也會影響到嫁接是否成功及接穗育成的速度。台灣最常見用在嫁接的砧木有火龍果（三角柱仙人掌）、蒲袖、龍神木、團扇仙人掌及木麒麟等。

　　嫁接方式可分為平接、劈接及嵌接等方式。

平接

　　接穗－兜錦；砧木－火龍果（三角柱仙人掌）。

嫁接前作業：

1 砧木的養成

取當年生的火龍果枝條為佳，長 15 ～ 30 公分先扦插，待枝條發根。砧木越長，具有較多綠色的表面積，可生產較多的營養物質，滋養接穗，但長度仍以適中，方便嫁接操作為宜。

2 接穗的準備

可播種取 1 ～ 2 年生的播種實生苗，或取自仙人掌側芽。

3 嫁接的器具

以方便操作的刀具為宜，進行嫁接之前，應先以酒精或其他方式進行消毒。

4 嫁接的時機

以春、夏季之間，選晴天及氣候相對穩定時操作。

嫁接後的管理：

1. 接穗與砧木的固定：有利於接合初期，避免接合處的滑動及異位。

2. 遮陰與保濕：接合後初期應置於遮陰及保濕處，可防止小型接穗的脫水，並有利於接合處傷口的癒合。

3. 判斷是否嫁接成功：球體回復光澤並開始生長，或開始滋生新芽等現象判定。

Step1
嫁接作業前先將火龍果的刺座削除，避免自體的側芽生長，造成接穗體上的競爭。平切去除頂部，可觀察到中央部有圓形的髓部及維管束組織。

Step2
兜錦播種 2 年生的實生小苗。

Step3
將小球莖基部平切。同樣於球體中央部可觀察到圓形的髓部及維管束組織。

Step4
將接穗與砧木接合，接合部位將圓形的維管束組織互相密合，以接穗的圈圈接合至砧木上的圈圈。

Step5
將接穗與砧木密合後，可用手指於接穗上施壓，讓接穗能與砧木固定密合。

Step6
使用棉線或橡皮圈，由上往下繞過花盆的方式固定。示範是以透明膠帶固定，此具有保濕作用，利於接合。

Step7
嫁接約 6～8 周後已經閉合。兜錦小苗開始生長後可去除透明膠帶，或是待球體自行生長到夠大，自體撐開透明膠帶亦可。

劈接

常見使用在蟹爪仙人掌及孔雀仙人掌等具葉狀莖的仙人掌。取一段葉狀莖，將莖的基部兩側以斜面削除的方式讓兩側維管束組織外露後，再將砧木髓部中央向下劈切，深度約 1 ～ 1.5 公分，接著將接穗插入劈切的傷口中。

生長型

夏型種為主，僅少數為冬型種。多數仙人掌科植物為了適應原生地夏雨冬乾的氣候環境，大多集中於春、夏季的雨季期間生長；在秋、冬乾季期間進入休眠，因此在栽培管理上，就水分的管理應注意，冬季休眠期間要節水或保持介質乾燥，以利越冬。

仙人掌科可細分為 4 個亞科。

嵌接

則常用在一些石化或綴化仙人掌上，接穗於基部，兩側對切，做出 V 字形；砧木則於頂部做 V 字形切口，再將兩者嵌合在一起。本方法也常用在夾竹桃科的沙漠玫瑰及大戟科的嫁接上。

1. 木麒麟仙人掌亞科 Pereskeideae

或稱麒麟仙人掌亞科，植株外形呈灌木、喬木或攀緣狀，僅有木麒麟一屬。

2. 擬葉仙人掌亞科 Maihuenioideae

科名沿用中國的譯名。只有 *Maihenia* 一屬具小灌木狀的外觀，葉片叢生在頂端。唯一一屬行 C_3 型光合作用反應的仙人掌。只分布在阿根廷與智利。

↑月之薔薇，葉仙人掌亞科的代表，為蔓性灌木。

3. 團扇仙人掌亞科 Opuntioideae

　　本亞科的莖呈掌狀或扁平狀，部分為細圓柱狀或圓筒狀，莖節間具有關節，不具有稜的構造。刺座上除了刺以外，具有特殊的倒鉤狀刺毛 Glochids（芒刺）。葉片早落，於新生的掌狀莖幹上可見幼嫩新葉。

↑團扇仙人掌的嫩莖上可觀察到嫩葉，待莖成熟後葉片會脫落。

↑紅烏帽子（赤烏帽子）刺座上雖不具中刺及副刺，但卻有大量的芒刺。

↑胭脂掌為少數沒有芒刺的團扇仙人掌。

4. 仙人掌亞科 Cactoideae

　　或稱柱狀仙人掌亞科。本亞科的仙人掌種類最多。莖的形態多樣化，有扁球狀、圓球形或柱狀，莖部上具明顯的稜。

左柱狀仙人掌亞科中以莖的形態變異最多。圖為大型的柱狀仙人掌－鬼面角 Cereus peruvianus。

右各類常見的球狀或扁球狀仙人掌均為仙人掌亞科成員。

Acanthocereus tetragonus 'Fairy Castle'
神仙堡

異　　名	*Cereus tetragonus* 'Fairy Castle'
英 文 名	Fairy castle cactus
別　　名	仙女閣、連山、萬重山
繁　　殖	扦插、分株

產自南美洲巴西一帶；但可能是園藝選拔出的石化品種或迷你品種，易群生側芽，姿態與原生種的五稜角 *Acanthocereus tetragonus* 不太相似。以扦插繁殖為主，於春、夏季期間，可剪下成熟或較為粗壯的枝條，長度 5～9 公分為宜，待傷口乾燥後扦插即可。分株時可視植群生長狀況，以手剝除或以刀切割方式，將其分為二或三，待傷口乾燥後重新栽植於盆器中即可。

↑ 叢生的側芽，5 稜的柱狀莖群生姿態很熱鬧。

形態特徵

　　深綠的柱狀仙人掌，具 5 稜，稜上排列著生刺座，中刺不明顯，副刺毛狀、多數並著生毛狀附屬物。易自柱基部刺座上再生新側芽，形成群生姿態。株高約 30 公分，莖直徑約 2.5 公分；不易開花。

生 長 型

　　神仙堡仙人掌在台灣氣候適應性良好，應栽培於全日照至半日照環境為佳，常見問題為因光線不足導致徒長、植株變形。可將徒長的部分剪除後移置光線充足處，變形的神仙堡會再漸漸回復成原本茂盛的狀況。

→ 神仙堡錦 *Acanthocereus tetragonus* 'Fairy Castle' var. 為錦斑變種。冬季低溫時黃色錦斑會略微泛紅；但錦斑變種生長較為緩慢。

Ancistrocactus uncinatus
羅紗錦

異　　名	*Glandulicactus uncinatus /*
	Sclerocactus uncinatus
英 文 名	Cat claw cactus, Texas hedgehog
別　　名	貓爪仙人掌、德州 刺蝟
繁　　殖	播種

原產自墨西哥及美國德州等地，常見生長在乾燥的荒漠、草原地區。因刺具有彎鉤，狀似貓爪英名而以 Cat claw（貓爪仙人掌）稱之；也因產自德州，全身布滿長刺，被稱為 Texas hedgehog（德州刺

↑ 羅紗錦的灰綠色表皮及圓突狀的稜，造型奇趣。

蝟）。其屬名源自希臘文，字根 ancistron 英文為 fishhook（魚鉤）；字根 cactus 源自希臘文 kackos，英文為 thistle（刺）。而種名 *uncinatus* 源自拉丁字，英文字意為 hooked（彎鉤）。學名在形容本種仙人掌的刺有魚鉤狀彎曲，但本屬仙人掌在不同的植物分類學派中，因鑑別上特徵認定的緣故，造成有許多異學名，有被併入 *Sclerocactus* 屬中的說法。以種子繁殖為主。可於春、夏季以撒播方式育苗。

形態特徵

莖表皮為灰綠色至綠色的短圓柱仙人掌。株高可達 20 公分，莖直徑達 8 公分。約具 13 稜，呈圓突狀；刺座於成株後會延伸突出變長。中刺 1 枚，幼株較不明顯；紅褐色副刺 7 ～ 8 枚，均呈魚鉤狀彎曲。花期春季。栗色的花具有深褐色中肋，十分特殊。漏斗狀的花直徑約 3 公分，花朵開放於莖頂處。漿果豔紅色。

生 長 型

喜好生長於通風良好環境，光照以全日照至半日環境為佳，光線越充足對於刺的表現及株形的養成越佳。根系敏感，過度澆水易爛根，栽種時應以排水性良好的介質為佳，可於慣用的介質中再添加一份石礫及砂，增加介質透水性及通氣性。

夏型種

Ariocarpus sp.
牡丹類仙人掌

異　　名	*Ariocarpus* hyb.
英 文 名	Living rock cactus
繁　　殖	播種、嫁接

本屬的仙人掌原產自美國德州至墨西哥等海拔 200 ～ 800 公尺山區，常見生長在全日照的石灰岩地區。岩牡丹屬仙人掌均為 CITES 第一級保育類植物，禁止野採販售。屬名 *Ariocarpus* 源自希臘語字根 Airo 橡樹之意；字根 carpus 為果實之意，形容本屬仙人掌的果實與橡實相似。種子播種至成株，需要 6 ～ 10 年育成期，常見使用麒麟團扇 *Pereskiopsis* 為砧木，以嫁接的方式縮短育苗期。

↑具粗大明顯的主根，植株由三角形的疣狀突起以蓮座狀排列組成。

形態特徵

　　刺座著生於突起末端，僅存毛狀附屬物，刺座上刺已退化，刺多半僅見於幼苗期。莖表皮顏色視品種不同，淺綠、灰綠至墨綠色都有。疣狀突起表面光滑、微凹或有小皺摺，部分覆有白粉。突起間偶有淺黃色或米白色的毛狀附屬物。花期集中夏、秋季。

生 長 型

　　岩牡丹屬仙人掌具有肥大的主根系，栽培首重排水良好的介質，若澆水過度易發生爛根狀況。生長季宜介質乾了再給水；冬季當環境溫度低於 12℃則需注意保暖措施。

→牡丹類仙人掌花開放於頂部，單花壽命有數日之久。

Ariocarpus agavoides
龍舌牡丹

異　　名 | *Ariocarpus kotschoubeyanus* ssp. *agavoides*

產自墨西哥海拔 1200 公尺處的沖積平原，產地因農業開發及過度採集等，已瀕臨滅絕。原為黑牡丹中的變種，後獨立成為新品種。種名 *agavoides* 即表示外觀與龍舌蘭屬植物 *Agave* 相似之意。株高約 2 ～ 6 公分，具深綠或綠色外觀。植株扁平但疣狀突起呈長三角狀，長 3 ～ 7 公分，寬 0.5 ～ 1 公分。具向上挺舉的生長特性，刺座

↑ 老株呈叢生狀，在疣狀突起末端可見僅存的毛狀附屬物刺座。

僅存毛狀附屬物，著生在長三角狀的突起末端。花期冬、春季，花洋紅色。

Ariocarpus fissuratus
龜甲牡丹

具肥大主根。株形外觀扁平，鈍三角形的疣狀突起十分肥厚，略呈放射狀。株徑可達 20 公分。莖頂部具有叢生的毛狀附屬物。花期秋、冬季，花紫紅色，可開放數日。

→ 疣狀突起表面具顆粒狀突起。

Ariocarpus kotschoubeyanus
黑牡丹

具粗大主根。植株扁平，深綠或墨綠色的三角狀疣狀突起短、肥厚。株形放射狀呈星型；常見單生。花期秋、冬季，花粉紅色至紫紅色。外觀與姬牡丹 *Ariocarpus kotschoubeyanus* var. *macdowellii* 相似。唯姬牡丹株形更小，為黑牡丹的小型變種，生長十分緩慢。

↑黑牡丹成株易群生；莖頂部叢生毛狀附屬物，疣狀突起中央亦有毛狀附屬物著生。

↑黑牡丹墨綠色的外觀近乎墨黑色。

← 姬 牡 丹 *Ariocarpus kotschoubeyanus* var. *macdowellii* 為黑牡丹的小型變種。圖上方為姬牡丹。黑牡丹與姬牡丹成株除了株形大小差異外，黑牡丹疣表面上的蠟質較少、皺摺多，而姬牡丹疣表面上的蠟質多，較光滑。

Ariocarpus retusus
岩牡丹

| 異　　名 | *Ariocarpus kotschoubeyanus* ssp. *agavoides* |

岩牡丹為牡丹仙人掌中形態變化最多的一種，其中有不少變種及園藝雜交的選拔栽培品種。淺綠或灰綠色外觀，疣狀突起基部較寬，有些上面有瘤狀物或皺摺。岩牡丹類的仙人掌與花牡丹類的仙人掌外觀相似，兩者在分類上原為同種，而花牡丹類仙人掌為其變種，兩者的差異在疣狀突起物末端刺座上有無毛狀附屬物。若具毛狀附屬物的為岩牡丹類仙人掌，如岩牡丹及玉牡丹；若未具毛狀附屬物的為花牡丹類仙人掌，如花牡丹、象牙牡丹、青瓷牡丹等。

↑常見的岩牡丹外觀。

↑疣狀突起表面略有不規則突起的品種。

Ariocarpus furfuraceus
花牡丹

| 異　　名 | *Ariocarpus retusus* var. *furfuraceus* |

為岩牡丹的變種，後來可能因為族群及其三角形疣狀突起較為圓潤飽滿，自行獨立成為新的一種。

369

Astrophytum myriostigma
鸞鳳玉

夏型種

英 文 名	Bishop's cap cactus, Bishop's hat or Bishop's miter cactus
繁　　殖	播種、嫁接

原產自墨西哥中部及北部的高海拔山區。本種經由人工栽培及園藝選拔後，栽培種眾多，為無刺仙人掌的種類之一。屬名由 astro 及 phytum 字根組成，即為 star plant 的意思。播種為主，以春、夏季為播種適期。

↑花開放在莖頂端，花黃色具有淡淡香氣。

形態特徵

　　圓形或圓柱形仙人掌。莖表皮著生灰白色或銀灰色毛狀鱗片，有些變種不具白色鱗片。株高 60 ～ 100 公分，少數個體可達 150 公分。直徑 10 ～ 20 公分，不易產生分枝。具 3 ～ 7 稜，常見 5 稜。刺座不明顯或刺座上僅存毛狀附屬物，少見刺著生。花期春、夏季，花為大型的漏斗狀花，花黃色，直徑約 4 ～ 7 公分，開放於球體頂端。紅色的漿果外覆白色絨毛及褐色鱗片。

生 長 型

　　鸞鳳玉在台灣很好栽培，以排水性佳的礦物性介質為主外，可加入部分的泥炭土栽培。春、夏季施予低濃度的氮肥促進生長。生長期間可定期給水，以增加濕度方式促進生長；冬季休眠期則以節水及降低濕度方式因應。全日照至半日照下均可栽培。

→星星狀的外觀，酷似楊桃又像是主教的帽子，是受歡迎的仙人掌之一。

↑碧琉璃鸞鳳玉 *Astrophytum myriostigma* 'Nudum' 為園藝選拔出不具有毛狀鱗片的個體。

↑鸞鳳玉白色的外觀乃表皮著生灰色毛狀鱗片造成，有些栽培品種的白色毛狀鱗片特別明顯，有些則不規則分布。

↓3稜碧琉璃鸞鳳玉，稜數少或多也是栽培星球屬仙人掌的趣味之一。

↑複隆鸞鳳玉，在稜之間具有不規則增生的特徵。

↑4稜鸞鳳玉。

↑星球屬的仙人掌可進行屬間雜交，鸞鳳玉常見與兜進行種間雜交。

371

Astrophytum asterias
兜

英 文 名	Star cactus, Sea urchin cactus
別　　名	星葉球
繁　　殖	播種、嫁接

原產自墨西哥及德州南部的低海拔地區，
常見生長於荒漠及植被稀疏的石礫地區，
會生長在鄰近灌叢下方或岩石附近略有遮
陰處。植株會平貼於地表或略陷入地表而
生，在原生地仙人掌球體表面易因過度日
照發生晒傷。與鸞鳳玉同屬具有星星般的
外表，英名以 Satr cactus 稱之；外形與海

↑ 成株後，於夏、秋季開花。花
黃色或橙色，開放在莖頂端。

膽相似稱為 Sea urchin cactus。為 CITES 保育類一級的仙人掌，原生地已瀕臨絕
種。所幸藉由種子繁殖，經長期選拔後，有許多不同的栽培種。

種子繁殖為主，可於春、夏季以撒播方式育苗。苗期應避免強光及過度乾燥，
因根系較為脆弱，不需經常性移植，待直徑 0.5 ～ 1 公分再移植為佳；若不以
嫁接方式縮短苗期，小苗需經 5 ～ 6 年以上養成才能達到成株。

形態特徵

　　不易增生側芽，常見呈單球生長。株高約 2 ～
6 公分；莖直徑可達 16 公分。在人工栽培環境下，
株形會呈球狀或短圓柱狀。5 ～ 11 稜都有，但常
見 8 稜。具有肥大的主根及鬚根。刺座已退化，
僅著生奶油色的毛狀附屬物；播種的實生苗幼株
會有刺，但成株後會消失不見。莖表皮上會著生
毛狀鱗片 Hairy scales；毛狀鱗片的多寡及分布狀
況成為不同兜品種之間的特徵。也有刺座僅分布
呈一直線的個體。花期集中在夏、秋季。

↑ 兜錦，為具有錦斑變異的個體。

Coryphantha bumamma
天司丸

異　　名	*Coryphantha elephantidens* ssp. *bumamma*
英 文 名	Coryphantha
繁　　殖	播種

原產自墨西哥，常見生長於大型的柱狀仙人掌群間。自異學名上來看，被認為是象牙丸的亞種。除了花色、莖表皮色澤上有些差異外，其他均與象牙丸相似。

↑不具有中刺，副刺 5 ～ 8 枚呈灰色，尖端深褐色。

形態特徵

　　灰綠色或藍綠色的球狀或扁球狀仙人掌，莖表皮具光澤，由大型的三角形疣狀突起所組成。生長至一定大小後才開始增生側芽，植群直徑有時可超過 50 公分。實生苗具有明顯的主根。幼株較光滑；成株後於莖頂生長出白色毛狀附屬物。刺座著生於疣狀突起上，不具有中刺。花期夏、秋季，花黃色，直徑約 5 ～ 6 公分，花瓣末端中央帶紅褐色條紋。無法自花授粉，需異花授粉才能結出綠白色帶點紅暈的棒狀漿果。

生 長 型

　　栽植時應注意具粗大主根，盆器的選擇不宜太小，才有利根系生長。夏季生長期間換盆，給予充足肥料及水分，可觀察到球體莖頂處新生疣狀突起的現象。冬季休眠期間應節水或停止澆水，保持介質乾燥為宜。自小苗栽培需 8 ～ 12 年的時間，或莖頂端出現毛狀附屬物時達成株才會開花。栽培環境通風不良易發生鏽病。

↑長至成株時，莖頂處開始著生毛狀附屬物。

←應栽培於全日照及半日照或稍遮陰的環境，喜好通風及排水良好介質。

變　種

Coryphantha sp.
波霸天司丸

　　可能為天司丸選拔品種或與其他頂花球屬互相雜交所育成的栽培品種。圓形或短圓柱形的仙人掌，株形較天司丸更為巨大，莖體上的疣狀突起較為渾圓且刺較短。成株時莖頂會著生大量白色毛狀附屬物。常見以側芽扦插或嫁接方式繁殖。

Coryphantha elephantidens
象牙丸

英 文 名	Elephant's tooth
繁　　殖	播種、嫁接、扦插

產自美國南部及墨西哥北部一帶，廣泛分布在乾旱及沙漠地區。頂花球屬在親源上與乳突球屬較為接近，球體上有大型的疣狀突起，本屬最大特徵為花朵開放在心部中間。屬名 *Coryphantha* 字根源自希臘文 Koryphe，字義為 Apex，指心部或頂部。Anthae 源自 Anthos，字義為花朵的意思。漿果成熟的時間很長，成熟

↑大型疣狀突起讓象牙丸的造型十分有趣，彷彿鳳梨。

後可取下種子清洗陰乾後撒播。播種栽培至成株需 3～5 年；幼株刺較不多。分株則切下子球扦插或行嫁接。

形態特徵

　　球體上的疣狀突起粒粒分明，形態碩大，直徑 2～3 公分之間，最大可到 6 公分。成株後頂部的疣狀突起間會長出毛狀附屬物，刺座位於疣狀突起頂部，具淺褐色至黑色的刺 5～8 枚，長約 2～3 公分，不具有中刺。花期在夏、秋季之間；花朵直徑 6～8 公分，粉紅色為主，亦有黃花品種，開放在球體心部，具淡淡香氣。

生長型

　　生長在極為乾旱地區，應使用排水良好的介質，生長期可定期給水。栽培環境以全日照及半日照環境為佳，夏季避免全日照陽光直晒處，給予部分遮光減少夏季過強的光線。冬天休眠期，節水介質保持乾燥即可，象牙丸可耐 -3℃ 的低溫。

→象牙丸粉紅色的花開放在球體心部。

Coryphantha elephantidens 'Tanshi Zuogemaru'
短豪刺象牙丸

本種為選拔栽培種，可自成株上取下小球，待傷口乾燥後扦插。但小球扦插到成株的時間較長，商業栽培多採嫁接方式，以火龍果（三角柱仙人掌）、蒲袖等為根砧，可縮短栽培至成株的時間。繁殖以分株、嫁接為主。

↑短豪刺著生於刺座上，近成株心部開始產生毛狀附屬物。

形態特徵

淺綠色、扁球形的仙人掌，直徑可達 18 公分。疣狀突起在成株後，寬可達 6 公分。刺座著生在疣狀突起末端，刺座上有 5 ～ 8 枚短刺，僅 0.5 ～ 1.5 公分，質地堅硬。成株後心部會著生毛狀附屬物。花期夏、秋季之間，花粉紅色，具甜甜香氣。

生 長 型

夏型種。使用排水良好的介質，光照以全日照至半日照環境為佳。夏季可定期或適度給水；冬季則以節水保持乾燥為佳。應避免水澆到球體心部並放置於通風的環境，置於高濕環境表皮易發生褐黑色瘡痂。成株後每年都會開花。

→頂花球屬的仙人掌經長時間育苗後，待球體頂端出現毛狀附屬物時表示已成株，具備開花結果能力（象牙丸）。

Discocactus placentiformis
圓盤玉

異 名	*Discocactus crystallophilus*
別 名	迪斯可仙人掌、扁圓盤玉
繁 殖	播種、嫁接

產自巴西，為仙人掌中生長於林蔭下
的品種，為 CITES 一級保育類植物。
屬名由拉丁文 Disco 和 Cactus 兩字
組成，意為「平的」與「仙人掌」，
形容其外形扁平如盤。繁殖以播種為
主，因生長緩慢又易爛根，常以嫁接
方式養成。中名是以屬名代稱本種；
台灣花市常以迪斯可仙人掌稱之。中
國則以扁圓盤玉稱呼。

↑ 成株後會於球體頂部著生白色絨毛狀刺座。

形態特徵

　　莖表皮深綠至綠褐色的扁球狀仙人掌，成株於仙人掌頂部產生白色絨毛狀
花座（cephalum）。莖狀似蛋糕，株高 8 ～ 9 公分，直徑約 15 公分。具 6 ～ 7
稜，圓形的刺座著生稜上，紅褐色或灰褐色的刺 5 ～ 7 枚。花期夏季，花白色，
夜開間放，具有濃烈香氣。白色漿果卵圓形。

生長型

　　仙人掌中少數喜好高濕環境，可
栽培在半日照至光線明亮處。但根系
較為薄弱易爛根，介質調配以泥炭土
或有機質等透水性佳配方為宜。根系
耐乾旱，可忍受長期乾燥。夏季生長
期間定期給水，待介質乾燥後再給；
冬季休眠時則保持乾燥為宜。2 ～ 3
年應更換介質一次，於春季清明節後
進行為宜。

↑ 圓形的刺座著生於稜上，
新生的刺座色澤較深。

381

Discocactus buenekeri
迷你迪斯可

異　　名	*Discocactus zehntneri*
英 文 名	Squash cactus, Moon cactus
別　　名	迷你圓盤玉
繁　　殖	扦插

產自巴西。圓盤玉屬中最小型的一種，易增生側芽，常見群生姿態。本種以扦插繁殖為主，於春、夏季時進行，自基部取小球，待小球基部乾燥後扦插即可。

↑成株的莖頂處有白色絨毛狀花座。在母株四周可見大量增生的側芽。

形態特徵

　　球狀的小型仙人掌，莖表皮暗綠色。本種容易增生側芽，成株莖直徑 10 公分左右，株高約 7～10 公分。約 20 稜，具有近 1 公分高的疣狀突起，呈螺旋狀排列組合而成。刺座為卵圓形狀，著生於疣狀突起上，不具有中刺；白色的副刺 10～15 枚，約 1～2 公分長，末端黃褐色或深褐色，略呈彎曲狀。花期春、夏季，成株於莖頂處會著生 1 公分高，近 4 公分，乳白色或淺黃色毛狀花座，花座上每年會開花；花量多，白色的鐘形花達 9 公分長，於夜間開放。花苞形成後於 24 小時內會開放。具有強烈香氣，花後會結出白色漿果。

生 長 型

　　圓盤玉屬中最容易栽培的一種，但其根系較為薄弱，初學者栽種時要控制給水。十分怕冷或霜害，氣溫低於 15℃時應嚴格節水。以半日照至明亮處栽培均可，唯夏日午後的直射陽光可能會造成晒傷。首重介質的排水性，夏日生長期可定期給水，但冬季休眠時應節水或保持介質乾燥為宜。

→刺座著生於疣狀突起上，不具有中刺，白色的副刺略彎曲，伏貼於仙人掌球上。

Echinocactus grusonii
金鯱

英文名	Golden barrel cactus
繁　殖	播種

產自墨西哥中部 Rio Moctezuma 河谷及乾燥的沙漠地區，因當地建設河堤大壩，原生地十分稀少，列為瀕臨絕種植物之一。金鯱在原產地多半會朝南或西南向生長，常成為旅人的指標。為大型的圓桶狀仙人掌之一。

↑金鯱成株後，莖頂部會著生大量絨毛狀附屬物；漿果外覆絨毛。

形態特徵

　　莖表皮為黃綠色的球狀或圓桶狀仙人掌，具 21 ～ 27 稜，稜瘦長呈脊狀，稜數多且十分明顯。成株後株高與直徑可達 1 公尺。刺座直線排列著生於稜上，具有金黃色的剛刺，中刺 3 ～ 4 枚，副刺 8 ～ 10 枚。花期夏、秋季，莖頂處會開放金色的鐘形花；漿果有毛。

生長型

　　強刺類仙人掌之一。生長緩慢，會先長成球形後，再向上生長呈圓桶狀。介質適應性廣，可使用砂土、黏土、石礫、泥炭土或腐葉土等介質配方，但以排水性良好為原則。每年春季可換盆一次，盆器選擇大一號的更換即可，換盆可提供根系新鮮的介質，將有利於生長。

↑盆植的金鯱生長更為緩慢，若地植的金鯱生長速度會快一些。

Echinocactus texensis

凌波

夏型種

異　　名	*Homalocephala texensis*
英 文 名	Horse crippler cactus, Candy cactus, Devil's pin cushion
繁　　殖	播種

產自美國南部德州至墨西哥等地，生性強健，廣泛分布在海拔 1400 公尺以下地區，沙漠、草原及開放的灌叢、疏林底層都有分布。屬名 *Echino* 源自希臘文，指刺蝟、豪豬之意，說明本屬的仙人掌具有巨大的刺座及堅硬的刺。凌波刺座大，刺寬、質地堅硬，

↑凌波的中刺具明顯環狀花紋，副刺長度不一。

易造成馬匹的傷害，而有 Horse crippler cactus 之稱。紅色果實可食用；也能製成糖果食用，又名 Candy cactus。繁殖時可取紅色漿果經清洗陰乾取得大量種子，再以撒播方式播種。種子可置於冰箱中保存 3 ～ 5 年。

形態特徵

灰綠色或草綠色的圓柱、圓球形仙人掌，不易增生側芽，常見單株生長。球體具有稜的構造。老株下半部木質化半埋於土壤中。刺座著生 6 ～ 7 枚刺；紅灰色的刺質地堅硬，下位刺特別寬厚且長，具有明顯環紋構造。花期多半於春或春末開放，花形大，直徑可達 10 公分。花為粉紅色至銀紅色，花朵心部紅至深紅色。卵形漿果紅色。

生 長 型

全日照至充足光線環境，有利於凌波的生長，光線不足時會產生弱刺，嚴重時植株會變弱，最終死亡。冬季可忍受 -18℃左右低溫，但要保持根部乾燥。栽培時以排水良好介質為佳，夏季生長時可充分給水。

←刺座構造是強刺類仙人掌最美麗的特徵。

↑ 經由園藝選拔結果，大量種子繁殖時隨著栽培者喜好，挑選到許多不同刺形態的實生變異品種。如中刺更為粗大的個體，或具有狂刺（中刺會微彎或反捲）的個體；或刺為黑色的黑刺型個體等。 圖為短刺的凌波 *Echinocactus texensis* var.。

↑ 瑰麗的紅色圓形漿果。

變　種

Echinocactus texensis var.

刺無凌波

　　無刺的凌波，其是在大量播種時挑選出來的個體（實生變異）。刺座上只有極短的刺及毛狀附屬物。少了重裝備的凌波，是不是多了一種清新可人的形象。

Echinocereus subinermis
大佛殿

| 繁　　殖 | 播種、扦插 |

產自墨西哥北部地區，常見生長於熱帶落葉的橡樹林下。屬名 *Echinocereus* 字根源自希臘文 Echinos（刺蝟）與拉丁文 Cereus（蠟燭）兩字組成，形容本屬仙人掌的株形似蠟燭及外覆大量刺而得名。常用播種方式繁殖，亦可扦插，於春、夏季時可自成株基部切取增生側芽，待傷口乾燥後扦插。

↑ 大佛殿的花筒外布滿刺，為蝦仙人掌屬的特徵。

形態特徵

　　莖表皮灰綠色，略呈圓柱狀或球狀的仙人掌。達一定株齡後會增生側芽，初期為單株狀，後期呈叢生狀。株高約 10 ～ 20 公分，莖直徑約 7 ～ 9 公分。具 5 ～ 11 稜，絨狀的刺座著生於稜上。中刺 1 ～ 4 枚；副刺 3 ～ 8 枚。幼株具有短刺的刺座，但成株後刺座不明顯或無刺。花期春、夏季，花瓣黃色或檸檬黃色，雌蕊綠色；花朵可開放 5 ～ 6 天。倒卵形、灰綠色的漿果具刺，成熟時會縱向開裂。

生長型

　　大佛殿花朵很美，易栽培，是少數原生於樹林下的仙人掌品種，對光的需求性較低，可栽培在半日照至光線明亮處；若栽培在全日照下易發生晒傷。每年 3 ～ 10 月生長期可充分澆水，待介質乾透後再澆；冬天休眠期間，若過度澆水易發生爛根問題，對於介質也以透水性佳的配方為宜。

→大佛殿的刺座小，成株後不明顯，達一定株齡後開始增生側芽。

Echinocereus rigdissimus var. *rubispinus*
紫太陽

異　　名	*Echinocereus pectinatus* var. *rubrispinus*
英 文 名	Rainbow cactus, Ruby rainbow
別　　名	紅太陽
繁　　殖	播種

英名直譯以「彩虹仙人掌」來稱呼。
產自墨西哥北部或西北方地區，為嫌
鈣性植物，生長在土壤缺少石灰岩成
分，偏酸性的土壤環境。

↑喜好通風及排水良好的介質，澆水時要注意，
否則容易爛根。

形態特徵

　　莖表皮淺綠皮的柱狀仙人掌。具 18 ～ 26 稜，以縱向排列組成。刺座著生
於稜上，無中刺；鮮紅色的副刺 30 ～ 35 枚；初生刺座色澤鮮豔，老化後色澤變
淡或呈灰白色。花期春季，桃紅色的花開放仙人掌球體側方，花筒上密布刺座。
漿果暗綠色或紫紅色。花後如經授粉需 3 個月的生長才能成熟。

生 長 型

　　喜好近中性或偏酸性土壤，介質
的調配可以泥炭土為主要配方，再添
加部分增加排水性的石礫或大顆粒礦
物性介質。喜好通風環境，栽培在全
日照或半日照環境為宜。光線越充足
明亮，刺座越鮮豔美觀。夏季生長期
可適量給水，若溫度高或較炎熱時再
給水；冬季休眠期則介質保持乾燥因
應。

↑生於頂端的新生刺座，色澤鮮豔美麗，贏得
Ruby 或 Rainbow 的美名。

夏型種

Echinofossulocactus lloydii

振武玉

異　　名	*Stenocactus lloydii /*

Stenocactus multicostatus

英 文 名	Brian cactus, Wave cactus
繁　　殖	播種

原產自墨西哥中部。因外形具有特殊的波狀稜，英文俗名常以 Brian cactus（腦仙人掌）稱之。夏季為播種適期。

↑ 花白色或淡粉紅色，
花瓣上具紫紅色中肋。

形態特徵

　　莖近球形或扁球形。株高約 7 ～ 20 公分。莖直徑約 8 ～ 15 公分，具 50 ～ 100 個波浪狀的稜。刺灰白色或淺褐色，扁平。刺座具中刺 3 枚；邊刺 10 ～ 15 枚。花期春季，白色花具有紫紅色中肋。

生 長 型

　　因外形特殊，並具有其他無刺或短刺的栽培變種，為仙人掌喜好者不可錯過的品種之一。栽培容易，以透水性介質栽培為佳。喜好全日照至半日照環境，夏季生長期間可定期供水；冬季澆水時需注意，避免過多水分。

→具有特殊的波浪狀稜。

Echinopsis calochlora
金盛丸

英 文 名	Hedgehog cacti, Sea-urchin cactus, Easter lily cactus
別 名	刺蝟仙人掌、海膽仙人掌
繁 殖	分株

廣泛分布南美洲巴西、阿根廷、智利、厄瓜多等地，常見生長於砂地、岩屑地及山壁的石縫中。屬名 *Echinos* 在拉丁字意中為 Hedgehog（刺蝟）或 Sea-uechin（海膽）。Opsis 字根意為外表密布細刺之意。復活節百合仙人掌 Easter lily cactus 之名可能是因金盛

↑金盛丸的花白色，與台灣常見的八卦癀（長盛丸）*Echinopsis multiplex* 不同。

丸會開放出清香動人的大白花而來。富含特殊的生物鹼，傳統醫療上使用多年。本屬最大特徵就是會開放大型、管狀的花朵。

形態特徵

為淺綠色、扁球或圓形的仙人掌球，易生子球，常見以群生或叢生方式生長。直徑最大可至 10 ～ 15 公分。具 14 稜，刺座直線排列，著生於稜上，刺座具有 15 ～ 18 枚灰褐色的刺，中刺不明顯。花期集中於夏季，大型花朵長度約 10 ～ 15 公分，花徑 5 ～ 8 公分。

生長型

適應力強，但栽種仍以排水良好的介質為佳，放置於全日照至半日照環境為宜。光線充足生長佳，至少要有半日照以上的環境。因生長力旺盛，至少 2 ～ 3 年應進行分株，以讓植群能得到新的生長空間；或進行換盆、換土作業，可避免因介質酸化及根系生長過盛，造成根部呼吸不良。於春、夏季自基部切取小球，待傷口乾燥後再扦插即可。

Epiphyllum guatemalense
白花孔雀仙人掌

英 文 名	Orchid cactus
繁　　殖	扦插、播種

主要分布墨西哥及中南美洲的委內瑞
拉及加勒比海等地，原分布於熱帶雨
林之中。花形、花色變化多，具香
氣，另有黃花或粉紅品種。英文常以
Oricd cactus 稱之；中名則統稱為孔
雀仙人掌。花於夜間開放，可維持數
小時，但於隔日午後就凋謝。果實可
食。葉狀莖扦插或種子繁殖

↑花色以白花為主。

形態特徵

　　根系強健，可附著於樹幹或岩壁上。具蔓生的扁平狀莖，其葉狀莖具有波
浪狀緣，以利垂掛在樹枝及岩石上。刺座、新生嫩莖及花苞生於葉狀莖緣凹處。
花期夏、秋季，花大型具花筒，但花筒上的線裂為白色；花瓣多為白色，花柱
粉紅色，柱頭黃色。

生 長 型

　　喜好生長在半日照及光線明亮環
境，光線過強時葉狀莖、葉色偏黃。
冬季休眠，生長緩慢，夏季生長時除
定期澆水外，可施以磷鉀含量較高的
肥，以利葉狀莖生長與充實，利於來
年開花。

→花苞外會分泌蜜汁以
吸引螞蟻造訪。

Epiphyllum oxypetalum
瓊花

英 文 名	Dutchman's pipe, Queen of the night
別　　名	曇花、月下美人、葉下蓮
繁　　殖	扦插、播種

原產自墨西哥、瓜地馬拉、委內瑞
拉及巴西等地，台灣於 1645 年由荷
蘭人引入，在台灣普遍栽培。曇花
屬 *Epiphyllum* 源自希臘文，意思就是
葉片之上。字根 epi 意為「什麼之上
的」；phyllum 即為葉片。

↑光線適宜時葉色翠綠，若光線過強葉狀莖會呈
紫紅色。

形態特徵

為多年生肉質的蔓性灌木，莖扁柱形。株高 1 ～ 2.5 公尺；老枝圓柱狀，新
枝為扁平，具有波狀淺鋸齒緣，中肋明顯特化成葉狀莖。花期夏、秋季。花著
生於葉狀莖緣凹處，白色花大型，於夜間開放，凌晨即凋謝；花具香氣。花苞
30 公分長，開放時花筒下垂再向上翹起開放；花筒有紫色線裂及闊倒披針形的
萼片。花柱白，柱頭黃色。

生 長 型

喜濕暖的半陰環境，但不耐霜
凍，冬季若低於 5℃時應注意保暖或
移入室內防寒。忌強光直晒及全日照
環境，可栽植於樹蔭下。介質以排水
及富含有機質的為宜。夏季生長期間
可每月施肥 1 次，以磷鉀肥為主。盆
植時應立支柱以支撐葉狀莖。葉狀莖
扦插或種子繁殖。

→葉狀莖中肋明顯，葉緣凹
處會著生新生的嫩莖。

Epithelantha bokei

小人之帽

異　　名	*Epithelantha micromeris* var. *bokei*
英 文 名	Boke's button cactus, Smooth button cactus, Ping pong ball cactus
繁　　殖	嫁接

僅局限分布在墨西哥北部及美國德州南部的奇瓦瓦沙漠地區，常生長於石礫地及石灰岩的山丘邊緣縫隙間。屬名 *Epithelantha* 源自希臘字。字根 Epi 英文為 upon, on, at 及 over 之意，即「在什麼之上」的意思。Thele 英文為 nipple，有乳頭的意思，形容本屬植物莖表面由許多小型的疣狀突起組成。Anthos 英文為 Flower，即花開放在疣狀突起之上，形容本屬花朵開在仙人掌球頂端。原為月世界仙人掌的變種之一，後獨立為一個種。本屬和乳突球屬一樣具有乳房狀突起，只是花朵開放的方式不同。

↑ 小刺以放射狀排列，中心處會呈立體狀堆疊。

形態特徵

圓形或短圓柱狀的小型仙人掌。株高僅 2 ～ 3 公分。全株覆著灰白色、細緻的刺座。灰白色小刺以放射狀排列，以中心處呈立體狀堆疊。外觀較月世界仙人掌觸感細緻，以 Smooth button cactus 稱之。花期冬、春季，粉紅色或黃色花開放在球莖頂端，有黃色花藥及花絲；可自花授粉。長形的紅色漿果約 1 公分長。

生 長 型

生長極緩慢的小型仙人掌，使用透氣及排水性的介植栽培為宜。夏季生長期間僅能定期給水，待介質乾透再澆，過度澆水植株易徒長變形。冬季休眠期間不可澆水，在原生地休眠期間，植株會縮或陷入土壤表層，待雨季的生長期間吸足水後，球體會再生長突出地表。生長緩慢，小苗期間要注意水分控制。常見使用嫁接方式以縮短育苗期。

Epithelantha micromeris
月世界

異　名	*Epithelantha micromeris* var. *micromeris*
英 文 名	Button cactus, Common button cactus
別　名	明世界、細分玉、姬七七子、虞紅丸
繁　殖	播種、扦插

英名以鈕扣仙人掌或乒乓球仙人掌統稱這一屬的小型種仙人掌。廣泛分布在美國亞利桑那州、新墨西哥州、德州西部、墨西哥北部等海拔 500 ～ 1800 公尺的沙漠草原或疏林地區。常見群生一小叢的狀態，生長在奇瓦瓦沙漠（Chihuahuan desert）山丘上的岩石及懸崖縫隙間或粗石礫地區。與月世界的變種或亞種，小人之帽及魔法之卵外形十分相似。

↑ 圓形的個體，球體頂點平坦、中心處略凹。小刺未有立體狀的堆疊。

形態特徵

　　灰白色的短圓柱形、球形的小型仙人掌。植株會突出地表上，不半埋於土壤中。仙人掌球體莖頂平坦，心部會略為凹陷，並有白色毛狀附屬物生長；成株易生側芽呈現群生姿態。株高可達 9 公分；全株細小的疣狀突起以螺旋狀排列組成，細小灰白色刺座著生於突起之上。中刺不明顯；灰白色的副刺長 0.2 ～ 0.5 公分，約 20 ～ 40 枚不等，以放射狀分布於刺座上；中心部略有黃褐色斑。花期冬、春季，花小型，直立開放於莖頂叢生的毛狀附屬物中。花粉紅色或白色，可自花授粉。紅色漿果長條形。

生 長 型

　　生長緩慢，可忍受 -12℃的低溫環境。喜好通風環境，全日照、半日照及光線明亮處均可栽培，因根系敏感建議使用排水良好的介質。夏季生長期間可定期給水或略施磷鉀比例較高的緩效肥，每年一次。冬季休眠期間則節水或保持乾燥。可於春、夏季播種或自成株上取下完整的側芽，待傷口乾燥後扦插即可。

Epithelantha pachyrhiza
魔法之卵

異　　名	*Epithelantha micromeris* ssp. *pachyrhiza*
別　　名	魔法卵
繁　　殖	嫁接

中名沿用日本名稱而來，僅局限分布於墨西哥北部地區，原為月世界仙人掌的一個亞種。因生長緩慢，苗期的管理及水分控制要得宜，避免過度澆水造成小苗大量腐爛。亦可使用嫁接方式來縮短苗期，待球體夠大後，再以接降方式育成。

↑刺座上的小刺排列較紊亂，末端呈黑色，部分覆蓋朝莖頂部生長，有漩渦狀聚合。

形態特徵

　　不易產生側芽，常見單球生長，植株會生出地表，不半埋於土壤表層。隨著植株生長，短圓柱形的莖部會由瘦小漸漸肥大，常於基部具有類似頸部的構造。成株高達 10 公分。具有明顯似胡蘿蔔狀主根；接降苗則無。刺座著生於疣狀突起上。中刺不明顯，灰白色副刺末端黑褐色，長短不一，著生方式較為紊亂，於莖頂形成漩渦狀或陀螺狀聚集。花期冬、春季，花較大，開放於莖頂，花淺黃色或粉紅色，花藥與花絲為粉紅色；可自花授粉。紅色漿果長形。

生長型

　　栽植的盆器選用透氣性佳的陶瓦盆為宜。光線充足有利於刺座的生長及株形的養成，栽培在全日照至半日照環境為佳，但夏季直射陽光需注意，要有部分遮光。喜好通風環境，介質亦強調透氣及排水性。栽種時不宜過深，因具有生出土表的特性，如栽植過深易引發爛根。夏季生長期間可定期給水，但切勿過多，水分過多株形會變長而失去觀賞價值。若株形過長，因根莖部過長無法支撐植株時可選用深盆栽，於莖基部填入顆粒性介質。冬季休眠期間則以保持乾燥為宜。

Escobaria minima
迷你馬

異　　名	*Escobaria nellieae / Coryphantha minima*
繁　　殖	播種、扦插、嫁接

僅少數分布在德州 Chihuahuan 荒漠草原地區；常見生長在風化岩石的碎屑環境，僅局部分布在少數區域。中文名迷你馬應譯自種名而來，為小型種的仙人掌，易生側芽呈群生姿態，但生長緩慢。本種易以種子播種繁殖；也可使用側芽扦插或嫁接等方式繁殖。

↑ 紫紅色的花大型，開放在莖頂端附近。

形態特徵

　　莖表皮淺綠色、短柱狀小型仙人掌。株高約 2.5 公分，直徑約 0.6 ～ 1.7 公分。具有短胖的直根系，莖上疣狀突起明顯，約 0.2 ～ 0.4 公分。白色的刺著生在疣狀突起之上，具中刺 1 ～ 4 枚；副刺 13 ～ 23 枚。花期春、夏季均會開花。

生長型

　　生長緩慢但栽培並不困難，喜好全日照至半日照環境。冬季休眠期保持介質乾燥為佳；夏季生長期間可定期給水，待介質乾透後再給水。栽培首重透氣性及排水性佳的介質。

→ 刺座上粗大的中刺伏貼，向四方呈輻射狀排列。

夏型種

Espostoa melanostele
幻樂

英文名 | Snow ball, Cotton ball cactus, Old
man of Peru

繁　殖 | 播種、扦插

產自南美洲秘魯安地斯山高海拔山
區。外覆白色絹毛，得名 Snow ball、
Cotton ball 和 Old man。本屬最大特徵
就是外覆大量的毛狀附屬物，在原產
地會使用白裳屬的絨毛作為枕頭的枕
芯之用。幻樂與管花柱屬的吹雪柱外
觀相似，但產地、花色及開放方式均

↑ 全株外覆質地細緻，如同羊毛或棉絮狀的毛狀
附屬物。

不同。台灣以扦插為主，切取莖部頂
端 5 ～ 10 公分長，待傷口乾燥後扦插。去除頂部後的母株，會在切口附近的刺
座上再生出小的仙人掌。

辨識重點：吹雪柱毛狀附屬物為鬃毛狀，質地粗呈挺直狀；幻樂外覆毛狀物，
為羊毛狀，質地細緻呈捲曲狀。

形態特徵

　　莖表皮淺綠色的柱狀仙人掌，外覆大量絹毛狀附屬物。株高可達 60 ～ 90
公分，但也有 1 公尺以上的個體。具 18 ～ 25 稜；刺座緊密排列於稜上，並外
覆大量的羊毛狀附屬物。中刺 1 枚；毛狀的白色副刺 30 ～ 40 枚。花期集中春、
夏季之間，白色花在夜間開放。果實為球形的紫紅色漿果；內含細小的黑色種子。

生長型

　　生長緩慢，但生性強健，栽培容易。夏季生長期間可定期給水，待介質乾
透後再給水，冬季則保持乾燥為宜。栽培應以半日照至光線明亮的環境為宜，
南向窗台的明亮光照環境即可栽培良好。本種易爛根，除澆水需十分注意之外，
栽培應選用透水性佳的介質；至少每三年換盆或更新介質一次。毛狀物上易積
灰塵導致外觀髒污，可於生長期間使用溫肥皂水噴灑後再以清水噴洗去污，如
仍不乾淨可重覆處理，過長的毛也可使用梳子輕輕地梳理。

Ferocactus latispinus
日之出丸

英 文 名	Devil's tongue barrel, Crow's claw cactus, Candy cactus
繁　　殖	播種

產自墨西哥中部及南部乾燥區域。強刺球屬仙人掌的特徵為球體上的稜突起明顯，刺座大，著生的刺堅硬，中刺呈鉤狀、橫帶狀或環狀花紋。英名 Candy cactus，說明本種仙人掌的中心髓部經糖水浸漬後可製成甜點。種子可取自成熟的紅色漿果，清洗晾乾後於春、夏季生長期以撒播方式播種。

↑中刺較瘦長，紅色至紅褐色，大小不分明，呈倒鉤狀。

形態特徵

　　中、大型綠球形或扁球形的仙人掌；不易增生仙人掌球。直徑約 25 ～ 45 公分，株高可達 40 公分。13 ～ 23 稜；刺座平均分布於稜上，紅色至紅褐色中刺 4 枚，質地堅硬，下位中刺長約 4 公分；副刺 6 ～ 12 枚，長度大小一致，表面較為光滑。花期集中在秋、冬季之間；花漏斗狀，長約 4 公分；花紫色或淺黃色，約 6 公分長、3 公分寬。卵形漿果鮮紅色，約 2.5 公分。

生 長 型

　　春、夏季生長期應定期給予充足水分；冬天休眠時保持介質乾燥避免過於潮濕。澆水時應緩緩由盆緣倒入並避免於上午給水。如不慎弄濕球體，在全日照環境下易導致球體晒傷，產生結痂的斑塊，嚴重時會引發真菌性感染造成植株死亡。

→本種生長緩慢，喜好排水良好及全日照環境。

Frailea castanea
土童

異　　名	*Frailea asterioides*
繁　　殖	播種

產自巴西南部至阿根廷草原地區，為本屬最常見的品種之一。種名 *castanea* 源自希臘語，意為 Coloured like a chestnut，指土童莖表皮的深紅褐色與栗子類似。本種易產生種子，可採收種子以撒播方式繁殖。於母株四周或是盆緣處易生小苗，也可用移植方式繁殖。

↑為扁球狀的小型種仙人掌。

形態特徵

　　直徑 4 ～ 5 公分，8 ～ 15 稜，有黑色微小、蜘蛛狀的刺座緊貼在稜上，刺向下彎曲。花期集中春、夏季，花大型近 4 公分，但常呈花芽狀，不常見開花。如適逢雨季或濕度高時會開放，開放時間在每天溫度最高時，常見在中午或午後。花黃色，花開後即凋謝；可自花授粉，果實成熟後會乾裂，易與植株分離，種子大型，利於傳播。

生長型

　　介質以富含有機質、多孔隙的土壤為基本配方較佳。生長期間可充分澆水，但以介質乾透後再澆水較有利本種生長。全日照至光線明亮處均可栽培，光線越強其外表色澤會越趨近紅褐色，且株形呈扁球狀。

→於休眠期及乾季時，植株會半埋在介質中；生長季充分澆水時植株又會長出土壤表面。心部已產生花苞。

Frailea pumila
虎之子

繁　殖 │ 播種

產自南美洲阿根廷一帶的草原地區，原生地常是半埋在土壤表面之間。外國學者將本屬以 Hidden treasure（隱藏著的寶藏）來稱呼它們。春、夏季為播種適期。本種易結果會產生大量的種子，可收集種子後再以撒播方式播種，或注意母球的盆緣處，常可見實生小苗，移植亦可。

↑ 花期集中夏季，花黃色並不常開。

形態特徵

　　淺綠色至深綠色圓球狀的莖，直徑約 3 公分，株高不及 5 公分。生長點凹陷，不易增生側芽，但亦有實生變異，容易長子球形成群生個體，但不多見。13 ～ 20 稜，具有微小疣狀突起，但不明顯，稜及突上著生刺座。具黃至金黃色的短刺；中刺 1 ～ 3 枚；副刺 9 ～ 14 枚。自花授粉未見開花便已結果。花開季節如適逢雨季空氣濕度高時，花朵才會盛開。凹陷生長點上常見成熟裂開的果莢，果莢內含黑色種子，經由雨水噴濺時會將種子彈射到母球四周。

生長型

　　可栽培於半遮陰至光線明亮處。喜好排水良好之介質，生長季可充分給水，冬季則節水或保持介質乾燥為宜。虎之子生長緩慢，栽培 3 ～ 5 年莖的直徑還不及 1 公分。可使用較細的飾石（化妝砂）覆蓋於介質表面，較易凸顯出仙人掌球體。

→ 虎之子群生的變種。

Frailea schilinzkyana
小獅丸

別　　名	小獅子丸
繁　　殖	播種、扦插

產自阿根廷及巴拉圭，分布於巴拉圭河沿岸的草原地區。屬名 *Frailea* 在紀念 19 世紀末美國農部負責收集仙人掌的西班牙學者 Manuel Fraile 先生。果實易脫落且果皮薄，容易釋放出種子。收集種子後，可撒播在淺盆上，用塑膠袋套住保濕及提高溫度，促進發芽。當小苗球體直徑達 1 公分後再行移植。行扦插繁殖，可自小球基部剪下，待傷口乾燥後扦插，以春、夏季間進行為適期。

↑花朵並不常開，常以閉花授粉的方式產生果實。

形態特徵

　　莖表皮淺綠褐色的小型種仙人掌，具 10 ～ 13 稜，有較明顯的疣狀突起。刺座著生於疣狀突起上。中刺 0 ～ 1 枚，較副刺質地堅硬且短；黃色至褐色的副刺 10 ～ 12 枚，常緊密貼在球體上，刺常向下微彎。花期夏、秋季，花黃色，常見花開放在中午及午後，黃昏後隨即凋謝。具有閉花授粉現象，即便不開花也能結果產生種子。

生 長 型

　　小獅丸在台灣仙肉栽培業者的管理下，原本小型種的仙人掌變的較為大型。經由肥培後，成株的小獅丸易生子球，以群生姿態生長。喜好生長於以有機質土壤為主要配方的排水介質。全日照至光線明亮處皆可栽培，光線越充足球體就較充實，常呈扁球狀，色澤較深。

↑漿果成熟後，易脫落或縱向開裂散落在球頂處。

Gymnocalycium baldianum
緋花玉

繁　殖｜播種

栽培容易，生長迅速，花色豔麗與牡
丹玉為花市常見的仙人掌品種。
產自阿根廷中、高海拔地區。花色
多，由播種到開花的時間短。本種不
易增生側芽，因此繁殖以播種為主，
生長迅速，由播種到開花只需 1 年。

↑花期集中夏季，常見以紅紫色為主

形態特徵

　　莖表皮灰棕色或藍綠色，有些個體表皮呈藍黑色。直徑最大可達 13 公分，
為小型的扁球狀仙人掌。具 9 ～ 10 個較寬厚的稜，稜上具明顯類似肋骨狀的突
起。刺座深埋突起上；中刺不明顯，副刺 5 ～ 7 枚，刺淺棕色或灰色；刺的形
態多變，有直刺或向球體彎曲。花朵常開放在頂端，花大型，約 3 ～ 4 公分。
花後如經授粉會結出紡錘狀的果實，漿果成熟時為綠色。

生 長 型

　　栽培介質以排水性良好為宜。
生長期除了定期澆水外，可給予含鉀
量較高的緩效肥一次。冬季則保持乾
燥或節水。栽培環境由全日照到光照
明亮的地方均可，生長期間，可移至
光線更充足處，避免徒長以致球體變
形。

↑刺基部常呈紅褐色。市售有時會多球合植，並
非因增生側芽產生群生姿態。

401

Gymnocalycium bruchii
羅星丸

別　　名	最美丸
繁　　殖	播種、扦插

產自南美洲阿根廷，廣泛分布在各種環境。易生側芽，可於春、夏季自母株上剝離小球，待小球基部乾燥後扦插即可。

↑羅星丸於春季開花，淡粉色花清新宜人。

形態特徵

　　莖表皮為紅褐色或暗綠色球形或扁球形的仙人掌。莖直徑約 4 公分，株高 6 公分；群生的植群可長到直徑 15 公分。中刺不明顯，鬃毛狀的副刺略彎曲。花期冬、春季；花為粉紅色或淡色的薰衣草紫；花大型、鐘形，直徑 6 公分。圓卵形的漿果呈綠色。

生 長 型

　　適應性強，對低溫忍受度很高，在 -15℃的環境亦能生存。管理與牡丹玉等仙人掌相似，喜好偏酸性的介質，可栽培在以泥炭土為主要配方的介質中，調配時仍需注意要排水良好。以半日照至光線明亮處栽培為佳。夏季生長期間定期給水；冬季休眠期間保持乾燥或節水管理栽培。

↑暗綠色的表皮與刺座對比鮮明。易生側芽，常見群生狀姿態。

Gymnocalycium damsii var.
麗蛇丸錦

繁　殖｜播種、分株

原產於南美洲巴西、玻利維亞及巴拉圭等地，常見生長在半遮陰或低矮疏林的開放環境；對於光線的忍受度較高，可置於半日照或遮陰環境下生長。介質以排水佳的砂質壤土為宜。球體色彩豐富，十分好栽培，花期不定，全年都會開花。只要植株夠強健會開花，但常見於夏、秋季開。易增生小仙人掌球。麗蛇丸的小仙人掌球一栽入介質中，易生根。繁殖時可挑選帶有錦斑的個體進行繁殖。

↑以麗蛇丸錦上增生的仙人掌球繁殖的後代。僅少數能維持錦斑特性，多數因返祖現象，變回原本的麗蛇丸。

形態特徵

為綠、淡綠或淺綠色的扁球狀仙人掌，最大可長到直徑 8 〜 15 公分，株高約 10 公分左右。球體上可見水平分布的暗色條紋。刺座上的刺，長約 0.5 〜 0.8 公分，最長約 1.2 公分，球體心部刺較不明顯。

生長型

原生地雨季集中於夏季，因此在夏、秋季為麗蛇丸生長季節。生長期充分給水，介質乾了就給水，冬季休眠時或生長緩慢時則保持介質乾燥。本種生長快速，每年應更換介質或換盆一次，有利於生長。

→麗蛇丸錦，應為嵌合體造成，於紅色球體上增生的仙人掌球已失去大部分的葉綠體，因此無法獨立存活。

Gymnocalycium damsii var.
翠晃冠錦

夏型種

異　　名	*Gymnocalycium anisitsii* var.
繁　　殖	播種、扦插

產自南美洲巴西、玻利維亞及巴拉圭等地；常見生長在遮陰及富含砂壤土的環境。容易栽培但開花期不定，易生小球。外觀與牡丹玉相似，兩種可雜交；但牡丹玉的稜脊較為乾瘦，刺座側方有橫帶紋。

↑ 翠晃冠 *Gymnocalycium damsii*，疣狀的突起狀似下巴。

形態特徵

　　莖表皮橄欖綠、綠褐色、灰綠色球狀或扁球狀的仙人掌。株高約 10 公分，莖直徑 8 ～ 15 公分。具 8 ～ 13 稜，稜脊圓潤，刺座則著生於大型下巴狀的突起。中刺不明顯；具有長 1 ～ 1.2 公分的副刺 5 ～ 8 枚。花期不定，全年都可開放。

生長型

　　喜好偏酸性及排水性良好的栽培介質，可使用以泥炭土為主的介質配方或於配方中加入部分的泥炭土。因原生於疏林環境下方，可栽培在半日照及明亮環境。本種根系生長需要較充裕的空間，建議應每 2 年更新介質或換盆一次，有利其生長的需求。

→ 翠晃冠與牡丹玉外觀相似，但疣狀突起較分明，刺座稜脊上無橫帶狀紋。

Gymnocalycium mihanovichii var.
牡丹玉錦

英文名	Chin cactus, Ruby ball, Moon cactus
繁　殖	播種、扦插、嫁接

產自南美洲巴拉圭，常見分布於灌叢下方，全年僅幾個月會接受直射光的環境。裸萼屬 *Gymnocalycium* 意源自於希臘字，字意為 naked calyx，即本屬仙人掌花芽（萼片）不具有毛或刺。牡丹玉開花性良好，因容易缺乏葉綠素，形成黃色、紅色或是橙紅色的錦斑變種。嚴重缺乏葉綠素的個體，苗期會因無法行光合作用而死亡，需以嫁接方式存活下來。

↑牡丹玉 *Gymnocalycium mihanovichii* 一稜上具有明顯的橫紋。

形態特徵

　　莖表皮橄欖綠或紫色的扁球形小型仙人掌。株高約 4 ～ 5 公分，直徑 5 ～ 6 公分。具 8 稜，稜上具明顯橫紋。刺座著生於稜上，中刺不明顯，具小刺 3 ～ 6 枚。花期夏、秋季；花白色、淡綠至粉紅都有。紡錘形漿果紅色。

生長型

　　栽培環境以半日照至光線明亮環境皆可。夏季定期給水有助於生長；冬季則節水或保持介質乾燥方式協助其度過休眠期。

←牡丹玉錦的色彩斑斕，觀賞價值高；另有大型種，為適合初學者栽植的入門型仙人掌。

→這類具有錦斑變種的牡丹玉稱為 Moon cactus 或以「牡丹玉錦」稱之。

夏型種

Gymnocalycium quehlianum
瑞昌玉

英 文 名	Rose plaid cactus
繁　　殖	播種

產自南美洲阿根廷，原生地多見半埋
在土壤中，生長於疏林及草原地區。
外觀與緋花玉相似，稜數較多且刺座
細緻、排列整齊。於春、夏季進行繁
殖。種子可自成熟漿果中取出後，經
清洗、陰乾後儲存於冰箱，翌年春暖
後再播種。

↑副刺基部呈紅褐色，刺座中央具紅褐色斑。

形態特徵

　　莖表皮極具特色，略呈橄欖綠、紅褐色或藍綠色質感的球形或扁球形仙人
掌。生長緩慢，不易增生側芽。莖直徑可達 7 公分，稜數 8 ～ 16 都有，刺座略
有毛、整齊縱向排列生長於稜上；中刺不明顯；副刺短，約 6 ～ 8 枚朝下生長，
花期春、夏季；花白色或粉紅色，直徑達 6 公分。花朵壽命長，可開放近一周
左右。卵形漿果綠色。

生 長 型

　　生長緩慢，可栽培於半日照至
光線明亮處，介質首重排水性佳為
宜。夏季生長期間可定期給水，冬
季休眠期間可節水或保持介質乾
燥。每 3 年應換盆換土一次，有
利於生長。

→花瓣基部紅色，使花心處具
有紅斑或像具有咽喉般。

Hatiora gaertneri
復活節仙人掌

異　　名	*Rhipsalis gaertneri*
英 文 名	Easter cactus, Whitsun cactus
繁　　殖	扦插

原分類在絲葦屬 *Rhipsalis*（葦仙人掌屬）中。原產自巴西東南部，海拔350～1300公尺山區。常見著生於樹林間，較少見著生於石壁上。因花期在3～5月，適逢復活節而得名。與蟹爪仙人掌一樣，取幼嫩的葉狀莖5～8公分長，進行扦插；以秋、冬季為適期。

↑花呈漏斗狀，開放於莖端或近莖端節處，可成對開花。

形態特徵

具扁平狀的葉狀莖，寬約2公分，長約3～5公分，邊緣呈波浪狀的圓鋸齒狀。本種根纖細呈鬚狀，易自莖節處生出不定根以利著生。花瓣10餘枚，以放射狀排列，花被不反捲。花色多變，以粉紅色最為常見。

生 長 型

栽培介質以排水良好的培養土為主，可混入顆粒性的介質如蛇木屑、蛭石等增加介質的排水性及透氣性。介質略乾才澆水，避免介質積水使根部受損，讓病菌有機會侵入造成爛莖。喜好半日照至光線明亮環境；生長期間可提高光照，移至全日照環境栽培；但盛夏時則應遮陰節水，若光照過度葉片會發生晒傷。濕度高可促進生長，高溫及過度乾燥時則生長不良。

↑葉狀莖波浪狀圓鋸齒的缺刻處著生毛狀附屬物。

Hylocereus undatus
火龍果

英 文 名	Pitahaya, Dragonfruit
別　　名	紅龍果、仙蜜果、芝麻果
繁　　殖	播種、扦插、嫁接

又名量天尺屬，原產自中南美洲哥斯大黎加、瓜地馬拉、巴拿馬、厄瓜多爾、古巴、哥倫比亞等地，是著名的熱帶、亞熱帶水果。台灣火龍果最早自 16 世紀由荷蘭人引入台灣，當時引入的品種具自交不親和特性，致結果性不佳；果實品質不良，花蕾能入菜。稱為三角柱仙人掌。

↑ 大型漿果外具有三角形或長卵形的鱗片。

形態特徵

多年生蔓性的多肉植物。深綠色的莖具 3 稜，每稜邊緣具有波浪狀，波浪狀凹陷處具刺座，褐黑色短刺約 3 ～ 5 枚。蔓生莖粗壯，莖內部含大量薄壁細胞，以利雨季水分的貯藏。刺座內具有生長點，可以發育成葉芽或花芽。花期春、夏季，但現行可使用延長電照的方式進行產期調節。花白色，由花苞到結果成熟約需 47 ～ 50 天。橢圓形漿果直徑 10 ～ 12 公分；花苞及漿果外具有鱗片。果肉內具芝麻狀的黑色種子。

生長型

栽培管理粗放，對台灣的環境適應性高，栽培十分容易。但若想生產高品質的果實，需配合花後適當的修剪及合理的肥培管理技術才能達成。居家栽培以枝條扦插開始，約一年後可開花、結果。

→無主根，以蔓生莖大量發生側根及氣生根，以利著生。

Lophophora diffusa
翠冠玉

英 文 名	False peyote
繁　　殖	播種

種名 *diffusa*，英文 outspread，為延伸、擴張的意思。僅局限分布在墨西哥南方，緯度較高的荒漠地區內，常見生長在乾旱的荒漠灌叢下方。其仙人掌球體內含的植物鹼成分，致使人產生麻醉或迷幻，英文俗名以 False peyote 稱之。春播為佳，種子撒播在乾淨的介質上，使用塑膠杯倒扣或是加封保鮮膜等方式，催芽約 7 ～ 14 天發芽，

↑花期夏季，花白色或乳白色。

小苗期間要注意濕度的維持，不可過乾，待小球球徑約 0.1 ～ 0.2 公分時，約略覆蓋一層薄薄的砂礫，除協助球體向上或固定植株的功能外，還可防止藻類滋生及調節濕度。待植株至 0.5 ～ 1 公分時可進行第一次移植，以利小球生長

形態特徵

　　莖表皮黃綠色或灰綠色，無刺的圓形仙人掌，可見單生或群生的個體，為烏羽玉屬中較為原始的品種。株高可達 2 ～ 7 公分，球體直徑 5 ～ 12 公分；部分族群直徑 20 ～ 25 公分。幼株 5 稜；成株 5 ～ 13 稜。疣狀突起以不規則的螺旋排列。無刺，刺座著生毛狀附屬物；幼株則無毛或稀疏。無法自花授粉，需以人工授粉協助才能結果產生種子。

生長型

　　具粗大主根易腐爛，應使用排水良好的介質。栽培以通風環境為佳，可栽培在半遮陰至光線明亮處，忌陽光直晒。不需經常澆水，生長期間仍應充分給水，以介質乾燥後再澆或球體由綠色變成灰綠色時再給水；過度澆水球體易發生腐爛或直接爛根。冬季休眠期時應保持通風及節水讓介質乾燥。

夏型種

Lophophora fricii
銀冠玉

異　　名	*Lophophora williamsii* var. *fricii*
英文名	Peyote, Cactus pudding, Devil's root, Dry whiskey, Whiskey cactus
繁　　殖	播種、扦插

原產自墨西哥北部，為烏羽玉的變種。株形較烏羽玉大，莖表皮略帶白粉，呈灰綠色或灰藍色調。刺座上毛狀附屬物較為明顯。而翠冠玉 *Lophophora diffusa* 莖表皮翠綠色，且易生側芽。

↑銀冠玉的莖表皮有灰綠或灰藍色調，常見類似白粉的物質。

形態特徵

　　較不易增生側芽常見單球狀，實生苗具大型主根。刺座易生毛狀附屬物。稜近似於烏羽玉及翠冠玉之間，稜數目不定，5、8、13 及 21 稜的個體都有。花期春、夏季，花桃紅色或粉紅色為主，但也有白花的變種 *Lophophora fricii* var. *albiflora*。僅能異株授粉，無法自花授粉。

生長型

　　栽培管理與翠冠玉類似。

←長毛翠冠玉雖然外觀與銀冠玉相似，但翠冠玉花白色，且莖表皮顏色較翠綠，不具有灰綠或灰藍色的質感。

↑刺座上常具有毛狀附屬物，花粉紅色或桃紅色。

Lophophora williamsii
烏羽玉

英 文 名	Peyote, Mescal buttons, Devil's root, Whisky cactus
繁　　殖	扦插、播種

產於美國德州西南部至墨西哥一帶。常見單獨個體或群落生長，分布在沙漠、岩石坡地及乾燥河床兩側。烏羽玉屬為一種無刺，長像與鈕扣相似的仙人掌，富含特殊生物鹼，美國原住民在傳統醫療及各類宗教儀式上使用。

↑長相可愛，花友以「烏魚」稱呼。播種近 3 年的植株，就像一顆顆的扣子。

屬名 Lopho 字根源自希臘文 Lophos，意為 the back of the neck；the crest of a hill or helmet.，形容球體上的疣狀突起外觀，與後頸或山峰及頭盔的外形相似。部分易生仙人掌球的個體可使用扦插方式繁殖。播種至成株，開花最快需 3 年時間。花後可自粉紅色棒狀漿果取出種子，經清洗陰乾後以撒播方式播種。

形態特徵

翠綠、深綠色的球形或扁圓形仙人掌。球體質地柔軟，有明顯的主根，肥大狀似蘿蔔。幼株 5 稜；成株 7 ～ 13 稜。疣狀突起常見以直線排列。刺座無刺，但著生濃密毛狀附屬物；幼株則無毛或稀疏。可自花授粉，粉色棒狀漿果約 1 ～ 2 公分長，可食。內含黑色種子。

生長型

栽培與翠冠玉相似。肥大主根易腐爛，使用排水良好的介質為佳。半遮陰至光線明亮環境下均可栽培。

↑花期夏季，花粉白色或淡粉色，具有紅色中肋。

夏型種

Lophophora williamsii ‘Caespitosa’
子吹烏羽玉

| 繁　殖 | 分株、扦插 |

主要分布美國德州及墨西哥一帶。生長
於海拔 100～1500 公尺的沙漠疏林中。
為烏羽玉的變種，變種名 Caespitosa
源自拉丁語，語意為 growing in tufts，
即成簇般生長的意思。

隨著株齡增加，增生的側芽越多。因不易開
花，種子取得不易，以分株方式繁殖；可於春季
時使用刀具直接將植群以等分的方式分株繁殖，或
將植群裡較大的球體切割下來後置於陰涼處，待傷口
結痂或乾燥收口後扦插繁殖。

↑生長季充分給水後，
球體變大，色澤變綠。

形態特徵

　　與烏羽玉外觀相同，為灰綠色、翠綠色球形或扁圓形仙人掌。仙人掌球因
易增生大量側芽，球體直徑較小。球體柔軟，有軟 Q 的觸感。表皮外覆可防日
光直晒的白色粉末。根部因多為無性繁殖而來，沒有明顯肥大主根。

生　長　型

　　生長緩慢，使用排水性良好的介
質外，宜每 2～3 年更換介質或換盆
一次。於生長期可充分給水，待介質
表面乾燥後再澆水；亦可當球體由綠
色變成灰綠色時再補充水分，但冬季
休眠期則應保持介質乾燥。可栽培在
半日照或光線充足環境，如光線不足
球體會徒長變形。陽光過強或全日照
環境下栽培，球體會半縮或半埋在介
質裡。

↑子吹烏羽玉錦，為錦斑變種，黃、紅的子球相
間更具觀賞價值。

Mammillaria bombycina
豐明丸

英文名	Silken pincushion
繁　殖	扦插、分株、播種

原產於美洲墨西哥東部，分布於海拔 2340 ～ 2500 公尺地區。屬名 *Mammiliiaria* 拉丁文字意 Nipple 為乳房。本屬特徵在疣狀的突起狀似乳房而得名。扦插宜於春、夏季進行；可直接切取側芽，待傷口乾燥後扦插；種子可採收自漿果，清洗陰乾後於春、夏季撒播繁殖。

↑ 單株或群生，會增生側芽形成群生現象。

形態特徵

　　為淺綠色或灰綠色的長圓形仙人掌。球體由圓錐狀或圓柱狀突起呈螺旋狀排列組成。全株密布白色毛狀附屬物。刺座上具有 30 ～ 65 枚白色毛狀尖刺。中刺 3 ～ 8 枚，尖端色黑，下位的中刺最長近 2 公分，略微彎。花期集中春季，花為淺粉紅色或淺白色，呈小形的漏斗狀，於球體上半部呈環狀排列開放，就像是套上花冠般。花後如經授粉會產生綠白色漿果。

生長型

　　生長強健，栽培於全日照或光線充足環境下株形較佳。使用排水良好的介質，生長期間可多給水，介質乾透後再澆；冬季休眠期保持介質乾燥為宜。室外栽培時冬季避免雨淋。每 2 ～ 3 年應更換介質一次，有利於植株生長。

→ 全株因刺座的毛狀細刺，看似密布鬃毛般。

夏型種

Mammillaria carmenae
卡爾梅娜

別　　名	嘉汶丸、佳汶丸
繁　　殖	分株、播種

卡爾梅娜之稱是以種名音譯而來。外形與杜威丸類似。分布墨西哥中部及東部海拔 850 ～ 1900 公尺地區；喜好生長於北向的岩石隙縫間。常以分株繁殖；播種則春播為宜。

↑ 易生側芽，形成群生姿態。

形態特徵

　　莖表皮淺綠色的球形或卵形仙人掌，單株株徑約 3 公分。稜不明顯；全株圓錐狀的疣狀突起呈螺旋狀排列。具有約 100 枚質地柔軟，略呈星狀排列的白色、黃色（金色）鬃毛狀副刺。花期在冬、春季，花色有乳白或粉紅，花瓣具有紅色中脈；花徑約 1 公分；花後結綠色的圓形漿果。

生長型

　　夏季生長期間可充分澆水；冬季休眠期間則保持乾燥。休眠期間可忍耐 -5℃的低溫。栽培環境以通風為佳，全日照及半日照亦可，但以全日照環境為佳，亦可栽培在上午有直射光，下午遮陰的環境。每 2 ～ 3 年應適時更換介質；於夏季生長期間施予高鉀肥含量的緩效肥。

→另有紅刺及金黃色刺的個體，因生長較快速，亦可扦插繁殖。

Mammillaria crucigera
白雲丸

繁　殖 | 播種

僅局限分布在墨西哥中部，海拔 800～950公尺地區，常見生長在懸崖邊上的石縫間，就像生長在石灰岩中。

↑雖只有拇指大小，卻要栽培10年以上。

形態特徵

　　莖表皮呈橄欖綠、灰綠色或紫褐色，為小型的球形仙人掌，生長極為緩慢。由細小的疣狀突起緊密的以螺旋狀排列組成。刺座紅褐色，具黃褐色中刺4～5枚；白色副刺22～30枚，細緻有如針尖狀，刺總長度0.2公分。花期冬、春季，小型的粉紅色漏斗狀花開放在刺座之間。

生長型

　　栽培介質應以排水性佳的礦物質為主。冬季非生長期間應保持介質乾燥，不必給水。入夏後生長期間除定期給水外，可適量給予含鉀肥比例較高的緩效肥。對光線的適應性大，全日照、半日照或只有部分陽光直晒至光線明亮的環境都可栽培。

→成株後仙人掌球會具有二叉分裂的現象。

Mammillaria duwei

杜威丸

| 繁　殖 | 播種 |

產自墨西哥北部，海拔 1800 ～ 2200
山區，為 CITES 保育一級的植物。
現今栽培的杜威丸多半是經由園藝
選拔後的栽培種。以播種為主，需
異株授粉才能結果實。

↑陽光充足時，杜威丸植株會更緻密，羽毛狀的
刺座表現良好。

形態特徵

　　為小型、莖表皮淺綠色至翠綠
色的球狀仙人掌，易生側芽，形成群
生姿態。植株的球狀莖直徑約 3 ～ 6
公分。中刺 0 ～ 4 枚，具有倒鉤。羽毛狀的副刺 28 ～ 36 枚，著生於刺座上。

生　長　型

　　栽培環境應以全日照至或半日照為佳。使用排水良好之介質有利於根系的
生長。每 2 ～ 3 年應更新介質或換盆一次，有利於新生側芽的生長，形成群生
姿態。

↑花期春、夏季，淺黃色的花開放在頂端的疣狀
突起間。

↑具中刺的個體，末端呈鉤狀。陽光略不足時，
疣狀突起會有徒長的情形。

Mammillaria elongata 'Copper King'
金手指

英 文 名	Lady fingers, Golden star cactus
繁　　殖	播種、扦插

原產墨西哥中部，海拔 1350 ～ 2400 公
尺高山荒原環境。種名 *elongata* 意為
elongated，形容本種長圓柱形的肉質
莖，與乳突屬常見的扁圓形及圓形不
同。扦插繁殖為主。

↑因肉質莖與手指相似，得名金手指。為地被型
仙人掌，原生地常以群生方式生長。

形態特徵

　　成株後會略呈匍匐狀。莖上具 13 ～ 21 個圓錐狀疣狀突起，以螺旋方式排
列而成。具中刺 1 ～ 2 枚，黃至褐色，末端色黑但易脫落；金黃色或黃銅色的
副刺 14 ～ 25 枚，狀似星芒。花期春、夏季之間，小型鐘狀花淡黃色或白色，
開放在頂端，以環狀排列方式開放。

生 長 型

　　生性強健，生長季春、夏間定期澆水，休眠期保持乾燥；使用排水良好的
介質。十分適合放置在光線明亮的窗檯上栽植。每年施肥一次，建議於春季回
暖後施肥，以含鉀肥較高的緩效肥為佳。

變　種

Mammillaria elongata 'Cristata'
金手指綴化

　　在綴化的個體上易觀察到因返
祖現象自基部生長出正常個體。應
將正常個體的金手指側芽切除，避
免因正常個體的生長勢較佳，而淘
汰掉綴化的變異。

→綴化的仙人掌，英名常以
Brian cactus 通稱。

Mammillaria gracilis
銀手毬

異　名	*Mammillaria vetula* ssp. *gracilis*
繁　殖	播種、扦插

產自墨西哥海拔 1200 ～ 1850 公尺地
區，本種常呈植群姿態。除了播種以
外，本種易生側芽且小仙人掌球易脫
落，可於春、夏季自側芽基部取下，
待傷口乾燥後扦插繁殖即可。

↑鬃毛狀的副刺輻射狀排列，刺座心部著生白色
毛狀附屬物。

形態特徵

　　莖直徑 3 公分，由 5 ～ 8 疣狀突起排列組成。中刺不常見；末端中刺呈褐色；
白色鬃毛狀副刺 11 ～ 16 枚。

生 長 型

　　本種栽培環境至少應給予半日
照。栽培介質以礦物介質、透水性佳
為主。生長期定期澆水；冬季則節水
保持乾燥。

↑花期冬、春季，黃白色的小花具有粉紅色或
淺褐色中肋。花朵開放在頂端側方的疣狀突起
間。

←莖表皮綠色，為短
圓柱狀的仙人掌。

Mammillaria 'Aricona Snowcap'
明日香姬

　　明日香姬極可能是銀手毬的石化（Monstrous form）品種。以扦插繁殖為主，春、夏季為繁殖適期；自側芽基部取下，待傷口乾燥後扦插。

　　莖表皮綠色，小型的球狀或柱狀仙人掌。具 10 ～ 13 稜；灰白色的中刺 2 ～ 3 枚；副刺 14 枚。易生側芽，根系短，常見群生姿態。花期集中在冬、春季，筒狀的小花白色至黃色，會在每日光線最強時段開放。

　　礦物質、透水性佳介質為宜。十分耐旱、耐強光照射，喜好全日照至半日照環境。雖然耐強光照射，但未經馴化過程，馬上自光線明亮處移至全日照栽培時會發生嚴重晒傷。

↑ 刺座上著生大量白色的副刺及毛狀附屬物。

←夏型種。易於球體的頂端或側方形成大量側芽。

419

夏型種

Mammillaria hahniana 'Lanata'
玉翁殿

英 文 名	Old lady cactus
繁　殖	播種

產自墨西哥海拔 750 ～ 2200 公尺地區，常見生長於石壁石縫間。因常以種子繁殖，個體間均具有些微的不同。本種在花市較為常見。

↑為圓球或短圓柱狀的仙人掌，常見單球生長。

形態特徵

　　莖表皮鮮綠色，不易增生側芽，或達一定株齡後於基部開始產生側芽。具 13 ～ 21 個圓錐狀疣狀突起，呈螺旋狀緊密排列，疣狀突起間有 15 ～ 20 根白毛。新生刺座除中刺 1 枚，及 20 ～ 30 枚約 0.5 ～ 1.5 公分長的毛狀副刺外，還會著生白色絨毛。

生長型

　　生長強健，可栽培在半日照及光線明亮環境。介質以排水良好及富含礦物質為宜。澆水應避免澆到球體上的絨毛，應緩緩於盆緣處灌注，或以底部給水方式補充。

→花期春、夏季，紅至紫紅色的小花會開放在球體頂端，排列成圈的開放。

Mammillaria herrerae
白鳥

繁　殖	播種

原產自墨西哥海拔 1300 ～ 1920 公尺山區，生長在草原和石灰岩交接地帶；常見與金鯱 *Echinocactus grusonii* 等其他仙人掌混生。花期集中在春天，栽種株齡 5 ～ 7 年後會開花。粉紅色的大型花朵開放在心部周邊，以環狀方式排列開放。

↑ 刺座的排列整齊不毛躁。

形態特徵

　　莖表皮為深綠色的小型球狀仙人掌，生長緩慢，由小型的圓柱狀疣狀突起緊密排列組成。不具中刺，但卻著生大量的白色副刺，等長的灰白色短毛狀副刺近 100 枚以上，由中心向外呈放射狀整齊排列，著生在疣狀突起末端。

生 長 型

　　生長緩慢，喜好通風環境。雖然夏季可定期澆水，但一定要介質乾透了再澆，過度澆水常致使根部及球體發生腐爛而死亡。栽培介質宜使用礦物性配方為佳，避免使用以泥炭土或有機質為主要配方的栽培介質。光線以全日照至半日照環境為宜。冬季休眠期間，除了保持介質乾燥外可移至遮陰環境下，光度約少於夏季的 1 / 4，有利於促進開花。

↑ 質地較為堅硬，雪白的外觀和高爾夫球相似。

夏型種

Mammillaria humboldtii
春星

| 繁　殖 | 播種、分株 |

產自墨西哥海拔 1350 ～ 1500 公尺山區。另有小型變種「姬春星」。易增生側芽常見群生狀，仙人掌球質地較軟，毛狀副刺較不伏貼，不整齊。乳突球屬的仙人掌常以播種為主要繁殖方式，但春星易生側芽，可於春、夏季使用分株方式，以 3 ～ 5 球為單位，剝離下來後待傷口乾燥再植入盆中。

↑粉紅色至紫紅色的小花會開放在球體頂端側方，以環狀排列方式開放。

形態特徵

　　莖表皮綠色的扁球狀或球狀仙人掌。全株由短柱狀的疣狀突起排列組成，疣狀突起頂端著生羊毛狀或鬃毛狀的白色刺座。中刺無；白色鬃毛狀副刺約 80 枚以上。花期冬、春季。漿果紅色。

生長型

　　可忍受到低溫 -5℃的環境。本種易爛根勿過度給水，待介質乾透後再澆水，如過度澆水基部及白色刺座外觀會開始發黑。生長期間可施予鉀肥含量較高的緩效肥一次。光線以全日照至半日照環境為佳，但避免夏日午後陽光直晒的環境。建議勿以小株植大盆，會因介質內含過多水量致使植株生長不良。

↑光線稍不足時，球體上的疣狀突起會略微徒長，以致雪白的外觀較不均勻。

Mammillaria marksiana
金洋丸

別　　名	黃金世界
繁　　殖	播種、分株

原產美洲墨西哥等地，分布於海拔
400～2000公尺地區，在原生地已
十分罕見，常見生長於疏林環境。經
人工栽培後株形可大上一倍。如花期
經人工授粉可產生紅色漿果，將種子
清洗後陰乾，於春、夏季時撒播為
宜。

↑植株密布錐形突起疣狀物，以螺旋狀排列。

形態特徵

　　為淺綠色或偏黃綠色的扁球狀仙人掌。疣狀突起末端著生刺座，金黃色或
褐色的短刺5根。具有腺體，不慎刺傷體表會流出白色乳汁。成株後，心部突
起的疣狀物之間著生白色絨毛。花期集中冬、春季；花鮮黃色，於球體心部附
近呈環狀排列方式開放。

生長型

　　栽質介質以排水良好為佳。
喜好光線充足環境，亦可栽培於半
日照環境下；光線較強時，球體會
偏黃，可促進開花。生長期可充分
給水，避免過度澆水，造成根部腐
爛，冬季則需限水，保持介質乾
燥。在台灣沒有霜害問題，於生長
期時可補充鉀肥含量較高的肥料，
有利於生長。

→環狀花朵開放的突起間，
可觀察到枯萎宿存的花苞。

Mammillaria nejapensis
白蛇丸

異　　名	*Mammillaria karwinskiana* ssp. *nejapensis*
英 文 名	Owl eyes, Royal cross
繁　　殖	播種、分株、扦插

原產自墨西哥南部，分布在海拔 850 ～ 1650 公尺的落葉樹林中。白蛇丸和白雲丸、大福丸一樣具有二叉分枝（dichotomous branching）特性，因此英名以 Owel eyes cactus 統稱。白蛇丸不具中刺，白色副刺 3 ～ 5 枚，以上短下長的方式排列，有如十字架般，因此得名 Royal cross。

↑乳黃色的花開放會環狀排列，開放在莖頂側方。

形態特徵

　　莖表皮呈藍綠色或深綠色的圓柱或短圓柱狀仙人掌。稜不明顯，植株由每圈 13 ～ 21 個疣狀突起呈螺旋排列組成，疣狀著生白色毛狀附屬物及捲曲狀的副刺。花期春、夏季之間，成株後每年會開花；乳黃色的花呈環狀開放在莖頂側方；花瓣具紅褐色中肋。具豔紅色的長卵形漿果。

生 長 型

　　以半日照至光線明亮處栽植為佳；光線過強或置於未遮陰的全日照環境下易發生日燒；但若光線不足植株會有徒長情形。喜好定期性換盆，有利於生長，建議至少 2 年更換介質一次。生長期可適度給水，但仍以介質乾了再澆為宜。

→莖頂會著生白色絨毛。

Mammillaria perbella
大福丸

夏型種

英 文 名	Owl eye cactus
別　　名	最美丸
繁　　殖	播種

廣泛分布在墨西哥中部，海拔1500～2800公尺山區，常見生長在石灰岩壁的石縫間。具有二叉分枝的特性，即生長到一定大小後，仙人掌球會分裂成二叉的形態。具這類特性的仙人掌常稱為 Owl eye cactus（貓頭鷹眼仙人掌）。無法以扦插繁殖，雖然老株會形成二叉狀分株，但一經切割植株會死亡，僅能播種繁殖。

↑栽植達一定株齡後由仙人掌球頂端開始分裂成二叉狀，株形略呈圓柱狀。

形態特徵

由短圓柱狀的疣狀突起以螺旋狀排列組成。幼株時為圓球形。疣狀突起間具白色毛狀物。短剛毛狀的副刺 20～30 枚。花期集中在春、夏季，為小型的短筒狀花，花淡桃色，可自花授粉，授粉後紅色漿果需經 7 個月時間才能成熟。

生長型

本種易栽培，但生長十分緩慢，栽培時應使用富含礦物質且排水性良好的介質為佳。避免使用以泥炭土或有機質為配方的介質。本種雖然耐濕潤，但仍以介質乾了再澆水為宜。若能經常性移植，可避免幼株基部木質化的發生，應每年或 2 年更換介質一次或換盆。

↑具中刺 0～2 枚，末端為黑褐色。

Mammillaria plumosa
白星

英 文 名	Feather cactus, Feather ball
繁　　殖	扦插、播種

產自墨西哥北部,分布於海拔 780 ～ 1350 公尺的岩縫或岩屑地區。種名 *plumosa* 源自拉丁文,字意 feathery 即羽毛的意思,形容本種刺座上的毛狀附屬物像是輕柔的羽毛般。分株適期春、夏季之間,將小球自基部切下待傷口乾燥後扦插即可,扦插後發根速度很快;種子則以撒播方式播種。

↑羽毛狀軟刺的主要功能在保護仙人掌球體避免陽光曝晒。

形態特徵

　　為小型、扁球狀、莖淺綠色的仙人掌球。常見群生方式生長。全株外覆白色緻密的羽毛狀軟刺。刺座著生於疣狀突起末端,著生 40 枚毛狀軟刺,中刺有但不明顯。花期在秋、冬季,乳白或乳黃免的小花開放在心部側方的突起間,環狀排列開放較不明顯。

生 長 型

　　喜好全日照或局部遮陰環境,但切忌淋到雨水。澆水時不要澆淋到羽毛狀的軟刺上,會發生集塵現象。冬季節水方式管理,不能讓介質過於乾燥,會不利白星生長。白星根部容易腐爛,使用淺盆栽外,需以排水良好的介質栽培為佳。

→白星的花有濃郁的甜甜香氣。

Mammillaria prolifera
松霞

英 文 名	Texas nipple cactus
繁　殖	分株、扦插、播種

主要產自美國南部至墨西哥等地，分布於溫暖的草原環境，部分則分布在海拔 3000 公尺地區。Texas nipple cactus 通稱松霞及金松玉（中刺為黃色的變種）等。可於春、夏季進行分株繁殖；切取下側的仙人掌球，待傷口乾燥後扦插於排水介質中。花後易產生紅色漿果，取下成熟略帶半透明的漿果，經清洗及陰乾種子，於春季播種。

↑本種易生子球，植株會群生成簇。

形態特徵

為小型的球形仙人掌，5～8稜，具有長錐形疣狀突起，以螺旋狀排列，於末端著生刺座。具有黑褐色中刺及多數的白色細毛狀邊刺。冬、春季開花。

生長型

喜好明亮、通風及溫暖的環境；可栽植於半日照處。適合盆植，喜好排水良好的介質。生長季可充分澆水，冬季應限水或停止給水。春、夏季間可略施緩效肥一次。每2～3年更新介質一次，防止介質酸化。

→花淡黃色、乳白色或鵝黃色，略帶粉紅色中肋。

427

Mammillaria schiedeana
明星

繁　殖｜播種 、分株、扦插

產自墨西哥，分布於海拔 700 ～
1400 公尺地區。常見生長於岩石坡
地或富含有機質的開放林地環境中。
本種有 3 ～ 4 種的亞種或變種。於春、
夏季播種。種子可取自紅色漿果，清
洗陰乾後撒播即可。分株可於春、夏
季實行；於叢生的植群中選取至少需
達母球 1 / 3 大小的子球，自基部切
下待傷口乾燥後扦插。

↑ 植株單莖或以多莖植群方式生長。

形態特徵

　　為小型，綠色卵圓形柱狀的仙人掌。圓柱狀的疣狀突起呈螺旋狀排列，具
有汁液。突起上方著生刺座，具有 16 ～ 21 枚黃、白或橙色的副刺，質地柔軟
似纖毛。中刺 1 ～ 2 枚，有時多達 5 枚。花期冬、春季，在 2 ～ 3 月結束。花
白色或淡黃色，淺綠色的中肋開放在心部外的疣狀突起間。紅色棒狀漿果，內
含黑色種子。

生長型

　　若栽培在戶外環境，春季
可接受全日照，但盛夏時節，宜
放置午後沒有光線直射的環境為
佳。使用淺盆或較植群小一點的
盆子栽培，植群建立後，每年冬、
春季間可觀賞花朵盛開的樣子。

→白色花朵會環
　狀排列開放。

Myrtillocactus geometrizans
龍神木

英 文 名│Blue candle, Whortleberry cactus

繁　　殖│播種、扦插

產自墨西哥中北部地區。因暗紅色的漿果味道甜美，得名 Whortleberry cactus（越橘仙人掌）。常作為仙人掌嫁接時使用的砧木品種之一，如岩牡丹屬和姣麗玉屬的砧木。花期春、夏季之間，但在台灣不常見開花，株高需達 60 公分後才具開花能力。花綠白色，花後會結出暗紅色、卵圓形漿果，可食。常見扦插繁殖，適期可於夏季切取帶莖頂 10 ～ 15 公分的莖段，待傷口乾燥後扦插。扦插後需保持乾燥，有利於根系萌發。或待傷口上開始萌發新根時再植入盆中。

↑因全株帶有藍灰色的質感，得名 Blue candle（藍色蠟燭仙人掌）。

形態特徵

為樹型易分枝的柱狀仙人掌。莖表皮帶有藍灰色或藍綠色質地；莖具 5 ～ 8 稜，著生刺座。中刺及副刺不明顯，具 5 ～ 9 枚刺。刺黑色。

生 長 型

生性強健，但溫度低於 -4℃時植株死亡；當冬季夜溫低於 10℃時則應注意保暖措施。栽培時使用的介質需注意透氣性及排水性，如為養成大型的植株可地植或每年更換尺寸較大型盆器。幼株可栽培在光線充足至半日照環境，但株形較大後，應栽培在半日照至全日照環境下為佳。

→市售的龍神木植栽，多為扦插繁殖的產品。刺座上具短棘狀的刺 3 ～ 5 枚，著生於稜上。

Myrtillocactus geometrizans 'Cristata'
龍神木綴化

因自然突變的緣故，點狀的生長點變成線狀後呈現出雞冠狀的形態。龍神木綴化是綴化仙人掌品種中，選拔出來相對穩定的栽培種。生長極緩慢，但仍需注意如有返祖現象，應予以切除，避免綴化的特性消失。

Myrtillocactus geometrizans 'Fukurokuryuzinboku'
美乳柱

又名玉乳柱。為龍神木變異品種，由日本園藝選拔出來的栽培品種。美乳柱為特殊的石化變異，英名也以其特殊疣狀突起，外形狀似女性的乳房，英名以 Breast cactus 或 Titty cactus 稱之。

繁殖以扦插為主，僅能於夏季繁殖，溫度高的季節有利於發根。取下莖頂 10 ～ 15 公分，待傷口乾燥後扦插即可，扦插後需保持乾燥較易生根；亦可將取下的莖頂放置到基部略發根後再植入盆中。

具有 4 枚黑色短刺。花期春季，但不常見花開，株高達 60 公分後才具開花能力。綠白色的花緊貼在莖上開放。果實為暗紅色漿果，味甜可食。

夏型種。冬季夜溫低於 10℃時需注意防寒措施，若低於 -4℃時植株會死亡。栽培介質以排水性佳為原則，可加入部分石礫或顆粒性礦物介質。盆植應每年換盆一次。

→本屬仙人掌具有藍色或藍綠色的莖表皮。

Obregonia denegrii
帝冠

別　　名	帝冠牡丹
繁　　殖	播種、嫁接

產自墨西哥，常見生長於開放區、疏林及山丘邊坡上，植株常受雨水沖刷而裸露在地表之外。原生地數量稀少，為 CITES 一級的保育類植物。常見與龍舌蘭、鸞鳳玉、乳突球屬、牡丹屬等仙人掌混生。屬名紀念墨西哥總統 Alvaro Obregon 先生。含生物鹼，與烏羽玉一樣具

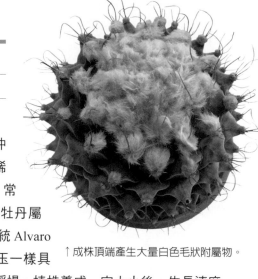

↑成株頂端產生大量白色毛狀附屬物。

有特殊的民俗用途。小苗初期生長緩慢，植株養成一定大小後，生長速度加快。栽培 7 ～ 8 年後可達開花的株齡。

形態特徵

　　莖表皮淺綠色或灰綠色的球形或扁球形仙人掌。刺座著生於瓣狀或葉狀的疣狀突起末端。幼株具有毛，中刺不明顯，具褐灰色的副刺 2 ～ 4 枚，質地柔軟，呈彎曲狀。有明顯肥大的主根。花期夏季；白色鐘形花於頂端群生的毛狀附屬物間開放。白色梨形的漿果著生在頂端的毛狀附屬物內，內含黑色種子。

生 長 型

　　生長緩慢，經常使用小苗嫁接，待球體夠大後再以接降方式栽培。喜好排水及透氣性佳的介質，可使用大量礦物性介質，再加入少量泥炭土或腐植土。喜好通風的環境，全日照至半日照環境均可。

→小苗生長緩慢，養成至一定大小後生長速度加快，播種栽植到成株需 7 ～ 8 年的時間。

Opuntia cochenillifera
胭脂掌

英 文 名	Warm hand, Velvet opuntia, Wooly joint prickly pear
別　　名	胭脂仙人掌
繁　　殖	扦插

栽種來餵食胭脂蟲 *Dactylopius* sp.，再將胭脂蟲（一種介殼蟲）壓碎製成硃砂作為染料之用，因而得名胭脂仙人掌。原產自美洲墨西哥，常見生長於低海拔山坡地上。因本種是仙人掌屬中少數掌狀莖不帶刺的品種，加上質地細緻，得名 Warm hand 及 Velvet

↑全株由橢圓形至窄倒卵形掌狀莖，集合而生。

opuntia。掌狀莖可生食或煮食，亦可作為家畜飼料。早年引進台灣後常見馴化各地。取一段掌狀莖扦插即可，以春、夏季為繁殖適期。

形態特徵

　　為灌木或小喬木，主幹圓柱狀，高可達 2 ～ 4 公尺。掌狀莖邊緣平整，基部和頂端圓形；新生的掌狀莖可見小型的綠色葉片，早脫落，不具刺及芒刺。花期長，集中於夏、秋季，花鮮紅色；花瓣卵形至倒卵形，花瓣邊緣平整或波狀，頂端圓或尖銳；花絲粉紅色。

生長型

　　管理粗放，喜好全日照及通風良好環境，以排水良好介質為佳，但因適應性佳，可地植栽培。

→花鮮紅色，花後會結小型紅色漿果。

Opuntia microdasys 'Angel Wings'
白桃扇

英 文 名	Bunny ears, Polka dot cactus
別　　名	白烏帽子
繁　　殖	扦插

經由園藝選拔的栽培品種。種名 *microdasys* 源自希臘文 Mikros 和 Dasus 兩字，語意為 Small 和 Hairy，意為小型和多毛。本種與其他團扇類仙人掌最大不同點是芒刺不具倒鉤狀構造，栽培管理時較不會遭芒刺刺傷。於春、夏季時，自成熟的掌狀莖基部剪下，傷口乾燥後扦插即可。

↑白桃扇英名為天使的翅膀或是邦尼兔的耳朵。

形態特徵

　　由小型的掌狀莖組成。不具有刺，但刺座上叢生 0.2 ～ 0.3 公分長的毛狀芒刺。花期夏季，檸檬黃及綠色的柱頭對比強烈，開放在掌狀莖頂端。果實為紅色圓形漿果。盆植不常見開花，但地植或栽培於開放地區較易開花。

生 長 型

　　生性強健，全日照至半日照環境栽培為佳。建議栽植時能混入部分砂礫或礦物性介質。澆水以介質完全濕透為宜，可將盆器浸入水中使其充分吸水；介質完全乾透後再給水，如無法判定，可觀察頂部的掌狀莖，缺水時會開始下垂呈現凋萎狀。冬季休眠期間則應節水或保持乾燥。

→團扇屬在新生的掌狀莖上約略可見綠色小葉，待掌狀莖成熟後小葉會脫落。

Opuntia subulata
將軍

異　　名	*Austrocylindropuntia subulata*
繁　　殖	扦插

產於南美洲南部海拔 3000 公尺地區。莖的形態與常見的團扇仙人掌不太一樣，為圓柱狀的莖，另有學者將其歸類於 *Austrocylindropuntia* 屬，字根源自拉丁文 Auster（South），為南方之意；Cylindrus（Cylinder）為圓柱狀。取嫩莖待傷口乾燥後扦插即可，以夏季為繁殖適期，本種只在溫暖的季節會長根。

↑莖表皮綠色的樹狀或灌木狀仙人掌，略有分枝。

形態特徵

　　由綠色的莖幹組成，新生的側枝略扁平狀，一年生的莖幹略半圓柱狀。刺座上有肉質狀葉片，著生淺黃色的刺至少 1～2 枚；另可觀察到毛狀附屬物。花期春、夏季，花紅色。果實為綠色漿果。種子大型，約 1 公分左右。

生 長 型

　　在台灣適應性佳，使用排水性良好的介質栽培即可。夏季生長期間定期澆水，介質乾透後再澆水即可；冬季休眠期則需限水管理，給水的原則以地上部的莖葉不枯萎即可。植株應地植或給予較大的盆器栽培，使根系能有充分生長空間；如盆植時，每年應換盆換土一次。

↑將軍是一種長有葉子的仙人掌，造型很有趣。

Parodia haselbergii
雪晃

異　　名	*Notocactus haselbergii*
英 文 名	Scarlet ball cactus, White-Web Ball Cactus
繁　　殖	播種、扦插

原產自美洲巴西、烏拉圭等地，分布於南美洲高海拔石灰岩地區。特徵是雌蕊明顯，高於雄蕊之上，花苞外覆濃密細毛，並著生在球體心部（生長點）附近的刺座。播種繁殖為主。

↑花期長達3周，花橘紅色或磚紅色，為重瓣花。

形態特徵

　　莖表皮淺綠、翠綠色的扁球形或球形仙人掌，略呈倒水滴狀。最多有30稜左右，稜上縱向著生刺座，刺座有白色毛狀附屬物；主刺不明顯，副刺為鬃毛狀軟刺，末端黃褐色。花期冬、春季。球形黃綠色漿果含大量黑色細小種子。

生 長 型

　　栽培容易，但十分喜好乾燥環境，以排水、透氣性良好的介質栽培，不需全日照，明亮及部分遮陰處均可生長。春、夏生長季可以多澆水，但介質過濕易發生爛根現象。

↑果實由綠色開始轉色時，即可採收。

↑雪晃冬季開花，花橙紅色，單朵花壽命約3～5天；整個花季長達一個月以上。

夏型種

Parodia leninghausii
金晃丸

異　　名	*Notocactus leninghausii*
英 文 名	Golden ball cactus, Lemon ball, Yellow tower
別　　名	金晃、黃翁
繁　　殖	播種、扦插

生長環境乾旱，能生存在冰點的溫度。因本種易生側芽，常見以扦插繁殖。春、夏季為適期，取莖頂10～15公分，切下後置於陰涼通風處，待傷口乾燥後扦插。將頂芽切下後，下半部植株自傷口周邊的刺座上新生側芽。

↑全株外覆著金黃色絲狀的軟刺，十分好看。

形態特徵

　　淺綠色、圓柱形的莖直立，具30稜左右，隨著株齡增加會變成叢生狀。刺座於莖幹上呈螺旋狀排列，黃褐色的中刺3～4枚，質地軟，略呈鉤狀；絲狀的副刺約40枚。花期春、夏季；花單生或以聚繖花序開放於莖幹頂端。漏斗狀的花呈黃色，具金屬光澤。

生長型

　　生性強健，可覆地栽培。唯冬季休眠時需保持介質乾燥，待3月氣溫回暖恢復生長後再定期性澆水。可適量給予通用性的緩效肥一次。喜好富含礦物質且排水良好的介質。栽培環境以全日照至半日照環境為佳。

→中刺質地柔軟。

Parodia leninghausii 'Cristata'
金晃綴化

英 文 名 | Cristed golden ball cactus

　　因綴化是由體細胞變異而來，無法透過種子保留這樣的特性，只能以扦插及嫁接方式保留綴化特性。於春、夏季間進行，將其縱切分成 2 ～ 3 等份後，待傷口乾燥形成褐色的癒合組織後再扦插，有利於發根。夏型種。喜好全日照至半

↑生長點變成線狀時產生的突變，狀似冠或腦部的造型。

日照環境；介質以排水及透氣性佳為宜。應每二年換盆或更新介質一次，有利於金晃綴化仙人掌的生長。

↑錦繡玉屬仙人掌的花開放在頂端心部。芍藥丸為本屬中，花型較大，兼具觀花的品種。

↑具有 25 ～ 30 稜；稜上著生並排列著不明顯的突起，突起上著生刺座及白色毛狀附屬物。

夏型種

Parodia scopa var. *albispinus*
白小町

異　　名	*Notocactus scopa* var. *albispinus*
英 文 名	Silver ball cactus
繁　　殖	播種、扦插、分株

原產自南美巴西南部、烏拉圭、巴拉圭及阿根廷北部等地；常見生長在草原地區。白小町為中刺白色的變種。屬名 *Notocactus* 字根源自希臘文 Notos，語意 South 南方的意思；Cactus 仙人掌之意，其字根源自希臘文 Kaktos，原指一種菊科薊屬（葉緣有刺）的植物，形容本屬為產自南方的仙人掌之意。種名 *scopa* 為拉丁文，英意為 a broom（掃帚），形容小町仙人掌長而排列緊密的刺座形態。

形態特徵

　　莖表皮深綠色、球形的仙人掌。具中刺 4 枚，但亦有 2 ～ 12 枚的個體；本種為中刺白色的變種個體，另有紅褐色、紫紅色及橘紅色個體。具銀白色或黃白色、毛刷狀副刺。花期夏季 6 ～ 7 月間，花淡黃色。

生 長 型

　　栽植時首重介質透氣性及排水性，可適度添加大顆粒礦物性介質，增加排水及透氣性。好光不耐陰，栽培應放置全日照至半日照的環境。對水分敏感，如過度給水易腐爛；休眠期間可耐 -5 ～ 0℃低溫。

→白小町與寶山屬（子孫球屬）*Rebutia albipilosa* 外觀十分相似，但兩種開花的方式不同，錦繡玉屬白小町的花開放在球體頂端，而寶山屬的仙人掌花朵則開放在球體側方。

仙人掌科

錦繡玉屬

Parodia scopa var. *ruberrimus*
黃小町

　　又名紅小町。為刺座紅褐色或黃褐色的品種。在台灣花市常將小町、白小町及黃小町的二寸盆商品，在進行組合盆栽時做配色上選用。

←春季開花的黃小町，有一種溫暖的感覺。鵝黃色的花與鮮紅色的柱頭形成強烈對比。

註「小町」的典故
小町一名，源自日本平安時代小野小町之名，才貌出眾能歌擅舞，對於和歌造詣高深，被譽為日本六詩仙之首；是當代絕色美女，深得仁明天皇寵愛。

夏型種

Parodia werneri ssp. *werneri*
芍藥丸

異　　名	*Notocactus uobelmannianus*
別　　名	菫丸
繁　　殖	扦插、播種

產自南美洲巴西，常見生長在農牧地區間的岩石地。外觀圓潤具光澤，稜較為圓潤飽滿；球頂端的刺座未長刺，有乳黃色的毛狀附屬物。成株後於頂端產生少數側芽，可取下側芽扦插繁殖。但以播種為主。

↑刺座中央不具褐斑，莖頂刺座只有毛狀附屬物。

形態特徵

　　莖表皮綠色的球狀仙人掌不易產生側芽，常見單球生長。稜數常見 12 ～ 16 稜之間，稜上著生刺座，中刺不明顯；黃褐色鬃毛狀副刺 10 枚以上，具有乳黃色毛狀附屬物。花期春、夏季，花大型，紫、紅色為主，也有黃花品種，開放於球體頂端。卵形漿果有毛。

生長型

　　在原產地是瀕臨滅絕的保育類植物。栽培容易，可於半日照至光線明亮處栽培，如全日照環境應予以遮光 50％的條件下栽培為宜。夏、秋季生長期可定期給水；冬季休眠期間應節水處理。球體直徑達 7 公分後可每年開花。

→成株後刺少，莖頂端刺座僅有毛狀附屬物，於球體上方及側方增生側芽。

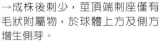

Pereskia bleo
月之薔薇

異　　　名	*Rhodocactus bleo*
英 文 名	Rose cactus, Wax rose, Leaf cactus
別　　　名	大還魂、木麒麟、玫瑰麒麟、七星針
繁　　　殖	播種、扦插

葉仙人掌亞科成員之一，月之薔薇是有葉子的仙人掌，細觀葉腋處具有原始的刺座構造。作為中藥時名為「大還魂」，在巴拿馬全株都被用來治療腸胃病。在印度則用來舒緩腫脹疼痛。東南亞一帶稱為「七星針」；直接採取葉及莖幹榨汁內服或搗碎後外用，

↑冬季低溫時葉片會凋落。

對於內外傷及解毒都具有療效，更被認為具有治療慢性病、癌症的藥用植物。常見使用扦插法，剪取嫩枝頂梢或成熟枝均可，待枝條傷口乾燥後於春、夏間扦插。

形態特徵

枝幹健壯直立，嫩莖表皮綠色具光澤，成熟老枝則老化呈咖啡色或褐色。刺座大，常有數 10 枚褐黑色的針刺叢生。革質披針形葉片互生，具有波浪緣。花期夏、秋季，花朵開放於枝梢，常見橘色或朱紅色花。

生 長 型

適應台灣氣候環境，僅因葉片較多，於生長期間需定期給水，缺水會造成落葉；北部冬季低溫也會造成落葉現象。以半日照或光線明亮處栽培為佳。雖然喜好高濕環境，但栽培介質仍以排水良好為佳；冬季則保持介質乾燥即可。

→橙紅色的花瓣開放於夏、秋季。

441

Rhipsalis baccifera
絲葦

異　　名	*Rhipsalis cassutha*
英 文 名	Mistletoe cactus
別　　名	垂枝綠珊瑚、漿果絲葦
繁　　殖	扦插、播種

因白色果實與槲寄生果實相似，而以Mistletoe cactus（槲寄生仙人掌）稱呼。唯一一種分布在美洲以外的仙人掌，可能是藉由候鳥的傳播或早期水手人為攜入。常用扦插繁殖，於春、夏季可剪取已長有不定根的枝條，或取頂芽待傷口乾燥後扦插。種子容易取得，只是苗期長，生長緩慢。

↑ 種名 *baccifera* 源自拉丁文，英文字意為 bearing berries，可譯成「結實纍纍的漿果；著生著大量漿果」的意思。

形態特徵

　　淺綠或深綠色、細棒狀的莖下垂，為懸垂型仙人掌。成熟的莖光滑，刺座退化不明顯，於莖枝頂端分枝。花期集中春、夏季，其他季節也會零星開花。綠白色的小花，略半透明狀的花瓣、無梗，伏貼在退化刺座上開放。果期長，常見綠色枝條上滿布白色圓形漿果，內含多數黑色種子。

生 長 型

　　可栽培在光線明亮及遮陰處，光線過量枝條狀的莖顏色會偏黃。夏季生長期間應充分澆水並保持濕潤環境，會促進開花；每月可施予綜合性肥料一次。冬季休眠期可少量給水或節水。喜好偏弱酸性及排水良好的介質，可使用部分泥炭土、椰纖、水苔或腐葉土等為配方栽培。

→綠白色的花會吸引螞蟻協助授粉。

Rhipsalis mesembryanthemoides
番杏柳

別　　名	女仙葦
繁　　殖	播種、扦插

產自南美洲巴西海拔 600 公尺山林
間，與番杏科的多肉植物一點關係也
沒有。繁殖時剪取帶有不定根的短枝
盆植即可，或剪取成熟飽滿的小枝，
於春、夏季間行扦插繁殖。

↑淺綠或淺白色的小花開放在枝條上，具有淡淡
香氣

形態特徵

　　葦仙人掌屬中少數在短枝上有小型刺座的品種，刺座上有毛狀的短刺，使
外觀看來略有鬚毛狀的外觀。莖幹上易生不定根以利著生。花期冬、春季。白
色圓形漿果。

生長型

　　本種適應性強，栽培容易，避免
陽光直射下栽培為佳。於夏季生長期
間可充足給水，保持濕潤有助
生長；休眠期間節水或減
少給水即可。為著生型植
物，可使用栽植蘭花的介質如
樹皮、椰塊、水苔等為配方，但仍需
注意介質的排水性。

→主莖幹直立生長，密覆著許
多不及 1 公分長的小型短枝。

443

冬型種

Rhipsalis pilocarpa
霜之朝

英 文 名	Hairy rhipsails, Snow white

Mistletoe cactus

繁　殖	扦插

原產自南美洲巴西，生長在低地的熱帶及亞熱帶森林中，原生地已不多見。枝條呈懸垂的姿態，耐陰性佳。與其他絲葦屬植物最大鑑別點在於枝條狀的莖仍具有刺座，雖然不具刺，但著生毛狀附屬物，因而得名 Hairy rhipsalis 及 Snow white mistletoe cactus。

↑白色或略帶粉紅色的鐘形或星形花開放在枝條頂端。

形態特徵

　　莖表皮為暗綠色或紫紅色的枝條型仙人掌，生長期間，會在枝條上輪生 3 ～ 6 根新生枝條。易叢生。花期冬、春季；花開放在枝條頂端，萼片上有毛。

生長型

　　栽培管理粗放，耐陰性良好，可作為室內植物栽培，管理方式與其他絲葦屬植物相似。可做吊盆栽植，欣賞其懸垂的姿態。介質以排水良好通氣為原則。森林性仙人掌，可使用樹皮或椰塊等介質栽培。生長期間可充分給水，有利於生長。

→花後會結出粉紅色或紅色的漿果。

Rhipsalis salicornioides
猿戀葦

異　　名	*Hatiora salicornioides*
英 文 名	Dancing bones cactus, Drunkard's dream, Spice cactus
別　　名	仙女棒、仙人棒
繁　　殖	播種、扦插

原產自南美洲巴西，分布平地至海拔
1850 公尺森林地區。因短莖外形像是
一截截的骨頭，英名稱為「跳舞骨頭
仙人掌」；又因外形像酒瓶，而有「酒
鬼的夢」之稱。兼具耐陰與耐旱特性。
繁殖以扦插為主，可於春、夏季生長
期間剪取枝條頂端 5 ～ 10 公分，待傷口乾燥後扦插即可。

↑ 花期冬、春季，鮮黃色的花開放在枝條頂端。

形態特徵

　　下垂的莖長可達 45 ～ 60 公分，由綠色、酒瓶狀或短截纖細的圓柱狀短莖
組成。莖頂常有 3 ～ 5 個分枝。種子播種的小苗綠色莖枝上有毛，因刺座上著
生毛狀物之故。成株後以扦插繁殖的苗因刺座退化，莖枝條光滑無毛。花期冬、
春季，花呈鮮黃色，開放於枝條頂端。

生 長 型

　　耐陰性佳，一般以半日照至光線明
亮處栽培均可，忌強光。生長期間可充
足給水、施肥及保持濕潤，有利於生長。
休眠期間則節水或少量給水即可。

→ 老莖木質化，光線
較強枝條略偏黃。

Rhipsalis sulcata
趣訪綠

繁　　殖	扦插

原產於中南美洲。與絲葦及猿戀葦一樣，為著生型的森林性仙人掌。莖上易生不定根，可取枝條扦插，全年皆可進行，但以春、夏季繁殖為佳，或於春、夏季取成熟的漿果將種子洗清後直播，唯小苗生長緩慢。

↑花冠 5 片，狀似白色的小梅花。

形態特徵

多年生草本植物，根部主要用以附著、攀附並將植株體固著於樹幹上。莖下垂呈匍匐狀，莖頂處多分枝，結構與鹿角相似。莖扁平但略具稜狀，呈草綠色或暗綠色。葉退化。花期冬、春季，花著生於刺座上，花小而多，花冠 5 裂，花白色，種子黑色。

生長型

喜好栽植在富含有機質且排水良好的介質中，可在介質中加入一份腐植土及腐熟的堆肥，有利於生長。以吊盆栽植為佳。通風良好及光線充足的環境下栽培即可，但應避開正中的烈日。除介質乾了再澆水的原則外，可在蔓生的枝條上每日噴布水氣以提高濕度，可避免紅蜘蛛的發生。

→漿果成熟時會呈現半透明狀。

Schlumbergera truncata
蟹爪仙人掌

異　　名	*Zygocactus truncatus*
英 文 名	Holiday cactus, Thanksgiving cactus, Christmas cactus
繁　　殖	扦插

台灣以螃蟹蘭稱之。原產巴西熱帶雨林，為森林性的著生型仙人掌。原生地常見著生在樹幹上或較陰暗潮濕的石縫中。花期結束後或秋涼後為繁殖適期，可剪取頂端葉狀莖 2 ～ 3 片，長約 5 ～ 8 公分，待傷口乾燥或略收口後，插入排水性良好的介質中。

↑光線明亮下開花狀況較佳。因於感恩節至聖誕節期間開花，得名 Thanksgiving cactus, Christmas cactus.

形態特徵

卵圓形葉狀莖鮮綠色，扁平肥厚，具粗鋸齒狀緣；葉緣上的小刺不明顯，或呈毛狀。花期冬、春季，於新生的葉狀莖頂端開放，每片葉狀莖約著生 2 ～ 3 個花苞，營養狀況好時可連續開放，但常見僅開 1 朵，其餘的花會自然脫落。具有 2 層花瓣，花瓣會反捲開放。花色以紅色、粉紅色、橙色較為常見，另有雙色品種。

生 長 型

介質以排水良好及富含有機質的培養土為佳。主要在夏季休眠，應移入遮陰處並減少給水以協助越夏。另於早春花開後也有短暫休眠，但僅節水管理即可。在春、秋季生長旺盛時期，可自葉狀莖是否具有光澤及是否產生新生葉狀莖作為判定。常見在秋季當日長變短後開始形成花蕾，此時應避免修剪，否則會將帶有花苞的葉狀莖剪除，導致葉狀莖生長旺盛而不開花。

↑葉狀莖為一種變態莖，扁平狀似葉片。光線過強或進入休眠期時，葉色會偏紅。

447

夏型種

Tephrocactus articulatus var. *papyracanthus*
長刺武藏野

異　　名	*Opuntia articulata*
英 文 名	Paper spine
別　　名	紙脊柱仙人掌
繁　　殖	扦插、分株

曾歸類在團扇屬下，近年則重新分類於
紙刺屬。屬名 Tephro 字根源自希臘字
tephros，意為灰色的；Cactus 源自希臘字，
表仙人掌之意，形容本屬仙人掌的莖表皮略帶
灰綠色質地，屬名即是灰色仙人掌之意。因刺座上
的刺特化成紙質的長矛狀，得名 Paper spine。種子發芽
率不高，常以扦插繁殖為主。毬果狀的短圓柱莖易斷裂，
可取其片段扦插繁殖；易生側芽，或以分株方式繁殖，以春、夏季為繁殖適期。

↑莖表皮略帶灰綠色。

形態特徵

　　莖節型仙人掌，由特化狀似小型毬果的短圓柱狀莖構成植物體外觀。生長
十分緩慢。短圓柱狀的莖接連並不緊密，易脫落可斷裂再生，形成一個新生的
個體。依據刺的顏色、長短或有無，另有不同的變種名或栽培種名，如為有刺
的個體，會以 var. *papracanthus* 標示。花期夏、秋季，花白色或黃色，但不常見
開花。花後會結 1～5 分長的褐色漿果。

生 長 型

　　喜好全日照及通風良好環境。栽
種時應使用排水良好介質，需水量較
少，休眠期則應限水。於春季開始生
長，會長出新生的嫩莖，若光線不足
易徒長，且紙質的刺會變的更薄。十
分耐寒，可忍受 -9℃的低溫。

　　→短圓柱狀的莖是不是很像松樹
毬果的外觀呢？

Thelocactus hexaedrophorus
天晃

異　　名	*Echinocactus hexaedrophorus*
別　　名	六角仙人掌球
繁　　殖	播種

原產自墨西哥，常見生長在石灰岩地區之緩坡及平原上。種名 *hexaedrophorus* 源自希臘字；字根 hexa，英文字意為 six（六）的意思；字根 hedra 英文字意為 plane, seat 可譯為平面的與座落的等；字根 phoros 英文字意為 carrying，譯為攜帶、擁有等意思，形容天晃外觀分布著 6 個不同角度的疣狀突起。分布區域廣泛，在原生地莖與刺座形態變異大。

↑六角或多角狀的肥胖疣狀突起，灰綠色的外觀帶點藍灰色調。

形態特徵

　　灰綠或橄欖綠的扁球狀或圓球狀的仙人掌，全株帶有泛藍色光澤。常見單株生長。具 8 ～ 13 稜；多角（五邊或六邊）近圓的疣狀突起，疣狀突起末端會著生刺座。中刺 1 枚或不常見；副刺 4 ～ 5 枚。刺的顏色多變，常見粉紅色略灰、紅褐色或紫紅色。直刺或末端略微彎曲。花期夏、秋季，銀白色的花開放在莖頂，略有香氣。洋紅色的漿果成熟後會乾燥。

生長型

　　生長緩慢，可忍受 -7℃低溫。春、秋季可定期給水，但切勿過度給水，易導致爛根。宜使用透水性及通氣性佳的介質栽植，冬季則保持介質乾燥。光照需求以全日照及半日照環境為宜。

→銀白色花十分碩大，略帶宜人香氣。

Turbinicarpus alonsoi
大花姣麗玉

別　　名	大花阿龍索
繁　　殖	播種

屬名 *turbinicarpus* 是源自拉丁文 turbinatus，為 top-shaped（頂部形態）及希臘字 carpos（莖頂部增長）兩字所組成。產自墨西哥北部及中部，分布在乾旱的沙漠地區，株形小、植株半埋在地下，疣狀突起明顯，個體間的刺座與外形差異很大，花型大，開放在頂端。

↑花呈洋紅色或櫻挑紅色，中肋具淡紅色條紋。

形態特徵

　　扁平的莖直徑約 6 ～ 7 公分，最大可達 11 公分。稜不明顯，植株由長約 1.5 公分，基部約 1.3 公分的三角形疣狀突起物以螺旋狀分布組成。刺座上有灰色的毛狀附屬物；刺 3 ～ 5 枚。花期春、夏季，花瓣約 22 片。

生 長 型

　　栽培並不困難，但本種生長緩慢，且粗大的主根，栽植時需以排水良好的介質為宜。冬季低溫期節水保持乾燥及環境通風。

→刺末端呈黑色，不規則向內彎曲。

Turbinicarpus pseudopectinatus
精巧殿

繁　殖｜播種、嫁接

原產自墨西哥東北部中、高海拔地
區，常見生長於乾旱的荒漠草原及溫
帶的松柏林等地區，為 CITES 保育
類一級的仙人掌。繁殖以播種為主，
苗期對於水分的控制要格外小心，避
免過度澆水造成小苗大量損失。如為
縮短苗期，可以嫁接方式養成球體
後，再以接降方式生產。球體直徑達
1.5 公分以上時即會開花。

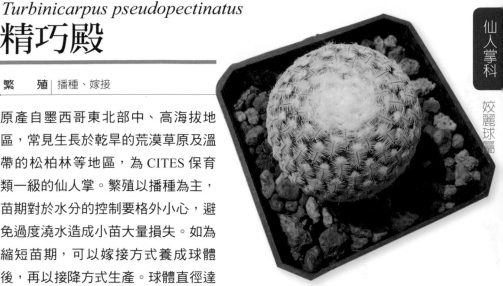

↑ 副刺呈梳狀排列，滿布在莖表上。

形態特徵

　　全株由小型的疣狀突起以螺旋狀排列組成，為莖表皮暗綠色的球狀或短圓
柱狀的仙人掌球。單株生長或成株後易生側芽。株高 3 公分；直徑約 4 公分，
常緊貼著地面生長。具有明顯的主根，實生個體其主根較地上部莖還碩大。刺
座著生於突起末端，頂端著生白毛。中刺不明顯。花期冬、春季；花白色，具
有紅色或粉紅色中肋，開放於莖頂。

生 長 型

　　生長緩慢的品種之一，應栽植於
全日照至半日照的環境為佳，喜好排
水及透氣性佳的介質，應選擇礦物性
介質為主的配方，並混入部分石礫增
加排水及透氣性。夏季生長期間應定
期澆水，待介質表面乾燥後再澆水；
冬季則保持介質乾燥為宜。

→ 精巧殿於春季開花，白色的花瓣
　具有紅色中肋，十分精緻。

參考書籍

日本多肉植物彙編。1981。原色多肉植物寫眞集。東京：誠文堂新光社。

平尾博。1980。原色サボテン寫眞集。東京：誠文堂新光社。

平尾博、兒吉永玉。1999。サボテン・多肉植物ポケット事典。東京：誠文堂新光社。

羽兼直行。2005。仙人掌的自由時光：手作的創意幸福生活。台北：果實出版社。

佐藤勉。2004。世界の多肉植物：2300 種カラー図鑑。東京：誠文堂新光社。

希莉安。2013。東京多肉植物日記。台北：麥浩斯出版社。

李梅華、劉耿豪。2003。多肉植物仙人掌種植活用百科。台北：麥浩斯出版社。

李振宇、王印政。2005。中國苦苣苔科植物。中國鄭州：河南科學技術出版社。

花草遊戲編輯部。2014。基礎栽培大全。台北：麥浩斯出版社。

祈奎。1975。多肉植物園藝分類與栽培 (簡附仙人掌科)。維奇熱帶植物研究栽培所。

國際多肉植物協會。2003。多肉植物寫眞集。東京：河出書房新社。

麥志景。1993。彩色多肉植物圖鑑第一輯。台北：淑馨出版社。

麥志景。1995。彩色多肉植物圖鑑第二輯。台北：淑馨出版社。

劉耿豪。台灣仙人掌與多肉植物協會會刊第 1~46 期。台北：中華郵政台北誌第 149 號。

Hudson T. et.al, , Plant propagation principles and practices, 1990, A simon & Schuster company, New Jersey

Phiilippe de Vosjoli, 2004, A guide to growing pachycaul and causiciform plants, Advanced visions Inc.

Taiz Lincolin & Zeiger Eduardo, Plant physiology, 1991, The Benjamin/ Cummings publishing company, Inc. California

參考網頁：

非洲堇－聖保羅花 (Saintpaulia) http://www.dollyyeh.idv.tw/

美仙園 http://homepage.ttu.edu.tw/mhlee/www/cac3body.htm

Cactiguide .com http://cactiguide.com/

Cactus art The world of cacti & succulents http://www.cactus-art.biz/index.htm

Derert-Tropicals .com http://www.desert-tropicals.com/index.html

The Cactus Explorers Club Journal http://www.cactusexplorers.org.uk/journal1.htm

The Gesneriad Reference Web http://www.gesneriads.ca/Default.htm

The Florida Council of Bromeliad Societies http://www.fcbs.org/pictures.htm

中名索引

學名索引

學名索引

學名索引

學名索引

學名索引

國家圖書館出版品預行編目（CIP）資料

多肉植物圖鑑 / 梁群健著
-- 初版. -- 台中市：晨星, 2015.02
　　面；　公分.－－（台灣自然圖鑑；34）
ISBN 978-986-177-946-1(平裝)

1.仙人掌目 2.植物圖鑑

435.48　　　　　　　　　　　103022876

台灣自然圖鑑　034
多肉植物圖鑑

作者	梁群健
主編	徐惠雅
執行主編	許裕苗
美術編輯	許裕偉

創辦人	陳銘民
發行所	晨星出版有限公司 臺中市 407 工業區 30 路 1 號 TEL：04-23595820　FAX：04-23550581 E-mail：service@morningstar.com.tw http：//www.morningstar.com.tw 行政院新聞局局版臺業字第 2500 號
法律顧問	陳思成律師
初版	西元 2015 年 02 月 06 日 西元 2023 年 09 月 06 日（五刷）

讀者專線	TEL：02-23672044 / 04-23595819#212 FAX：02-23635741 / 04-23595493 E-mail：service@morningstar.com.tw
網路書店	http：//www.morningstar.com.tw
郵政劃撥	15060393（知己圖書股份有限公司）

印刷	上好印刷股份有限公司

定價 **690** 元
ISBN　978-986-177-946-1
Published by Morning Star Publishing Inc.
Printed in Taiwan

填問卷，送好書

凡填妥問卷後寄回，只要附上**50元**回郵
(工本費)，我們即贈送您自然公園系列
《動物私密語》一書。

(若贈品送完，將以其他書籍代替，恕不另行通知。)

f 搜尋 / 晨星自然

天文、動物、植物、登山、生態攝影、自然風**DIY**……各種最新最
夯的自然大小事，盡在「**晨星自然**」臉書，快點加入吧！

晨星出版有限公司 編輯群，感謝您！